离散元水力压裂一体化数值仿真

张丰收　著

科学出版社
北京

内 容 简 介

近年来，随着页岩气和干热岩等深地工程的兴起，关于裂隙岩体水力压裂问题的研究逐渐兴起。水力压裂裂缝扩展是一个跨长度和时间尺度的复杂科学问题，由于实验方法的局限性，目前数值仿真是其最重要的研究手段之一。本书将系统地介绍作者近年来基于离散格子法、颗粒离散元法、有限元法、块体离散元法和有限差分法综合建立的深部裂隙岩体水力压裂的多尺度数值模拟体系，内容包括近井筒区域水力压裂裂缝的三维非平面起裂和扩展、射孔-井眼-岩层跨尺度裂缝扩展、水力裂缝和天然裂缝相互作用、结合微地震震源机制的裂缝扩展和复杂缝网形成机理、水力裂缝闭合和长期蠕变等页岩水力压裂中挑战性难题的数值分析。

本书可以作为研究复杂裂隙岩体水力压裂理论的参考用书，也可供具备一定学科知识基础、从事深地岩石力学相关研究工作的技术人员和相关专业的研究生参考。

图书在版编目（CIP）数据

离散元水力压裂一体化数值仿真/张丰收著．—北京：科学出版社，2022.3

ISBN 978-7-03-068694-7

Ⅰ.①离…　Ⅱ.①张…　Ⅲ.①水力压裂　Ⅳ.① TE357.1

中国版本图书馆 CIP 数据核字（2021）第 078069 号

责任编辑：刘翠娜　陈姣姣 / 责任校对：王萌萌

责任印制：吴兆东 / 封面设计：蓝正设计

科 学 出 版 社 出版

北京东黄城根北街 16 号

邮政编码：100717

http://www.sciencep.com

北京建宏印刷有限公司　印刷

科学出版社发行　各地新华书店经销

*

2022 年 3 月第　一　版　开本：787×1092　1/16

2023 年 2 月第二次印刷　印张：13 1/2

字数：300 000

定价：198.00 元

（如有印装质量问题，我社负责调换）

作 者 简 介

张丰收 男，湖南涟源人，博士，同济大学教授，教育部长江学者特聘教授。研究领域包括复杂裂隙岩体和离散介质的流-固-热-化学多场耦合以及在页岩水力压裂、断层滑移和稳定性、干热岩开发和可燃冰开采等深地工程中的应用。发表论文 120 余篇；曾获得美国岩石力学学会的 Future Leaders（未来领导者计划）（2015 年）及 Early Career Award（青年成就奖）（2018 年），以及中国岩石力学与工程学会首届“钱七虎奖”（2020 年）。担任中国岩石力学与工程学会兼职副秘书长、中国岩石力学与工程学会岩土体多场耦合专业委员会副主任、中国岩石力学与工程学会岩石破碎工程专业委员会委员、中国地质学会工程地质专业委员会委员、中国地震学会构造物理专业委员会委员。曾担任国际 SCI 期刊 *SPE Journal*、*Petroleum Science* 副主编，*Journal of Rock Mechanics and Geotechnical Engineering* 编委，以及 EI 期刊《天然气工业》编委。

序

进入21世纪以来，世界油气能源格局以页岩油气开发为代表，正在发生深刻的革命。在这场变革中，水力压裂技术当之无愧成为最富影响力的技术。

水力压裂是一个多尺度的、非线性的、具有移动边界的流固耦合问题。水力裂缝的形成经历了裂缝的起裂、扩展和闭合等多个复杂过程，而每一个过程的尺度和控制因素不同。如何预测多条裂缝起裂后的跨尺度竞争扩展一直是一个科学难题。裂缝扩展中涉及储层非均质性、天然裂缝和应力各向异性等因素的影响，复杂裂缝的非平面扩展、张开、剪切、转向、错断、闭合、支撑、嵌入和重新起裂等复杂力学行为，往往难以准确计算。

张丰收教授多年供职于美国依泰斯卡公司和同济大学，离散元法一直是他的研究专长。在本书中，张丰收教授将离散元法应用于水力压裂数值仿真中，研究非常规油气储层多尺度多场耦合作用下水力裂缝的三维非平面扩展、复杂缝网形成机理和支撑剂运输等关键科学问题，讨论细观尺度下岩石内在非均质性、应力各向异性对水力裂缝扩展的影响、SC-CO_2压裂裂缝扩展行为和近井筒区域射孔裂缝起裂机制，以及水力裂缝与天然裂缝的相互作用机理，建立了支撑剂嵌入与裂缝导流能力定量预测的离散元数值模拟方法、油井长期注采条件下的三维渗流-应力耦合地应力演化模型、基于地质力学响应的微地震分析方法，分析了水力压裂引起的断层滑移和套管变形机理。这些成果为水力压裂技术研究开辟了新的视角和方向。

回顾压裂技术的发展，从1865年美国南北战争退伍军人罗伯茨申请了世界上第一个压裂专利；到1947年胡格顿油田进行了第一次成功的水力压裂商业应用，各石油公司纷纷通过压裂增产改造技术实现量产；1978年，美国宣布《国家天然气政策法》重启页岩气的开发进程；1997年，米切尔能源开发公司的滑溜水压裂第一次实现了页岩气盈利性大规模商业开采；2008年，国际原油价格暴涨，创下每桶147.27美元的历史新高；2012年，由于页岩气产量的增长，北美天然气价格降至21世纪以来最低水平，世界油气能源格局发生根本性变化，被称为页岩气革命。水力压裂技术始终扮演着重要的角色。

页岩气的开采、压裂技术均有百年以上的历史，但早期的技术变革并未引发页岩气革命。在石油科学技术发展的长河里，偶然的发现或片段的奇想固然可喜，但唯有构建完整的科学理论体系和普适的技术规范才使得大规模工业化应用成为可能。半个世纪以前传统的水力压裂设计，往往依赖几何原理的图示计算、简单的解析公式、理想化的力学模型，可以考虑的影响因素甚少。该书中，张丰收教授通过大量的离散元水力压裂数值模拟理论与案例，对水力压裂流固耦合问题进行深入分析。现代数值计算方法与水力压裂技术的融合，必将加深科学机理的认识和工程技术的掌控。

我向水力压裂科技工作者推荐该书。

陳勉

中国石油大学（北京）

2021 年 12 月

前　言

“向地球深部进军”是我国当前的一项基本科技战略，而我国复杂的地质条件给深地工程的开展带来了极大的挑战。

水力压裂是深地工程中的一项关键技术，但是深地复杂裂隙岩体含多级不连续面，强非均质性和处于高温、高应力、高孔隙压力“三高”环境等特点，加上水力裂缝扩展本身的非线性和强耦合特性，使得裂隙岩体水力裂缝的扩展机制变得非常复杂。如何准确预测裂隙岩体中水力裂缝的扩展形态是深地工程领域亟待解决的科学难题，也是阻碍我国深地工程高效开发的主要技术瓶颈之一。水力压裂裂缝的形成经历了裂缝的起裂、扩展、闭合和长期蠕变等主要阶段，其中每一个阶段所涉及的长度和时间尺度相差达到几个数量级。因此，对水力压裂技术的裂缝扩展机制的研究一直以来都充满挑战，必须利用更为先进，多元的数值模拟方法。

本书作者在过去十余年一直从事非常规水力压裂的理论、数值和实验方面的研究。在美国依泰斯卡公司工作的时候，就参与了多个水力压裂相关的软件开发和工程咨询项目，积累了丰富的经验。回国后继续从事相关的研究工作，并将研究成果广泛应用于我国的四川盆地、鄂尔多斯盆地、共和盆地等页岩气和干热岩的主产地，取得了良好的经济效益。在传统离散元法的基础上，作者建立了一套完整的多尺度数值模拟体系来研究水力压裂裂缝的扩展。在各类离散元模型的流固耦合算法理论指导下，研究了不同离散元模型、不同射孔模型、不同压裂液和支撑剂作用时理化性质各异的岩石内部水力压裂及 SC-CO_2 压裂时裂缝的扩展规律以及裂缝的导流能力，同时分析了长期开采下的地应力分布，结合微地震分析提出完井优化方案，并给出了更为优化的极限分簇射孔压裂工艺。随后作者对流体在颗粒介质中的传输进行力学模式和位移模式的探究，得到四种不同流体及颗粒位移模式。最后，结合实际工程案例研究水力压裂引起的断层滑移和套管变形，为水力压裂施工的安全性和经济性提供了理论指导。

全书共 12 章，全书由张丰收教授统稿及审定。博士研究生王小华参与了第 1 章、第 4 章和第 9 章的研究与撰写工作，博士研究生李猛利参与了第 2 章、第 3 章和第 10 章的研究与撰写工作，博士研究生王拓参与了第 5 章、第 6 章和第 11 章的研究与撰写工作，博士研究生尹子睿参与了第 7 章、第 8 章和第 12 章的研究与撰写工作，博士研究生刘昱昊参与了全书的撰写与整理工作。本书对石油工程、土木工程、矿业工程、地质工程中的广大水力压裂相关科研工作者有很好的参考与指导作用。

本书的内容是在国家重点研发计划（2020YFC1808102）、国家自然科学基金（41772286，42077247）以及2020年同济大学研究生教材建设项目（2020JC09）资助下完成的，在此表示感谢。

由于作者水平有限，书中不足之处在所难免，敬请广大读者批评指正！

作　者

2021年于同济大学

目　录

第 1 章

绪　　论

1.1 非常规油气资源开发现状与水力压裂技术

随着油气勘探技术的不断创新和进步，页岩油气、致密油气、煤层气和油砂等非常规油气资源逐渐在各国能源结构中占据着重要的角色。以美国“页岩气革命”为代表的非常规资源开发热潮极大地推动了全世界范围内油气资源的二次扩张，促成了能源市场的多元化发展局面，也正在逐渐影响世界格局和地缘政治。能源问题是制约我国可持续发展的重大问题。随着我国经济的持续快速发展和工业化进程的进一步加快，对能源的需求越来越大，能源的供给安全及能源环境和可持续发展等问题日益突出，加快开发非常规油气资源已经成为我国能源发展的重大战略。我国国家能源局和自然资源部等部门均已发布指导性文件，引导和推动我国非常规油气资源的有效开发和利用①。

我国非常规油气资源储量非常丰富，开发利用潜力大，世界能源研究所（World Resource Institute）和美国能源信息署（US Energy Information Administration）发布的报告均将我国可开采页岩气资源储量列为世界首位。近年来非常规油气藏已经逐渐成为我国原油储量动用的重要支柱。以中石油为例，非常规低渗透油气动用储量规模逐年增加，从 2000 年的 1.26 亿 t（45%）增加到 2014 年的 4.2 亿 t（85%），截至 2015 年底，共动用低渗透储量 59.5 亿 t；低渗透储量中超低渗动用规模增幅较大，从 2000 年的 1144 万 t（9%）增加到 2014 年的 36860 万 t（77%）。动用的低渗透储量主要集中在长庆、吉林和大庆 3 个油田，平均占比达 72%，长庆油田动用储量的 95% 是低渗透储量，且近 7 年 70% 以上是超低渗透储量。中石油的低渗透油田年产量从 2000 年的 1922 万 t 上升到 2014 年的 4155 万 t，产量贡献由 18% 上升到 39%。尽管中石油的低渗透油藏产量稳步增长，但由于其储层物性差，致密低渗，非均质性强，裂缝、层理等发育，多井低产现象突出，亟须对低渗透储层进行增产改造以提高低渗透油藏的采收率（胡文瑞等，2010；董大忠等，2012；贾承造等，2012；王永辉等，2012；朱如凯等，2019）。

水力压裂是低渗透非常规油气资源增产改造的核心技术之一。它是指通过地面高压泵组将压裂液大排量注入井底，当注入流体压力达到地层破裂压力之后，井周岩石发生破裂，导致水力裂缝形成；随着压裂液的继续注入，水力裂缝继续向前扩展，最终形成破碎非常规油气储层的复杂裂缝，显著提高油井产能。水力压裂复杂的多尺度特征以及非常规油气储层的非均质性，导致目前对非常规油气储层水力压裂的认识仍然处于初级阶段，实际的压裂施工过程仍主要依赖于经验（King，2010；Bažant et al.，2014；Weng，2015）。水力裂缝的起裂和扩展是非线性、强流固耦合的复杂力学问题，在不同尺度上，关注对象和研究点均有所不同，如图 1.1 所示。在时间尺度方面，水力压裂在毫秒时间尺度上即颗粒间会产生微裂纹，在秒尺度上水力裂缝会在近井筒区域扩展，而在分尺度上水力裂缝会实现裂缝在储层间扩展，在小时尺度上多条裂缝共同作用改造储层。在水力裂缝长度尺度方面，在细观尺度上水力裂缝表现为晶间破坏，颗粒间形成微裂缝，在宏观尺度上近井筒区域形成复杂的主裂缝，在油气藏区域形成改造储层的裂缝

① 参考《页岩气发展规划（2016—2020 年）》和《国土资源“十三五”科技创新发展规划》。

网络。为此，在复杂的地应力条件下，从不同尺度上对水力压裂的复杂过程进行分析和研究，准确地预测非常规油气储层水力压裂中裂缝的形态是亟待解决的技术难题，对改造非常规油气储层具有重要意义。

为此，本书基于有限差分法和离散元法（distinct element method，DEM）紧密围绕非常规油气储层多尺度多场水力压裂中水力裂缝的三维非平面扩展和复杂缝网形成的机理展开研究，重点关注裂缝的起裂、三维非平面扩展、与天然裂缝的相互作用、支撑剂的耦合作用等一系列最关键的多场多尺度力学行为，旨在为非常规油气储层压裂技术提供理论指导。

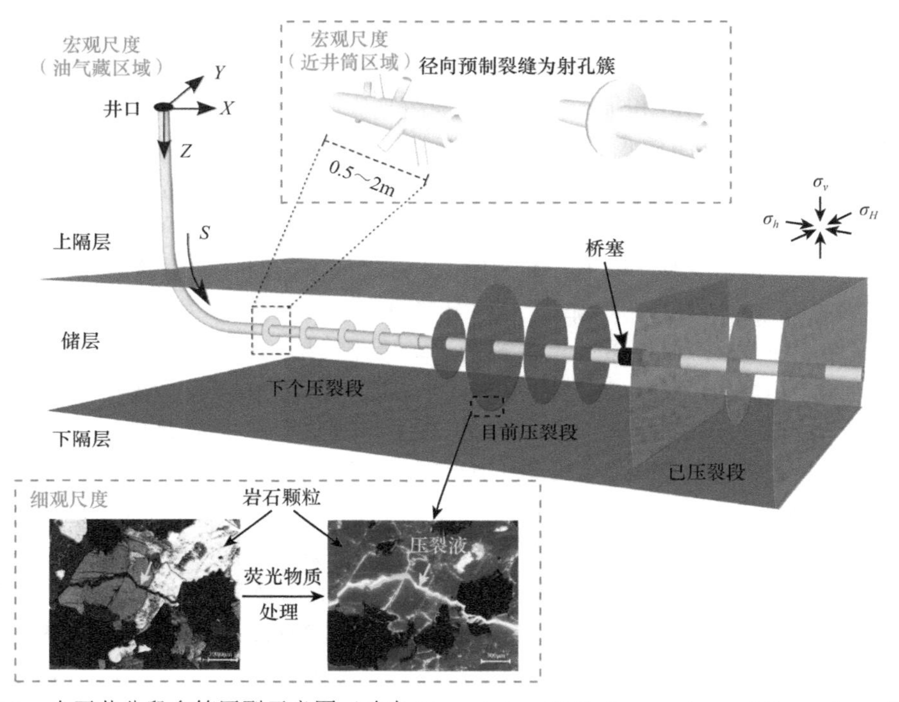

图 1.1　水平井分段多簇压裂示意图（改自 Chen et al.，2015；Lecampion and Desroches，2015）

1.2　水力裂缝扩展研究现状

1.2.1　水力裂缝起裂和扩展

从 20 世纪 20 ～ 70 年代发展起来的水力压裂经典模型主要包括 KGD 模型、PKN 模型及径向模型。KGD 模型是假设水平方向为平面应变和所有水平截面独立地起作用（Khristianovic and Zheltov，1955）。PKN 模型是假设每一垂向截面独立作用，主要考虑缝内流体流动以及相应压力梯度的影响（Perkins and Kern，1961）。此后，学者提出了拟三维模型，但拟三维模型可能对裂缝高度估计产生较大误差。为此，学者建立了平面三维模型（Simonson et al.，1978；Abou-Sayed et al.，1984；Fung et al.，1987；李勇明等，2001；Adachi et al.，2007）。由于平面三维模型模拟扭曲型水力裂缝存在缺陷，因此学者提出了全三维模型（Morales et al.，1993；Dean and Schmidt，2009）。朱君等（2010）根据岩石力学、渗流力学、弹塑性力学、损伤力学与断裂力学，在考虑流固耦合的动态效应以及岩石塑性变形的基础上，采用了瞬态分析方法，建立了致密储层水力压裂全三维动态扩展力学模型。刘建军等（2003）建立了油水井三维水力压裂的数学模型，给出了裂纹扩展流固耦合效应的数值解法。

数值模拟是研究水力压裂的重要工具。近年来，水力压裂数值模拟取得了显著进展（Li et al.，2015；Taleghani et al.，2016；Lecampion et al.，2018）。这些数值方法根据其理论背景不同可分为几个类别。从连续介质力学角度来看，有限元单元法（finite element method），包括内聚力法（cohesive zone method）、扩展有限元法（extended finite element method）和边界元法（boundary element method）等方法（Zhang et al.，2007；Chen et al.，2009；Lecampion，2010；Carrier and Granet，2012；Elizaveta and Anthony，2013；Kresse et al.，2013）。从非连续介质角度来看，有块体离散元法（block discrete element method）、颗粒离散元法（discrete element method of particle flow）和三维离散格子法（3D lattice method）等方法（Wang et al.，2014；Damjanac and Cundall，2016；Damjanac et al.，2016；Zhang and Mack，2017；Huang et al.，2019）。一些基于工程的方法也已经开发出来并应用于现场，如基于伪三维单元（pseudo-3D）的复杂断裂网络模型（Meyer and Bazan，2011）。同时，新的数值方法也被用于模拟水力压裂，如物质点法（materials point method）、近场动力学方法（peridynamics）、连续-离散元法（finite-discrete element method）和相场法（phase field method）等方法（Aimene and Ouenes，2015；Mikelić et al.，2015；Ouchi et al.，2015；Miehe and Mauthe，2016；Profit et al.，2016；Lisjak et al.，2017）。

水力裂缝起裂和破裂压力是影响压裂设计的重要因素。Hubbert 和 Willis（1957）认为地应力会影响破裂压力和裂缝扩展，在不考虑岩石渗透性基础上基于有效应力原理建立了岩石破裂压力公式。此后，Haimson 和 Fairhurst（1967，1969）考虑了岩石渗透性和压裂液滤失，建立了新的破裂压力公式。黄荣樽（1981）认为裂缝起裂主要由井筒周围的应力状态决定，该状态受地应力、地层孔隙压力、井筒注入压力以及滤失的影响。Chen 和 Economides（1995）研究表明水力裂缝起裂压力与最大主应力和井筒夹角有关，当最大主应力与井筒平行时，起裂压力最小，当最大主应力与井筒垂直时，起裂压力最大。陈勉等（1995）应用多孔弹性理论，根据斜井井壁周围应力状态，提出了斜井水力裂缝起裂判据。张广清等（2003）使用三维有限元模型结合岩石的抗拉破坏准则研究了垂直井中射孔对地层破裂压力的影响。结果表明射孔密度和射孔方位角是影响地层破裂压力的主要因素，射孔孔眼长度和射孔孔眼直径的影响较小。连志龙等（2009）采用 ABAQUS 软件进行了数值模拟，研究了地应力、岩石力学参数、压裂液特征等复杂因素对水力压裂的影响，结果表明在注入压力一定时，起裂压力与最小主应力、初始孔隙压力和临界应力成正比，而与最大主应力、岩石模量和压裂液黏度无关。唐书恒等（2011）通过数值模拟方法，研究了起裂压力和起裂位置与地应力的关系，结果表明起裂压力和起裂位置与地应力大小和地应力方位有关；水平主应力差系数越大，试样内天然裂缝与最大水平主应力之间夹角对破裂压力的影响越大。丁乙等（2018）基于张性起裂准则，结合天然裂缝数量、产状及射孔工程参数，建立了裂缝性储层起裂压力预测模型。考佳玮等（2018）开展了高水平地应力差下深层页岩真三轴水力压裂室内实验，结果表明高水平地应力差下水力裂缝沿垂直最小主应力方向起裂并扩展成横切缝，起裂压力越大，裂缝形态越复杂。马耕等（2016）进行了水力压裂物理模型试验，结果表明随着主应力差增大，破裂压力逐渐降低，破裂时间也逐渐缩短。

水力裂缝与天然裂缝相交方面，大量水力压裂监测数据表明天然裂缝和水力裂缝之间的相互作用是导致复杂水力裂缝形成的关键条件（程万等，2014；郭建春等，2014；侯冰等，2014；赵立强等，2014；Xu et al.，2019；Zheng et al.，2019）。Renshaw 等使用理论分析得到了无黏结摩擦裂缝与天然裂缝相交准则［式（1.1）］，进行的验证物理实验与该准则具有一致性（Pollard，1995；Renshaw and Pollard，1995）。

$$\frac{\sigma_1}{T_0-\sigma_3} > \frac{0.35+\dfrac{0.35}{\mu}}{1.06} \tag{1.1}$$

式中，σ_1 为最小主应力，MPa；σ_3 为最大主应力，MPa；T_0 为岩石抗拉强度，MPa；μ 为预制裂缝摩擦系数，无量纲。

在此基础上，Zhang 等（2017）使用离散元法和有限元法进行耦合，模拟了水力压裂裂缝与天然裂缝的相互作用，结果表明水力裂缝与天然裂缝相交时，会出现：①在天然裂缝处被捕获形成 T 形裂缝；②水力裂缝发生偏转；③直接穿过。该结果能很好地匹配 Renshaw 提出的准则。曾义金等（2019）进行了室内试验研究，结果表明压裂中总注入量在一定程度上可反映压裂后裂缝的复杂程度，若累计注液量越高，则压裂后形成的缝网越复杂；压裂液注入速率对复杂缝网的形成有较大影响，注入速率小有利于打开天然裂缝，而高注入速率会使水力裂缝直接穿过天然裂缝，如图 1.2 所示。天然裂缝分布和水平主应力差均影响复杂裂缝网络的形成，天然裂缝与水平最大主应力方向的角度越小，水平主应力差越大，形成复杂裂缝网络的难度越大（潘林华等，2014）。随地应力差、层理走向和倾角增大，层理扩展临界强度比降低，裂纹沿层理弱面扩展变难；随岩石强度增大，层理扩展临界强度比增大，裂纹更易于沿层理弱面扩展。基于复变函数保角变换推导得出了裂纹尖端应力状态，得出水力压裂裂缝在斜交层理后的扩展判据，认为裂纹沿层理扩展临界强度比受地应力差、岩石强度及层理方位等多种因素影响（衡

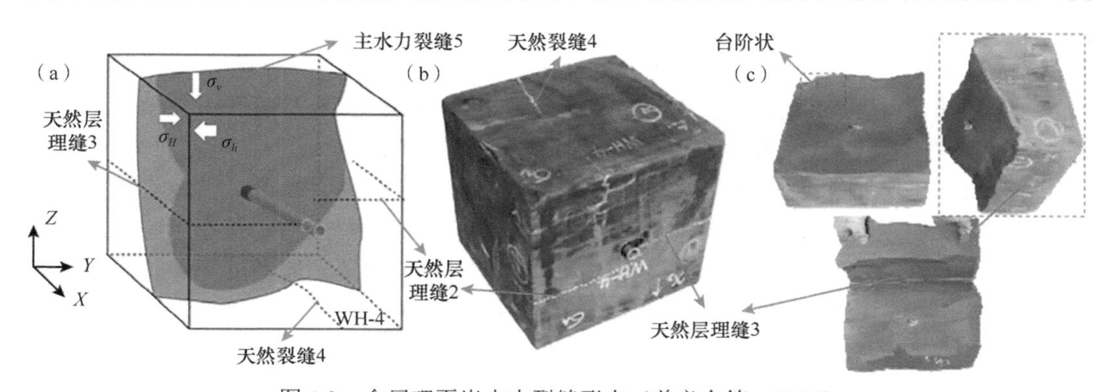

图 1.2　含层理页岩水力裂缝形态（曾义金等，2019）

帅等，2015；孙可明和张树翠，2016）。李芷等（2015）采用真三轴岩土工程模型试验机、压裂泵伺服控制系统和DISP声发射三维空间定位系统，建立了页岩水力压裂物理模拟与压裂缝表征方法并进行页岩水力压裂物理模拟试验。研究结果表明当水力压裂未形成沿天然层理面的贯通压裂缝时，易形成与天然层理面相交的压裂缝，并与层理面开裂后交叉形成网络裂缝。

1.2.2 射孔和近井筒地带裂缝扩展

射孔孔眼连接井筒和储层，其提供泄油通道、能有效降低储层破裂压力和引导裂缝走向（张儒鑫等，2017）。射孔除了影响裂缝的起裂行为，也影响裂缝的最终形态。理想条件下定向射孔会形成一条宽而直的主裂缝。但是由于地应力条件等复杂因素，裂缝的形态会有所不同，水力裂缝在孔眼处和近井筒地带表现出非平面裂缝扩展和扭曲等现象，如图1.3所示（Fallahzadeh et al.，2015；Ferguson et al.，2018）。姜浒等（2014）实验研究表明，定向射孔水力压裂形成的水力裂缝可能不是理想平直双翼裂缝，而是双翼弯曲裂缝，在水平应力差和定向射孔方位角较大的情况下，容易形成由定向射孔方向和最大水平地应力方向多点同时起裂的非对称多裂缝系统或穿过微环面的双翼裂缝。胡阳明等（2019）的研究表明，水平主应力差对裂缝扩展路径有重要影响，随着裂缝扩展路径的不同，裂缝最终形态也将不同。射孔参数中射孔密度和射孔簇间距等因素对裂缝形态及复杂程度具有重要影响。Zhang和Mack（2016）使用三维离散格子方法模拟了螺旋射孔模型中裂缝起裂和延伸过程，结果表明裂缝优先从部分射孔处扩展并逐渐连通形成水力裂缝，而其余射孔处裂缝会停止扩展，即水力压裂过程中孔眼之间会产生竞争性。

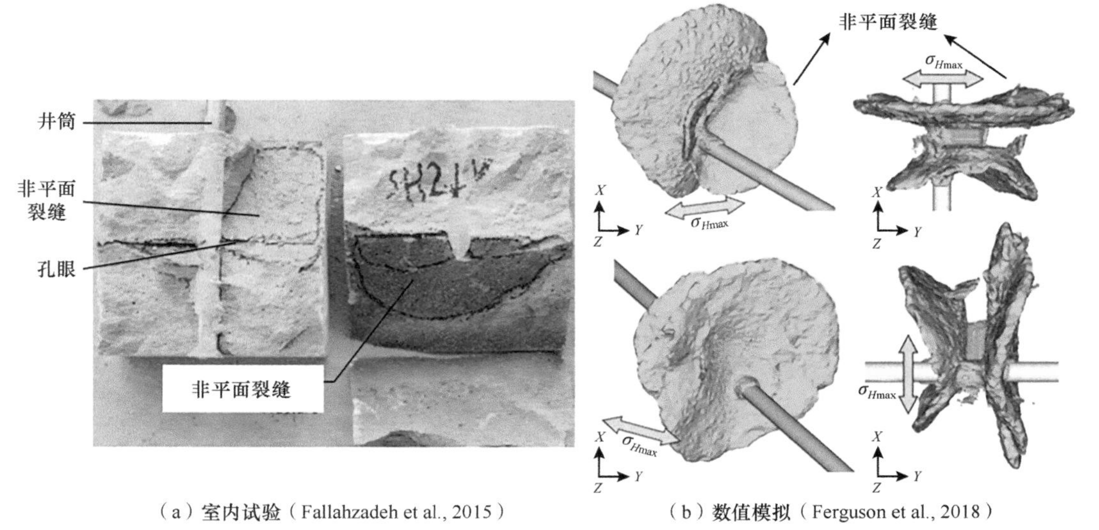

（a）室内试验（Fallahzadeh et al., 2015）　（b）数值模拟（Ferguson et al., 2018）

图1.3 近井筒区域水力裂缝起裂和裂缝扩展形态

人们针对水力压裂中的射孔问题开展了大量研究。现场和实验数据表明射孔孔眼摩阻对施工压力有较大影响，Crump和Conway（1988）建立了摩阻公式并通过实验验证了该公式的正确性。Zhu等（2015）建立了考虑套管影响的井筒周围的应力解析解，分析了井筒周围的应力分布，预测了定向射孔技术下裂缝的起裂行为。Zhang 等（2018）通过一系列三轴水力压裂实验分析了射孔密度、射孔深度、射孔半径和射孔相位等射孔参数对致密储层中裂缝起裂和扩展的影响。Liu 等（2018）通过三轴压裂实验研究了多段压裂中射孔参数的影响，结果表明随着射孔密度和射孔深度增加，裂缝起裂压力降低。吴越等（2019）采用大尺寸真三轴室内试验，研究了高水平应力差条件下射孔相位、射孔密度和射孔簇间距对裂缝形态和扩展的影响。解经宇等（2018）通过实验模拟了不同的射孔方式，得到了四种最终裂缝形态："一"字形、"工"字形、"厂"字形和贯穿型裂缝。

数值模拟是研究近井筒区域裂缝扩展形态和起裂压力的重要工具。张广清和陈勉（2009）建立了三维弹塑性有限元模型，通过大量计算研究了定向射孔水力裂缝形态的影响因素。刘京（2019）通过扩展有限元法计算了不同射孔方位角条件下的裂缝扩展形态，分析了方位角对裂缝形态的影响。张钰彬和黄丹（2019）通过近场动力学方法模拟了页岩储层水力压裂，结果表明射孔间距过小会造成起裂干扰，使中间射孔的裂缝扩展受到抑制，提出在压裂压力一定的情况下适当增大射孔间距，可以显著增强页岩压裂形成裂缝网的能力。周彤等（2019）采用近似解显式计算裂缝间应力干扰作用，建立求解缝宽与流动压力关系的方法，并对不同射孔工艺条件下各簇裂缝缝长、缝宽与进液量进行了数值模拟，结果显示摩阻和多裂缝应力干扰作用共同决定各簇裂缝流量分配。杨野等（2012）则通过 cohesive 单元模拟裂缝的起裂和扩展，模拟了不同相位角的水平裂缝的扩展过程。彪仿俊等（2011）采用三维有限元法对螺旋射孔条件下地层的破裂压力进行了研究，建立了套管完井情况下井筒及地层的三维计算模型，研究了螺旋射孔条件下射孔方位角、相位角及射孔密度对地层破裂压力的影响。

1.2.3 分段多簇压裂多裂缝扩展

国内外对分段多簇压裂进行了多方面研究。裂缝间距、裂缝长度及导流性等是影响页岩气储层开发效果的因素。探究多段压裂中各因素对页岩气产能影响是近年来的研究热点。陈小凡等（2018）基于有限体积方法建立了矩形封闭气藏模型，对页岩气水平井多段压裂过程进行了数值模拟。该模型在裂缝中仅考虑黏性流的影响，且假设人造缝属于无限导流缝。模拟结果表明通过调整压裂段数得到最大的压裂缝长，是页岩气水平井增产改造的关键。谢亚雄等（2016）考虑了页岩储层在压裂改造前后的物理性质差异，并考虑了气体吸附及扩散效应的影响，建立了矩形封闭地层多段压裂水平井渗流模型，并预测了页岩气水平井多段压裂的产能。秦亮（2016）以美国 Barnnet 页岩储层地质参数为背景，通过油藏数值模拟软件建立了双重介质模型，研究了裂缝长度及间距对产气量的影响。郭艳东等（2018）针对涪陵海相龙马溪组页岩气藏地质条件，建立了双孔模型并对多段压裂水平井进行了数值模拟研究，通过多元回归的方法对多个产能影响因素进行研究。研究结果表明裂缝渗透率是影响页岩气初始产量大小的主要因素，其次是人造裂缝的数量以及裂缝的导流能力。马汉伟（2016）根据页岩储层地质特征，考虑储层基质中吸附气的解析扩散建立了三维两相渗流微分方程，并指出相较于产气量的增产倍数，提出在有限成本的情况下，需要寻找最优导流能力与最佳裂缝条数。

多段压裂中裂缝之间相互作用，诱导应力场以及多裂缝扩展是压裂研究的关键问题。多级压裂目的是产生多条裂缝以增加导流面积从而提高产量，但是现场数据表明过多的射孔簇对产量提高不会有明显影响（Miller et al.，2011）。多裂缝扩展过程中由于裂缝内的净压力会对周围裂缝产生应力干扰，即“应力阴影”效应（Warpinski and Branagan，1989；Zou，et al.，2016）。刘乃震等（2018）结合 Sneddon 公式进行裂缝诱导应力场理论分析，并基于真三轴水力压裂模拟系统进行水平井多段压裂物理模型实验，得出在已压裂缝处于临界闭合状态时，高水平应力差将导致多裂缝合并，已压裂缝内较高的净压力将增加对周围裂缝的应力干扰，抑制后续裂缝的扩展；而采用较大间距将使得后续裂缝处于诱导应力递减的区域，可以减少已压裂缝产生的应力阴影。潘林华等（2014b）基于多孔介质的流固耦合基本方程，利用黏结单元模拟裂缝起裂建立了低渗致密油藏水平井多段压裂的三维有限元模型，结果表明射孔簇数目和射孔簇间距是裂缝间应力干扰的最大因素。郭建春等（2015）假设地层为均质各向同性的弹性体，利用位移不连续方法建立地层应力场分布的数学模型，通过模拟发现裂缝对水平最小主应力的影响大于对水平最大主应力的影响；随着裂缝数量的增加，“应力阴影”效应的叠加使得裂缝间水平应力的差异逐渐减小。刘雨（2014）基于平面应变计算模型对多级压裂诱导应力对天然裂缝的影响进行研究，提出由于地应力受到压裂液压力的影响，在距离井眼轴线 20 倍井径的区域内需要提高压裂液压力以激活该区域天然裂缝。张扬（2017）推导了平面应变下的单裂缝扰动应力场的解析解模型，并通过弹性力学叠加原理得出了多条裂缝相互作用的诱导应力场，以此为内核开发了一套基于 C# 的应力扰动分析软件。李玮等（2017）应用最小势能原理，通过变分方法建立了预测最大储层改造体积时裂缝虚拟个数和虚拟长度模型，并指出裂缝虚拟个数能够反映压裂裂缝的实际复杂性。连志龙（2007）研究了水平多裂缝同时扩展时的缝间相互干扰规律，结果表明油层隔层厚度越大，压裂时裂缝之间的相互干扰越小；隔层厚度越小，缝间干扰越大。

1.3 章节内容安排

本书主要内容包括以下几个部分。

第 2 章为本书数值仿真的理论基础，总结了二维颗粒离散元模型、三维离散格子模型和三维块体离散元模型中的流固耦合算法。

第 3 章基于二维颗粒离散元流固耦合模型模拟了不同裂缝扩展控制机制中规则试样和随机试样的裂缝起裂和扩展过程，研究了细观尺度下岩石内在非均质性、颗粒粒径和应力各向异性对水力裂缝扩展的影响。

第 4 章基于真三维离散格子模型，在走滑断层应力下垂直井筒中模拟了螺旋射孔、定向射孔和三角射孔三种射孔模型的水力裂缝起裂和扩展过程，并对三种射孔模型进行了比较，揭示了近井筒区域下三种射孔模型的水力裂缝起裂和裂缝扩展机制。

第 5 章研究了水力裂缝与天然裂缝的相互作用机理及地应力条件、岩石力学性质、天然裂缝特征、压裂液性质和注入参数等对水力裂缝与天然裂缝的相互行为的影响，以及裂缝间相互作用对裂缝内压力响应、裂缝系统的导流能力、支撑剂输送和微震响应等行为的影响规律。

第 6 章提出了 DEM-CFD 一体化数值模拟工作流程来模拟水力压裂后支撑剂嵌入和裂缝导流能力。结果表明，裂缝导流能力随支撑剂浓度或支撑剂粒径的增加而增大，随裂缝闭合应力或页岩水化程度的增加而减小；页岩水化效应是支撑剂大量嵌入的主要原因。

第 7 章根据长庆油田王窑塞 160 区块长 611-2 储层的地质情况，建立了考虑多口直井长期注采的三维渗流-应力耦合地应力演化模型，随后根据长庆油田某区块现场生产数据，利用 FLAC3D 建立了拟合生产历史的地应力演化模型，分析了多井长期开采下的地应力演化规律。

第 8 章将地质力学建模和微地震分析完全耦合起来，研究了隔震和近井摩阻对位于美国 Eagle Ford 致密油层的典型油井重复压裂的影响。本章的地质力学模型用于识别与不同水力裂缝几何形状相关的压力特征和微地震模式。通过对地质力学响应的微地震分析，得出了基于微地震矩的导流有效性诊断方法，并提出了一些完井优化方案。

第 9 章采用三维离散格子方法建立了极限分簇射孔压裂现场尺度数值模型，探究了极限分簇射孔压裂起裂效率和各簇裂缝扩展均匀程度规律，优化了极限分簇射孔关键参数和射孔工艺，得到了极限射孔压裂施工指导图版。

第 10 章介绍了基于二维颗粒离散元流固耦合模型的断裂韧性控制区域压裂简化算法，可用于 SC-CO_2 等低黏性流体压裂计算，具有较高的计算效率和计算精度，研究了细观尺度下 SC-CO_2 压裂裂缝扩展行为。

第 11 章研究了径向 Hele-Shaw 腔中甘油水溶液侵入干燥致密颗粒介质时的流体-颗粒耦合置换过程，证明了在致密颗粒介质的响应中存在着由固态向液态的转变。通过改变侵入流体黏度和调整注入速率及腔的间隙尺寸，观察到四个不同流体及颗粒位移模式，即简单径向流态、渗流控制的模式、位移控制模式和黏性指进控制模式。

第 12 章针对长宁-威远地区水力压裂引起的断层滑移和套管变形机理展开研究，并根据现场数据进行了数值模拟，建立了数值模拟断层滑动微地震事件的方法，重点分析了施工参数对断层滑移及诱发地震的影响，本章研究可为现场多段压裂的安全经济施工提供理论指导。

第2章

基于离散元的水力压裂数值模拟方法原理

工程中大部分大变形均被解释为沿各类软弱面、接触带发生的相对运动，这些材料的变形主要来自颗粒的滑移和转动以及接触界面处的张开和闭锁，而不是来自单个颗粒本身的变形（Potyondy and Cundall，2004）。为了获得岩土体内部力学特性，岩石可看作复杂形状颗粒黏结体。Cundall 于 1971 年提出离散元法，后续逐渐发展为块体离散元法和颗粒离散元法（Cundall，1971；Cundall and Hart，1992）。为了提高水力压裂模拟计算效率，基于颗粒离散元法的黏结颗粒模型（bonded-particle model）（Cundall and Strack，1979；Potyondy and Cundall，2004），Damjanac 等于 2016 年提出三维离散格子方法（Damjanac and Cundall，2016；Damjanac et al.，2016）。颗粒离散元法、离散格子方法和块体离散元法已经在水力压裂等非连续介质力学问题的研究中取得了广泛的应用，本章将对这三种方法的基本理论和水力压裂流固耦合理论进行介绍。

2.1 颗粒离散元数值模型

2.1.1 颗粒离散元基本理论

颗粒离散元法通过圆形（或异形）离散单元来模拟颗粒介质的运动及其相互作用，其不需要加入其他条件间接模拟岩石破裂过程，Potyondy 提出的平行黏结模型（linear parallel bond model）和平节理模型（flat-joint model），其能直接模拟非线性、非均质性和各向异性等特征的岩石破裂过程，且该方法能研究细观尺度的岩石力学特性（Potyondy and Cundall，2004；Potyondy，2015）。颗粒离散元法在模拟过程中做了如下假设：

（1）颗粒单元为刚性体。

（2）接触发生在很小的范围内，即点接触。

（3）接触特性为柔性接触，接触处允许有一定的“重叠”量。

（4）“重叠”量的大小与接触力有关，与颗粒大小相比，“重叠”量很小。

（5）接触处有特殊的连接强度。

（6）颗粒单元为圆盘形（或球形）。

颗粒离散元法使用动态松弛法进行计算，在计算中把非线性静力学问题转化为动力学问题进行求解，其能降低计算的存储量，从而降低计算资源的消耗。颗粒离散元法在计算中的循环过程如图 2.1 所示，颗粒之间或颗粒与墙体之间的接触力及位移根据物理方程（力-位移方程）和运动方程（牛顿第二定律）进行更新，在计算中试样内部裂缝的产生是由使用的本构模型进行自动判断，并在程序内部自动实现。

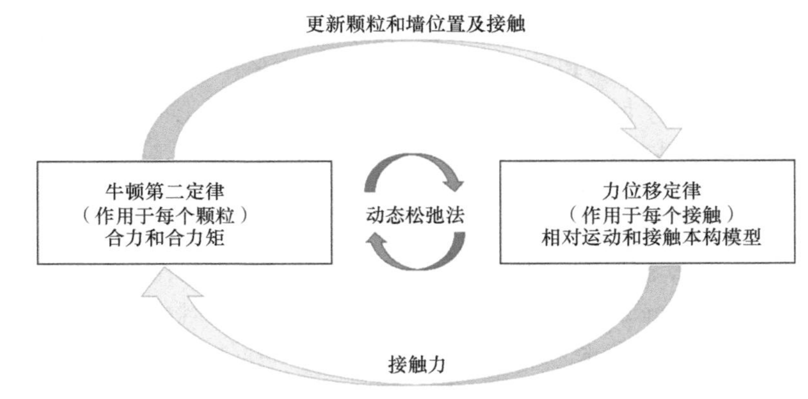

图 2.1 颗粒离散元法计算循环过程示意图

2.1.1.1 物理方程——力-位移方程

力-位移方程描述了颗粒与颗粒间或颗粒与墙体间接触处的接触力和相对位移之间的关系。假设接触处法向接触力为 F_n 以及相对位移为 u_n，接触处切向力使用增量进行描述，即接触处切向力增量为 ΔF_s 以及相对位移为 Δu_s，接触处法向力-位移方程和切向力-位移方程表示为

$$\begin{cases} F_n = k_n u_n \\ \Delta F_s = k_s \Delta u_s \end{cases} \tag{2.1}$$

式中，k_n、k_s 分别为法向和切向接触刚度。

2.1.1.2 运动方程——牛顿第二定律

在离散元法中，颗粒体被假设为刚体，颗粒和颗粒之间以及颗粒和墙体之间存在的接触力，在外力和体力的作用下，使得颗粒处于一种不平衡状态，这导致颗粒产生加速度和速度，颗粒会产生转动和平动行为，接触力随颗粒力和位移变化而更新。假设在时间 t 时，颗粒在 i 方向的合力为 F_i，弯矩为 M_i，颗粒质量为 m，转动惯量为 I_i，则颗粒在 i 方向的平动加速度 $\ddot{u}_i$ 和转动加速度 $\dot{\theta}_i$ 以及相关计算公式分别为

$$\begin{cases} \ddot{u}_i = F_i / m \\ \dot{\theta}_i = M_i / I_i \end{cases} \tag{2.2}$$

在 $t+\Delta t/2$ 时，颗粒在 i 方向的平动速度和转动速度公式为

$$\begin{cases} \dot{u}_i^{(t+\Delta t/2)} = \dot{u}_i^{(t-\Delta t/2)} + \ddot{u}_i^{(t)} \Delta t \\ \theta_i^{(t+\Delta t/2)} = \theta_i^{(t-\Delta t/2)} + \dot{\theta}_i^{(t)} \Delta t \end{cases} \tag{2.3}$$

式中，$\dot{u}_i^{(t-\Delta t/2)}$ 为 $t-\Delta t/2$ 时刻该颗粒在 i 方向的速度，其中 Δt 为计算时间步；$\theta_i^{(t-\Delta t/2)}$ 为 $t-\Delta t/2$ 时刻该颗粒在 i 方向的转动速度。

在 $t+\Delta t$ 时，颗粒在 i 方向的位移为

$$u_i^{(t+\Delta t)} = u_i^{(t)} + \dot{u}_i^{(t+\Delta t/2)} \Delta t \tag{2.4}$$

2.1.1.3 边界条件

在离散元法中，可以通过对颗粒或墙体赋予力或速度给颗粒体系施加荷载，墙体或固定边缘颗粒可作为颗粒体系的边界约束，边界的设置是灵活多变的，可以通过编写函数实现复杂的边界条件。

2.1.1.4 时间步长选取

颗粒离散元法是采用中心差分法即动态松弛进行计算迭代，属于显示求解，因此计算时间步长是系统稳定运行的基础。在求解中，仅当计算时间步长小于临界时间步长时，才能保证系统的稳定运行。临界时间步长与整个计算模型的最小固有周期有关。

对于单个一维质点-弹簧体系的中心差分格式下的临界时步 Δt 有

$$m\ddot{u}+c\dot{u}+ku=0 \tag{2.5}$$

式中，c 为阻尼系数；k 为单元刚度；$\ddot{u}$、$\dot{u}$、u 分别为加速度、速度、位移。

将式（2.5）进行求解，可得

$$\Delta t\leqslant 2\sqrt{\frac{m}{k}}\left(\sqrt{1+\xi^2}-\xi\right) \tag{2.6}$$

式中，

$$\xi=\frac{c}{2\sqrt{mk}} \tag{2.7}$$

当不考虑阻尼时有

$$\Delta t\leqslant 2\sqrt{m/k} \tag{2.8}$$

对于无穷多个质点-弹簧系统串联的情况（无阻尼），其时间步长有

$$\Delta t\leqslant \sqrt{m/k} \tag{2.9}$$

前面两个系统只考虑了平动情况，未考虑转动情况，考虑平动和转动情况的无穷串联多个质点-弹簧系统的时间步长为

$$\Delta t\leqslant\begin{cases}\sqrt{m/k^t} & （平动）\\ \sqrt{I/k^r} & （转动）\end{cases} \tag{2.10}$$

式中，k^t 和 k^r 分别为平动刚度和转动刚度。

2.1.1.5 本构模型

在颗粒离散元法中，通过赋予接触模型给颗粒与颗粒或颗粒与墙体间的接触来定义材料的本构模型。岩土体材料模拟中，有三种常用的黏结颗粒模型，分别为平行黏结模型（linear parallel bond model）、平节理模型（flat-joint model）及光滑节理模型（smooth-joint model）（Potyondy，2015）。

1）平行黏结模型

平行黏结模型用于描述颗粒接触一定范围内存在黏结材料的力学特性，其黏结组

件与线性元件平行，在接触间建立弹性相互作用，模型示意图如图 2.2 所示（Potyondy and Cundall，2004）。平行键的存在并不排除滑动的可能性，平行黏结可以在不同实体间传递力和力矩。接触黏结可看作一组弹簧，法向与切向刚度为常数，均匀分布在接触面和中心接触点，这些弹簧与线性元件弹簧平行。在平行键产生后，在接触处发生的相对运动使黏结材料内部产生力和力矩。这种力和力矩作用于两个接触块上，与胶结材料在键周围的最大正应力和剪应力有关。如果这些应力超过其相应的黏结强度，平行黏结断裂，则该处的黏结及其伴随的力、力矩和刚度将被移除，此时模型退化为非黏结状态的线性模型。判断黏结是否破坏的准则如图 2.3 所示。

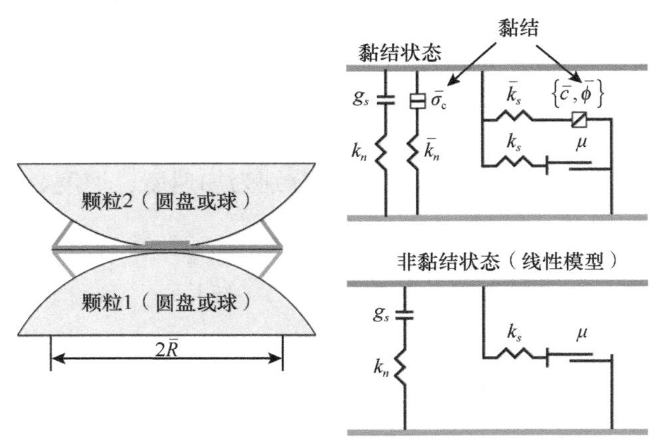

图 2.2　平行黏结模型（Potyondy and Cundall，2004）

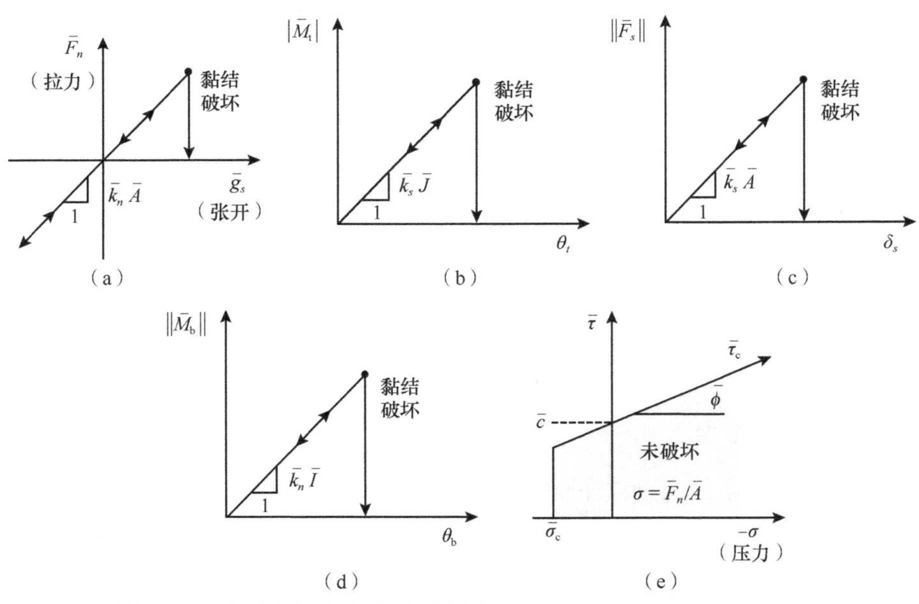

图 2.3　平行黏结模型本构关系曲线（Potyondy and Cundall，2004）

（a）法向力与平行黏结表面间隙曲线；（b）扭矩与相对扭转角曲线；（c）剪切力与相对剪切位移曲线；（d）弯矩与相对弯曲旋转角曲线；（e）平行黏结破坏包络线

2）平节理模型

平节理模型是由刚性晶粒构成，晶粒之间通过平节理接触黏结，晶粒由圆盘（二维）或球形（三维）颗粒与抽象面（notional surfaces）组成，一个晶粒表面可以有多个抽象面单元，抽象面单元与对应晶粒刚性连接，因此，晶粒之间有效接触变为抽象面之间的接触。平节理接触描述的是抽象面之间的中间接触面行为，其如图2.4所示（Potyondy，2018）。二维模型中，接触是一条直线段，该直线段可被离散化为多个等长的小单元；三维模型中接触是有一定厚度的圆盘，该圆盘可从径向和圆周两个方向离散为多个等体积的小单元。每个单元可以是黏结的、非黏结带有摩擦的，因此，中间接触面的接触可以是黏结型、非黏结摩擦型，或者是沿接触表面变化。与平行黏结模型相比，该模型能解决压拉比过低，内摩擦角过小以及强度包络线呈线性等问题。黏结处的单元破坏准则采用图2.5的本构关系曲线。由于平节理模型中的接触含有多个单元，每个单元的破坏与否各自独立，因此该模型在试样破坏中能表征其损伤过程。

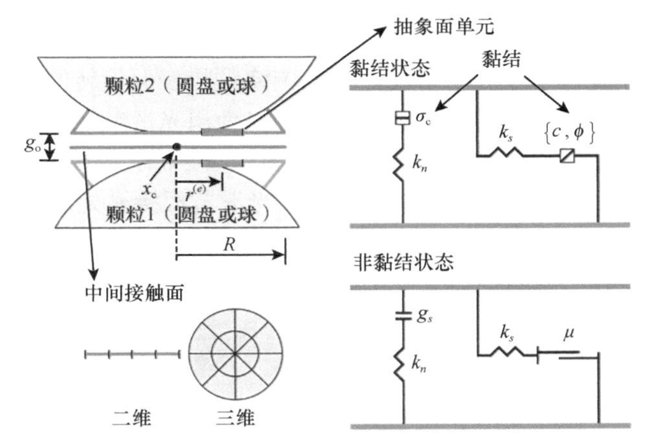

图2.4 平节理模型（Potyondy，2018）

每一个界面都被离散成单元，单元在断裂后变为摩擦单元即非黏结单元，初始时可能为黏结状态，在界面上有可能同时存在黏结单元和非黏结单元

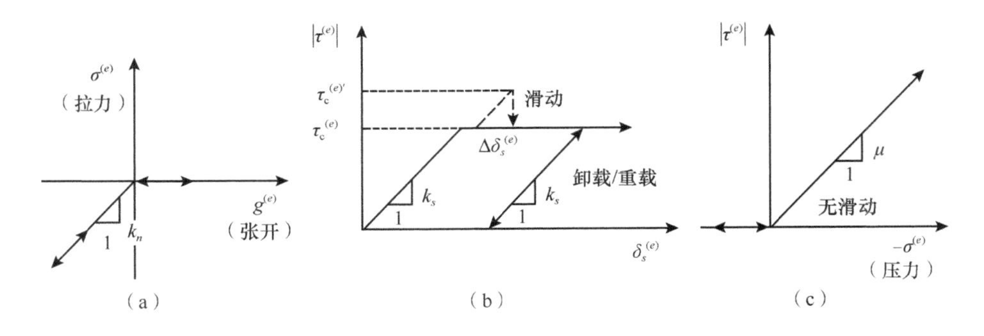

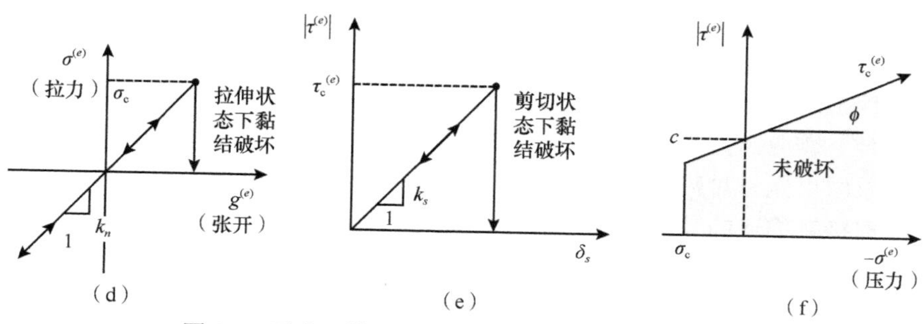

图 2.5 平节理模型本构关系曲线（Potyondy，2018）

（a）～（c）为非黏结状态平节理单元力-位移曲线；（d）～（f）为黏结状态平节理单元力-位移曲线。（a）法向力与接触处单元间距曲线；（b）剪切力与相对剪切位移曲线；（c）滑移包络线；（d）法向力与接触处单元间距曲线；（e）剪切力与相对剪切位移曲线；（f）破坏包络线

3）光滑节理模型

光滑节理模型忽略颗粒接触方向的影响，颗粒接触方向平行于节理方向，在接触处的颗粒可以相互重叠或发生相对滑动，避免围绕颗粒表面旋转的行为，从而模拟节理的力学性质和平面界面的剪胀力学行为，并且可以使用光滑节理模型设置离散裂缝网络（discrete fracture network），光滑节理模型示意图如图 2.6 所示（Ivars et al.，2011）。光滑节理模型可设置为黏结型节理或摩擦型节理。光滑节理接触处破坏准则如图 2.7 所示。

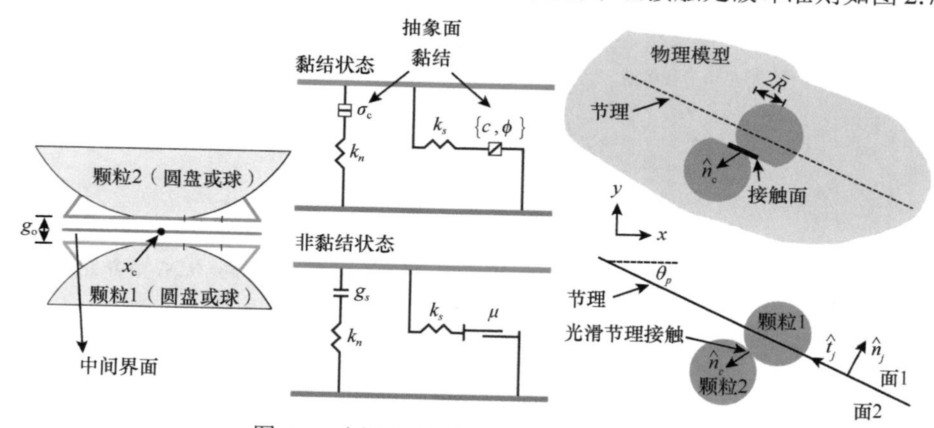

图 2.6 光滑节理模型（Ivars et al.，2011）

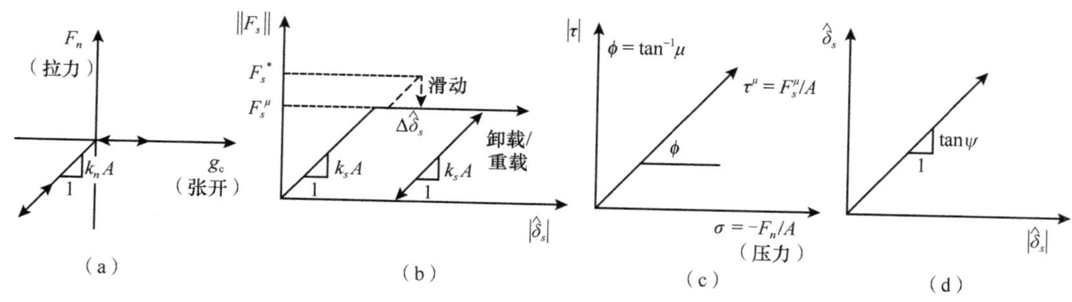

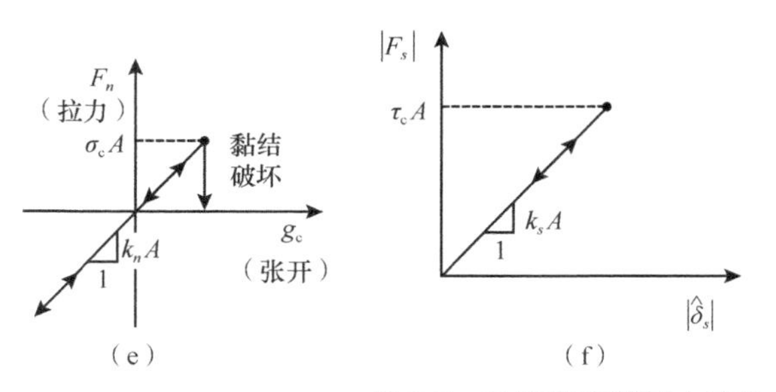

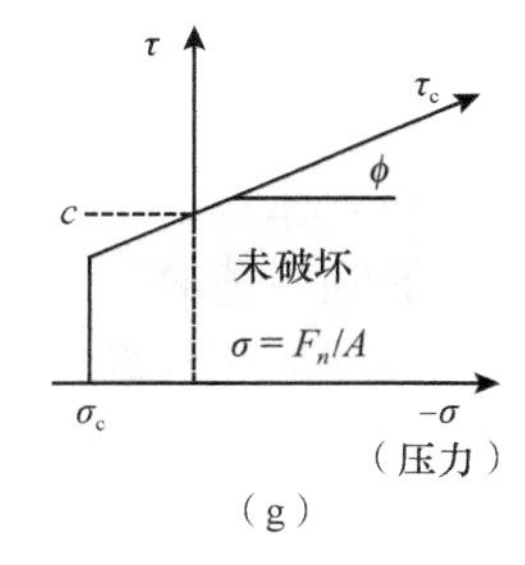

图 2.7 光滑节理模型本构关系曲线

(a)～(d)为非黏结状态力-位移曲线；(e)～(g)为黏结状态力-位移曲线。(a)法向力与法向位移曲线；(b)剪切力与剪切位移曲线；(c)强度包络线；(d)滑动过程中法向位移与剪切位移曲线；(e)法向力与法向位移曲线；(f)剪切力与剪切位移曲线；(g)强度包络线

2.1.2 二维颗粒离散元模型流固耦合算法

2.1.2.1 流固耦合假设

水力压裂过程是多场多尺度的复杂问题（Detournay，2016），基于二维离散元模型模拟水力压裂存在如下假设：

（1）流体在介质中的渗流路径由颗粒间接触处的平行板通道组成，该通道称为“管道”（pipe），假想管道等同于岩石中的喉道，两个相邻域通过“管道”连接，该管道能传递流体的流量，管道中流体运动服从裂隙立方定律（cubic law）（Witherspoon et al.，1980）。模型忽略了水力压裂过程中流体滤失，在初始计算模型中，“管道”均设置为非激活状态，当颗粒与颗粒之间的接触键发生破坏，“管道”则为激活状态，如图 2.8 所示。

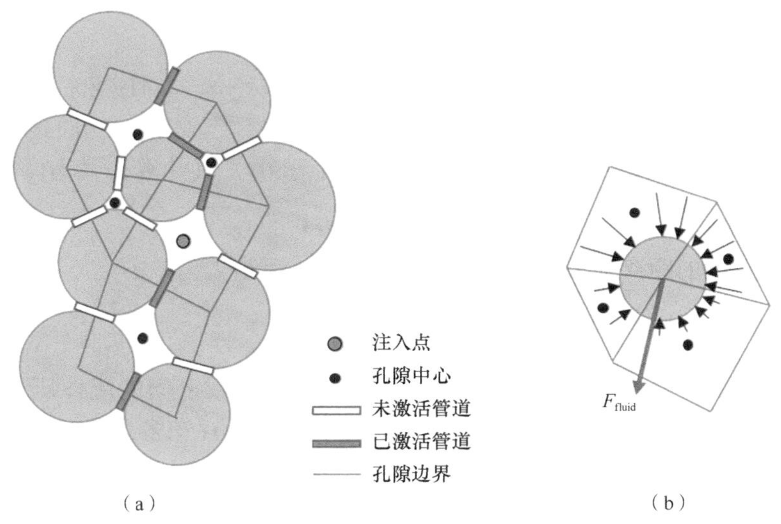

图 2.8 水力压裂过程中孔隙网络模型示意图（Zhang et al.，2013，Huang et al.，2019）

(a)颗粒间形成的闭合孔隙域示意图；(b)闭合孔隙域形成的拖拽力 F_{fluid} 示意图

（2）颗粒间形成一个闭合的最小多边形区域单元，该区域单元能存储压力，称该单元为域（domain），如图 2.8 中蓝色线条所围成的闭合多边形区域即为域，域的中心点

通过图中黑色原点表示。可假想域为岩石中的孔隙，相邻孔隙之间通过“管道”相连接。

水力裂缝尖端扩展过程是水力压裂最关心的问题之一，决定裂纹扩展的走向和裂纹尖端应力场分布。在裂纹尖端所在位置的域存储的压力作用于该域周围的颗粒上，当压力达到接触键的临界值时，颗粒之间的接触键发生破坏，激活该接触键所在位置处的“管道”，从而使尖端的域与新的域产生连通，即孔隙与新孔隙产生连接，该管道的激活过程即为水力裂缝尖端扩展过程。

2.1.2.2 流量计算

水力压裂过程中流体的流量服从裂隙立方定律，因此可将水力压裂过程中流体的流动看作平行板间的流动，渗流路径简化为平行板，即两个相邻域之间的“管道”，单个“管道”在单位厚度单位时间中流量计算公式为

$$q_{\mathrm{p}} = a_{\mathrm{p}}^{3} \frac{\Delta P}{12\mu L_{\mathrm{p}}} \tag{2.11}$$

式中，L_{p} 为“管道”的长度；ΔP 为相邻域之间的压力差值；μ 为流体的动态黏度系数；a_{p} 为“管道”的孔径，即颗粒之间的距离，该距离与初始间距有关，还与颗粒间接触力的大小有关，颗粒间接触力有压力和拉力两种情况。

当接触力为受压状态时，“管道”孔径 a_{p} 根据经验公式进行计算，其随法向接触力增大而逐渐减小，计算公式为

$$q_{\mathrm{p}} = \frac{a_0 F_0}{F + F_0} \tag{2.12}$$

式中，a_0 为颗粒间接触力为 0 时的“管道”残余孔径；F_0 为“管道”孔径 a_{p} 减小到 $a_0/2$ 时对应颗粒所受法向力；F 为当前颗粒所受的法向力。

当接触力为受拉状态时，“管道”孔径 a_{p} 为残余孔径 a_0 与对应颗粒间相对法向距离之和，该相对法向距离指的是当前颗粒间法向距离减去颗粒间初始法向距离（当两颗粒处于压应力状态时，颗粒间有重叠，颗粒间距会小于 0），其计算公式为

$$a_{\mathrm{p}} = a_0 + m\Delta g_n \tag{2.13}$$

式中，m 为无量纲的距离缩放因子；Δg_n 为颗粒间相对法向距离。

2.1.2.3 压力计算

若相邻域之间的“管道”处于激活状态，由于相邻域之间的流体压差作用，流体会从高压力域传递到低压力域。域与其相邻域之间有可能存在多个“管道”处于激活状态，该域与其相邻的多个域均会产生流体流动，因此在每个时步需计算出域的压力变化以更新存储在域中的压力，其压力变化计算公式如下：

$$\Delta P = \frac{K_{\mathrm{f}}}{V_{\mathrm{p}}}\left(\sum q_{\mathrm{p}}\Delta t - \Delta V_{\mathrm{p}}\right) \tag{2.14}$$

式中，K_{f} 为流体体积模量；V_{p} 为域的体积，即该处的孔隙体积；Δt 为该时步下的真实物理时间；$\sum q_{\mathrm{p}}$ 为一个时间步长内该域与周围“管道”处于激活状态的所有相邻域在流

体流动后的流量变化总量；ΔV_{p} 为在 Δt 时间内域的体积变化量。

2.1.2.4 耦合方式

“管道”的孔径大小与颗粒间距有关，即与颗粒间的接触力大小和接触状态有关，颗粒间接触力会影响域的体积大小，因此域中的流体压力会发生变化，压力发生变化会反作用于与该域联系的颗粒，因此会影响颗粒的受力情况，这个过程即为流固耦合。在计算过程中，假设域内的流体压力沿该域周围颗粒接触间连线均匀分布，即流体作用于该域周围颗粒上的力，其计算公式如下：

$$F_i = P_{n_i} s \tag{2.15}$$

式中，P_{n_i} 为与该域相关的相邻两颗粒间连线外法线单位矢量上的分力；s 为相应颗粒圆心到两颗粒接触点的距离。

2.1.2.5 时间步长计算

由于相邻域之间存在压力差，相邻域之间会发生流体流动，域的流量变化会形成流体压力变化，即产生扰动压力 ΔP_{p}。在流固耦合过程中，若流体计算的时间步长过大会使流体计算不稳定，即流体流量传递过大会使流体流动不合理，域中的扰动压力 ΔP_{p} 与实际相悖。因此为确保每个计算步中流体计算的稳定，需对每个计算步中的时间步长进行计算。

假设某个域存在的扰动压力为 ΔP_{p}，则该扰动压力来自该域与相邻域产生流量交换后的压力变化，该域交换的流量 q 计算公式如下：

$$q = \frac{N a_{\mathrm{p}}^3 \Delta P_{\mathrm{p}}}{12 \mu L_{\mathrm{p}}} \tag{2.16}$$

式中，N 为连通该域的“管道”数量。

在 Δt 时间内，式（2.16）中域产生的扰动压力增量 ΔP_{r} 如下：

$$\Delta P_{\mathrm{r}} = \frac{K_{\mathrm{f}} q \Delta t_i}{V_{\mathrm{p}}} \tag{2.17}$$

式中，Δt_i 为时间步长。

为使流固耦合计算稳定，则扰动流量引起的扰动压力增量 ΔP_{r} 不能大于扰动压力 ΔP_{p}，因此，

$$\Delta P_{\mathrm{r}} \leqslant \Delta P_{\mathrm{p}} \tag{2.18}$$

联合式（2.16）～式（2.18），可得

$$\Delta t_i \leqslant \frac{12 \mu L_{\mathrm{p}} V_{\mathrm{p}}}{N K_{\mathrm{f}} a_{\mathrm{p}}^3} \tag{2.19}$$

为确保在该计算步中运行的稳定性，计算步所需时间步长 Δt 须取所有局部时间步长中最小值，并乘以一个小于 1.0 的安全系数 m_t，即时间步长 Δt 如下：

$$\Delta t_i \leqslant m_t \times \min(\Delta t_1, \Delta t_1, \cdots, \Delta t_n) \tag{2.20}$$

基于二维颗粒离散元软件，通过上述假设和流固耦合公式［式（2.11）～式（2.20）］，建立了适用于颗粒离散元法的水力压裂流固耦合模拟程序，考虑了强流固耦合作用，流体内部的流动过程以及时间步长与裂缝开度的对应关系，避免了水力压裂过程中流体流量传递出现不稳定现象。

2.2 三维离散格子数值模型

2.2.1 三维离散格子方法基本理论

三维离散格子方法（Damjanac and Cundall，2016；Damjanac et al.，2016）是基于离散元法的简化黏结颗粒模型（Cundall and Strack，1979；Potyondy and Cundall，2004），能够精细直观地描述岩体水力裂缝萌生和扩展。在该方法中，格子由弹簧连接的具有质量的准随机三维节点阵列构成，其类似于在离散元模型中黏结颗粒模型的颗粒间相互连接结构，颗粒等效为有质量的节点，颗粒间的接触等效为弹簧，弹簧拉剪破坏对应岩石拉剪破坏，如图 2.9 所示。流体在流体单元之间的管网中流动。流体单元位于两节点的中间，连接相邻流体单元的流通通道为管道，多个连通的管道形成管网，新生微裂纹处生成的新流体单元将自动与已有流体单元连接生成新的管道，同时也将更新流体网络。采用光滑节理模型来表征岩体中预存在的不连续地质弱面，可精确描述弱面的滑移、张开和闭合，任意尺寸和方向的天然裂纹均可在格子模型中进行插入计算。与离散元模型中的水力压裂求解相比，离散格子法大大提高了计算效率。

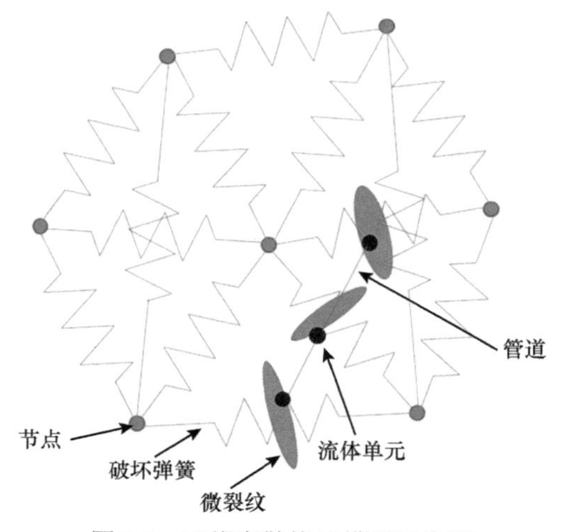

图 2.9　三维离散格子模型示意图

三维离散格子方法中采用显示数值方法来直接计算节理的断裂、滑移、张开和闭合等高度非线性行为。每个节点由 3 个平动自由度和 3 个角度自由度构成。通常采用线性动量平衡方程和位移速度关系来计算节点的平动自由度：

$$\dot{u}_i^{(t+\Delta t/2)} = \dot{u}_i^{(t-\Delta t/2)} + \sum F_i^{(t)} \Delta t / m \tag{2.21}$$

$$u_i^{(t+\Delta t)} = u_i^{(t)} + \dot{u}_i^{(t+\Delta t/2)}\Delta t \tag{2.22}$$

式中，$\dot{u}_i^{(t)}$ 为 t 时刻节点在 i（i=1,2,3）分量的速度；$u_i^{(t)}$ 为 t 时刻节点在 i（i=1,2,3）分量的位移；$\sum F_i^{(t)}$ 为 t 时刻作用在节点上的所有 i（i=1,2,3）分量的合力；m 为节点的质量；Δt 为时间步长。

为了消除计算过程中的不平衡力矩，需计算角度自由度 ω_i，其计算公式如下：

$$\omega_i^{(t+\Delta t)} = \omega_i^{(t-\Delta t/2)} + \frac{\sum M_i^{(t)}}{I}\Delta t \tag{2.23}$$

式中，$\sum M_i^{(t)}$ 为 t 时刻节点时 i（i=1,2,3）分量的合力矩；I 为转动惯量。

通过节点的相对位移计算弹簧法向力和切向力的变化，即计算关系如下：

$$F^n \longleftarrow F^n + \dot{u}^n k^n \Delta t \tag{2.24}$$

$$F_i^s \longleftarrow F_i^s + \dot{u}_i^s k^s \Delta t \tag{2.25}$$

式中，k^n 为弹簧的法向刚度；k^s 为弹簧的切向刚度；F^n 为法向力；F_i^s 为切向力；$\dot{u}^n$ 为法向速度；$\dot{u}_i^s$ 为切向速度。

微观弹簧的刚度和抗拉强度与宏观岩体的体积模量和抗拉强度相关，有如下对应关系：

$$F^{n\max} = \alpha_t T R^2 \tag{2.26}$$

$$F^{s\max} = \mu F^{n\max} + \alpha_s C R^2 \tag{2.27}$$

式中，$F^{n\max}$ 为弹簧抗拉强度；$F^{s\max}$ 为弹簧抗剪强度；α_t 为无量纲抗拉强度校正系数；α_s 为无量纲抗剪强度校正系数；T 为宏观岩体抗拉强度；R 为单元尺寸；μ 为摩擦系数；C 为宏观岩体抗剪强度。

当弹簧法向力 F^n 超过抗拉强度 $F^{n\max}$ 或切向力 F^s 超过抗剪强度 $F^{s\max}$ 时，弹簧发生破坏，因此弹簧破坏模式有拉伸破坏和剪切破坏两种，弹簧破坏后产生微裂纹，此时 F^n=0，F^s=0。

2.2.2　三维离散格子模型流固耦合算法

三维离散格子模型中，预制裂纹和新生成裂纹（格子模型中网格破坏）在流体节点网络中通过管道相连接，用经典的润滑方程来描述管道内的流体流动，管道从流体节点“A”到节点“B”的流量计算公式为

$$q = \beta k_r \frac{a^3}{12\mu}\left[p^A - p^B + \rho_w g\left(z^A - z^B\right)\right] \tag{2.28}$$

式中，β 为无量纲修正参数；k_r 为相对渗透率；p^A 和 p^B 分别为节点 A 和 B 处压力；z^A 和 z^B 分别为节点 A 和 B 处的水头；ρ_w 为流体密度；g 为重力加速度。

采用显式数值方法求解随时间变化的流动演化模型。在流体时间步 Δt_f 中，流体压力增量 ΔP 计算式为

$$\Delta P = \frac{\sum q_i}{V} \bar{K}_{\mathrm{F}} \Delta t_{\mathrm{f}} \tag{2.29}$$

式中，$\bar{K}_{\mathrm{F}}$ 为表观流体体积模量；V 为节点处流体体积；$\sum q_i$ 为与节点相连管道的所有流量之和。

三维离散格子方法中岩石力学模型与流体流动模型实现完全耦合。流体在水力裂缝或预存在的天然裂缝中的流动受到渗透率影响，流体压力作用在岩石裂缝表面，影响岩石的变形和强度。而岩石的变形会导致裂缝中流体压力变化与裂缝开度的变化，进而导致裂缝渗透率发生变化，影响流体流动。

2.3 三维块体离散元数值模型

2.3.1 三维块体离散元法基本理论

块体离散元法把节理岩体视为由离散的岩块和岩块间的节理面组成。岩块按照整个岩体的节理面镶嵌排列，每个岩块在空间都有自己的位置并处于平衡状态。单个岩石块体可视为刚体或者变形体，若采用可变形块体分析，则块体将会被划分为由四面体单元组成的三维有限差分网络，且每个单元都遵循特定的应力-应变变化曲线。不连续面间的相对位移由切向和法向的线性或非线性力-位移关系确定。离散块体间的力学行为遵循最基本的牛顿定律，当外力等约束条件发生变化，岩块可发生平移、转动和变形，而节理面可被压缩、分离或滑动，块体表现为连续介质力学行为，节理面表现为非连续介质力学行为，可以较为真实地模拟节理岩体中的非线性大变形特征。

2.3.1.1 物理方程——力-位移方程

力-位移方程描述了节理岩体节理面的应力与其法向变形和切向变形的关系。节理面的变形主要体现在垂直于节理面的闭合或张开变形和沿节理面的剪切滑移变形。在块体离散元中，单个岩石块体可视为刚性块体或者变形块体。

1）刚性块体

当岩石块体为刚性块体时，在接触面上两块体的相对速度 V_i 为

$$V_i = \dot{x}_i^B + e_{ijk}\omega_j^B\left(C_k - B_k\right) - \dot{x}_i^A - e_{ijk}\omega_j^A\left(C_k - A_k\right) \tag{2.30}$$

式中，A_k 和 B_k 分别为块体 A 及块体 B 的形心位置向量；C_k 为两块体共同平面（common-plane，简称为 c-p）的参考位置向量；$\dot{x}_i^A$ 和 $\dot{x}_i^B$ 为块体 A 及块体 B 的平动速度；ω_j^A 和 ω_j^B 分别为块体 A 及块体 B 的相对角速度；e_{ijk} 为三阶张量式（i 可取 1, 2, 3；j 可取 1, 2, 3；k 可取 1, 2, 3）。

接触面处的相对位移增量 ΔU_i 为

$$\Delta U_i = V_i \Delta t \tag{2.31}$$

沿着两块体共同平面，相对位移增量可分解为法向位移增量 ΔU^n 和剪切位移增量 ΔU_i^s：

$$\Delta U^n = \Delta U_i n_i \tag{2.32}$$

$$\Delta U_i^s = \Delta U_i - \Delta U_j n_i n_j \tag{2.33}$$

式中，n_i 为 c-p 的单位法向向量，随着时间步更新；ΔU_j 为局部坐标系下的剪切位移增量；n_j 为局部坐标系下 c-p 的单位法向向量。为了考虑 c-p 的增量旋转，全局坐标系下的剪切力矢量须校正为

$$F_i^s \leftarrow F_i^s - e_{ijk} e_{kmn} F_j^s n_m^{\text{old}} n_n \tag{2.34}$$

式中，n_m^{old} 为上一时间步 c-p 的单位法向向量；e_{kmn} 为局部坐标系下的剪切力矢量；n_n 为局部坐标系下 c-p 的单位法向向量。

求得接触面的位移增量后，采用力-位移方程可得到接触面上的法向力增量 ΔF^n 和剪切力增量 ΔF_i^s 分别为

$$\Delta F^n = -K_n \Delta U^n A_{\text{c}} \tag{2.35}$$

$$\Delta F_i^s = -K_s \Delta U_i^s A_{\text{c}} \tag{2.36}$$

式中，K_n 和 K_s 分别为块体接触面的法向刚度和剪切刚度；A_{c} 为块体接触面面积。于是，得到下一时间步计算的法向力 F^n、切向力 F^s 和合力：

$$F^n = F^n + \Delta F^n \tag{2.37}$$

$$F^s = F^s + \Delta F^s \tag{2.38}$$

$$F_i = -\left(F^n n_i + F_i^s\right) \tag{2.39}$$

于是，相邻两个刚性块体形心处所受力更新为

$$F_i^A = F_i^A - F_i \tag{2.40}$$

$$M_i^A = M_i^A - e_{ijk}\left(C_j - A_k\right)F_k \tag{2.41}$$

$$F_i^B = F_i^B + F_i \tag{2.42}$$

$$M_i^B = M_i^B - e_{ijk}\left(C_j - B_k\right)F_k \tag{2.43}$$

式中，F_i^A和 M_i^A分别为块体 A 所受合力和弯矩；F_i^B和 M_i^B分别为块体 B 所受合力和弯矩。

2）变形块体

当块体的变形不可忽略时，可将块体划分为有限元四面体单元，成为变形块体，其边界形状为三角形。将两相邻正四面体的顶点-面接触称为次级接触（sub-contact），设 V_i^V 为块体的顶点与 c-p 的相对速度；V_i^F 为块体的面与 c-p 的相对速度；则 V_i^F 可经由同一面上三个顶点的速度求得：

$$V_i^F = W_A V_i^A + W_B V_i^A + W_C V_i^A \tag{2.44}$$

式中，W_A、W_B 和 W_C 分别为共面顶点的速度权重因子。在局部面内坐标系下，权重因子可由三个共面顶点的坐标计算得到：

$$W_A = \frac{Y^C X^B - Y^B X^C}{\left(X^A - X^C\right)\left(Y^B - Y^C\right) - \left(Y^A - Y^C\right)\left(X^B - X^C\right)} \tag{2.45}$$

式中，X^A、X^B、X^C、Y^A、Y^B、Y^C 表示坐标。

同理可得 W_B 和 W_C。若块体 A 与 c-p 为顶点-面接触，而块体 B 与 c-p 为面-面接触，由于 c-p 的单位法线向量由块体 A 指向块体 B，所以块体 A 对于块体 B 的相对速度为

$$V_i = V_i^F - V_i^V \tag{2.46}$$

其余计算与刚性块体类似，详见式（2.31）～式（2.43）。

3）库仑滑移模型

节理面的强度采用库仑滑移模型计算。节理面可承受的最大拉力 $T_{\max}$ 和最大剪力 $F_{\max}^s$ 分别为

$$T_{\max} = -TA_c \tag{2.47}$$

$$F_{\max}^s = cA_c + F_n \tan\varphi \tag{2.48}$$

式中，T 为节理面抗拉强度；c 为节理面内黏聚力；φ 为节理面摩擦角。

当节理面所受法向力大于 $T_{\max}$ 或者剪切力大于 $F_{\max}^s$ 时，节理面发生拉伸破坏或者剪切破坏。

2.3.1.2 运动方程——牛顿第二定律

1）刚性块体

刚性块体的平面运动方程和转动运动方程可写作：

$$\ddot{x}_i + \alpha \dot{x}_i = \frac{F_i}{m} + g_i \tag{2.49}$$

$$\dot{\omega}_i + \alpha \omega_i = \frac{M_i}{I} \tag{2.50}$$

式中，$\ddot{x}_i$ 和 $\dot{\omega}_i$ 分别为质心平动加速度和角加速度；$\dot{x}_i$ 和 ω_i 分别为质心平动速度和角速度；α 为黏性阻尼系数；F_i 为块体中心合力；M_i 为弯矩；m 为块体质量；I 为块体惯性矩；g_i 为重力加速度。

对于上述运动方程，采用中心差分方法求解，如下公式分别描述了平动和转动方程在时间 t 上的中心差分：

$$\dot{x}_i^{(t)} = \frac{\dot{x}_i^{(t-\Delta t/2)} + \dot{x}_i^{(t+\Delta t/2)}}{2} \tag{2.51}$$

$$\omega_i^{(t)} = \frac{\omega_i^{(t-\Delta t/2)} + \omega_i^{(t+\Delta t/2)}}{2} \tag{2.52}$$

加速度可计算为

$$\ddot{x}_i^{(t)} = \frac{\dot{x}_i^{(t+\Delta t/2)} - \dot{x}_i^{(t-\Delta t/2)}}{\Delta t} \tag{2.53}$$

$$\dot{\omega}_i^{(t)} = \frac{\omega_i^{(t+\Delta t/2)} - \omega_i^{(t-\Delta t/2)}}{\Delta t} \tag{2.54}$$

把上述变量代入式（2.49）和式（2.50），便可得到中心差分计算公式，从而得到平动和转动位移增量：

$$\Delta x_i = \dot{x}_i^{(t+\Delta t/2)} \Delta t \tag{2.55}$$

$$\Delta \theta_i = \omega_i^{(t+\Delta t/2)} \Delta t \tag{2.56}$$

则块体中心更新为

$$x_i^{(t+\Delta t)} = x_i^{(t)} + \Delta x_i \tag{2.57}$$

块体顶点位置更新为

$$x_i^{v(t+\Delta t)} = x_i^{v(t)} + \Delta x_i + e_{ijk} \Delta \theta_j \left(x_k^{v(t+\Delta t/2)} - x_k^{(t+\Delta t/2)} \right) \tag{2.58}$$

2）变形块体

变形块体的四面体单元的顶点为网格差分点，运动方程在每个网格点有

$$\ddot{u}_i = \frac{\int_s \sigma_{ij} n_j \mathrm{d}s + F_i}{m} + g_i \tag{2.59}$$

式中，s 为包围质量的外表面；n_j 为外表面 s 的单位法向量；m 为集中在网格点上的质量；σ_{ij} 为块体的应力张量；F_i 为施加在网格点上的外力合力；g_i 为重力加速度。在每个网格点计算网格节点力矢量$\sum F_i$，其由外部荷载、体力等组成。如果处于平衡状态，则节点力合力$\sum F_i$ 为 0，否则，根据牛顿第二定律，可计算节点速度：

$$\dot{u}_i^{(t+\Delta t/2)} = \dot{u}_i^{(t-\Delta t/2)} + \sum F_i^{(t)} \Delta t / m \tag{2.60}$$

在每个时间步，应变和旋转均与节点位移相关：

$$\dot{\epsilon}_{ij} = \frac{\dot{u}_{i,j} + \dot{u}_{j,i}}{2} \tag{2.61}$$

$$\dot{\theta}_{ij} = \frac{\dot{u}_{i,j} - \dot{u}_{j,i}}{2} \tag{2.62}$$

注意，由于计算一般采用增量形式，式（2.61）、式（2.62）并不局限于小应变问题。为便于分析非线性问题，变形块体的本构关系采用如下增量形式：

$$\Delta \sigma_{ij}^e = \lambda \Delta \epsilon_v \delta_{ij} + 2\mu \Delta \epsilon_{ij} \tag{2.63}$$

式中，λ 和 μ 为拉梅常数；$\Delta\sigma_{ij}^e$ 为应力张量的弹性增量；$\Delta\epsilon_{ij}$ 为应变增量；$\Delta\epsilon_v$ 为体应变增量；δ_{ij} 为 Kronecker delta 函数（克罗内克函数）。

2.3.2 三维块体离散元模型流固耦合算法

在三维块体离散元模型中，假设岩块为不可渗透，流体仅在节理面流动，考虑节理面上的渗流-应力耦合效应。流动平面（flow plane）是流固耦合模型的主要几何元素

（图 2.10）。流体可以在具有一定厚度的二维流动平面内流动，流体流动方程在厚度上积分。流动平面边缘（flow plane egde）是直线段，可以连接多个流动平面。沿着同一条线可以连接两个以上的流动平面，该连线称为流管（flow pipe）。流体压力储存在流动节点（flow knot）上，流动节点与流动平面顶点（flow plane vertex）相对应。

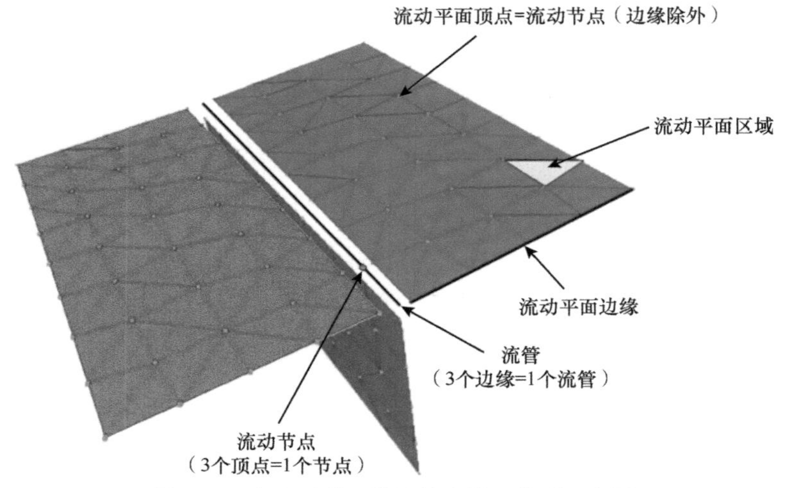

图 2.10　水力压裂三维块体离散元模型示意图

节理中流体流动可视为不可压缩流体在两个平行的、不可渗透的边界之间流动，控制方程遵循立方定律：

$$q_i = \frac{a^3 \rho g}{12\mu} \phi_{,i} \tag{2.64}$$

$$\phi = z + \frac{p}{\rho g} \tag{2.65}$$

式中，q_i 为流量；a 为节理开度；ρ 为流体密度；g 为重力加速度；μ 为流体动态黏度系数；ϕ 为水头高度；p 为流体压力；z 为流体节点重力方向坐标（也即 z 坐标）。

节理开度 a 表示为

$$a = a_0 + \Delta a_n \tag{2.66}$$

式中，a_0 为法向应力为 0 时的节理开度；Δa_n 为节理法向位移，正值表示节理打开。

计算节理开度时，一般会设置节理开度的上下限（图 2.11）。其中，当节理开度低于下限 a_{res} 时，节理的机械闭合不会影响节理的渗透性。由于时间步长与节理开度负相关，可以设置节理开度上限 a_{max} 来保证计算效率。

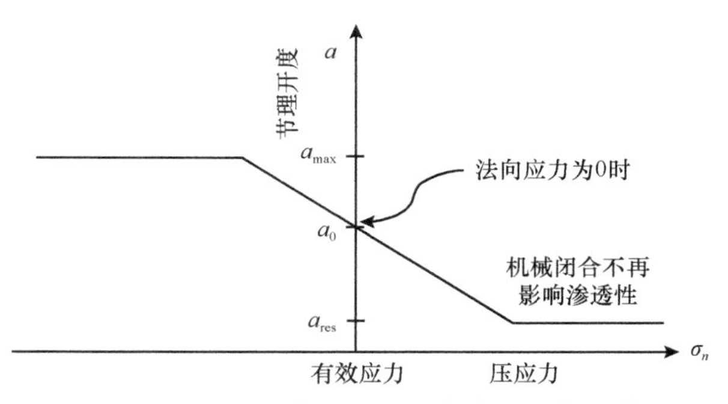

图 2.11 节理开度与节理面有效正应力关系

在流量计算之后，更新流体压力，考虑到流入流动节点的净流量和周围块体的位移增量导致的流动节点体积变化。新的流动节点压力变成：

$$p = p_0 + K_{\mathrm{w}} Q \frac{\Delta t}{V} - K_{\mathrm{w}} \frac{\Delta V}{V_{\mathrm{m}}} \tag{2.67}$$

$$\Delta V = V - V_0 \tag{2.68}$$

$$V_{\mathrm{m}} = \frac{V + V_0}{2} \tag{2.69}$$

式中，p_0 为前一时间步的流动节点压力；Q 为周围所有接触点流入流动节点的所有流量之和；K_{w} 为流体体积模量；V_0 和 V 分别为更新前和更新后的流动节点体积；V_{m} 为计算流动节点体积，采用更新前后流动节点体积的平均值。

第3章

岩石内在非均质性与颗粒尺寸对水力压裂的影响

天然裂隙岩体是一种高度不均匀的介质。一方面，现场实验表明，这种介质受节理、矿脉和其他地质不连续面影响，会使水力压裂过程中出现分支非平面水力裂缝，如图3.1（a）所示（Jeffrey et al.，2009）。另一方面，实验室内的水力压裂实验表明，在微观层面上可以观察到由岩石颗粒离散性引起的穿晶断裂和沿晶断裂，如图3.1（b）所示（Bruno and Einstein，2018）。以往采用离散元法进行水力压裂建模的重点是研究水力裂缝与天然裂缝的相互作用，即节理岩体中的大尺度非均质性，而小尺度非均质性，如岩石固有的非均质性和颗粒尺寸，对水力压裂裂缝扩展的影响还有待进一步研究。本章采用二维离散元流固耦合模型探究了细观尺度下岩石内在非均质性、颗粒粒径和应力各向异性对水力裂缝扩展的影响。

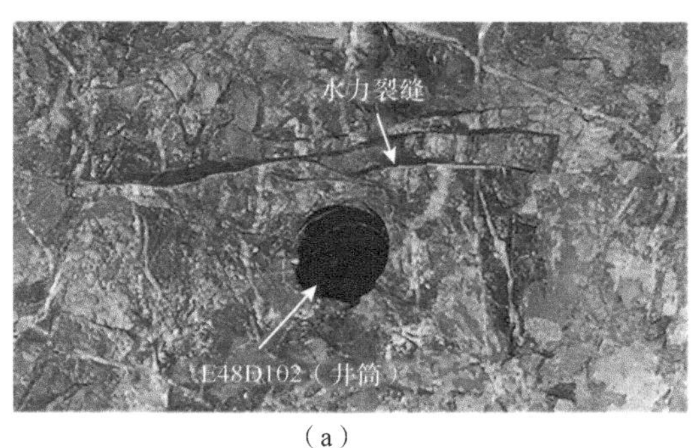

（a）

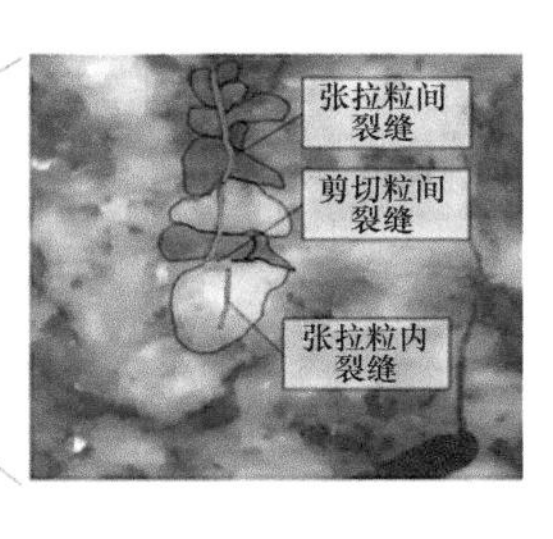

（b）

图3.1　水力压裂过程中水力裂缝演化方式

（a）现场水力压裂实验中的分支非平面水力裂缝（Jeffrey et al.，2009）；（b）含预制裂隙的花岗岩在水力压裂过程中的穿晶断裂和沿晶断裂裂缝（Bruno and Einstein，2018）

3.1　平面应变应力状态下水力压裂理论模型

3.1.1　裂缝扩展控制区域

平面应变KGD水力压裂裂缝模型首次由Khristianovic和Zheltov（1955）提出。Hu和Garagash（2010）给出了渗透性岩石平面应变水力压裂裂缝在整个参数空间的数值解。随后，通过假设裂缝扩展行为主要由近尖端行为和流体整体体积平衡决定，Dontsov（2017）给出了一个考虑断裂韧性、流体黏度和流体滤失的平面应变水力压裂裂缝的快速近似解。为了便于描述理论解，可以使用以下材料参数：

$$\mu' = 12\mu \tag{3.1}$$

$$E' = \frac{E}{1-\nu^2} \tag{3.2}$$

$$K' = 4\left(\frac{2}{\pi}\right)^{1/2} K_{\mathrm{Ic}} \tag{3.3}$$

$$C' = 2C_{\mathrm{L}} \tag{3.4}$$

式中，μ为流体黏度；E为岩石弹性模量；ν为泊松比；K_{Ic}为岩石的I型断裂韧度；C_{L}为卡特滤失系数（Nolte and Economides，2000）。

水力压裂过程中，能量耗散机制和流体储存机制相互作用控制着裂缝的扩展情况。其中流体能量耗散机制主要与黏性流体的流动和打开裂缝时克服岩石韧性相关，而流体储存机制与流体在裂缝中的滤失程度相关。对于平面应变水力压裂裂缝，可以在矩形相态图（图 3.2）（Dontsov，2017）上看到不同的裂缝扩展状态。x 和 y 轴分别代表无量纲时间 τ 和断裂韧性参数 K_m，可表示为

$$\tau = \frac{t}{\dfrac{\mu' Q_0^3}{E'C'}} \tag{3.5}$$

$$K_m = \left(\frac{K'^4}{\mu' E'^3 Q_0} \right)^{1/4} \tag{3.6}$$

式中，t 为流体注入时间；Q_0 为流体注入速率。

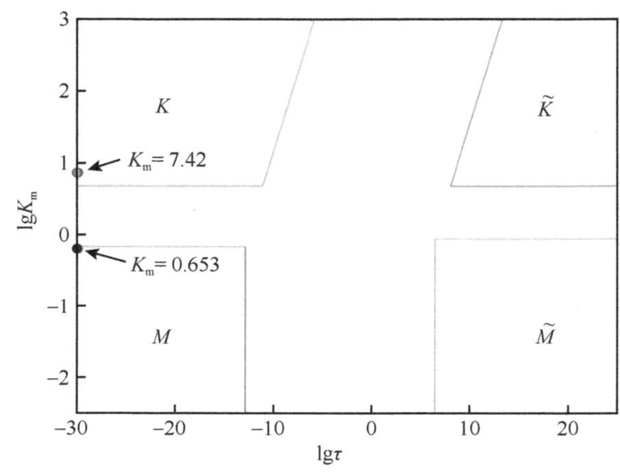

图 3.2　水力裂缝扩展机制中无量纲时间 τ 和断裂韧度参数 K_m 的相态图（Dontsov，2017）

MK 边缘的黑点和红点表示基于表 3.1 中所选注入参数的黏性控制机制和断裂韧度控制机制下裂缝扩展状态

图 3.2 中的 K 和 M 分别表示断裂韧度控制机制和流体黏性控制机制（无滤失），$\tilde{K}$ 和 $\tilde{M}$ 分别表示滤失-断裂韧度控制机制和滤失-流体黏性控制机制（滤失较大）。断裂韧度控制机制对应于岩石断裂韧度是控制裂缝扩展的主要影响因素，流体黏性控制机制正好相反，即当岩石断裂韧度影响相对较小，且裂缝扩展对流体黏度较敏感。

3.1.2　无滤失条件下 KGD 模型近似解

MK 边是指水力压裂裂缝在不透水岩石中流体无滤失扩展（图 3.2）。如果仅关注于 *MK* 边，水力裂缝在流体黏性控制机制中扩展时 $K_m \leqslant 0.70$，在断裂韧度控制机制中扩展时 $K_m \geqslant 4.80$。在流体黏性控制机制中，与产生新裂缝所需的能量相比，裂缝中的黏性流动消耗的能量占主导地位，而断裂韧度控制机制中恰恰相反。平面应变或 KGD 裂缝在流体黏性控制机制中近似解为（Zhang and Dontsov，2018）

$$w_m(\xi, t) = 1.1265 \left(\frac{\mu' Q_0^3 t^2}{E'} \right)^{1/6} (1+\xi)^{0.588} (1-\xi)^{2/3} \tag{3.7}$$

$$l_{\mathrm{m}}(t)=0.6159\left(\frac{E'Q_0^3t^4}{\mu'}\right)^{1/6} \tag{3.8}$$

式中，w 为裂缝开度；$\xi=x/l$ 为沿裂缝方向正则化坐标，l 为裂缝半长，下标 m 表示流体黏性控制机制。

断裂韧度控制机制中近似解为（Bunger et al.，2005；Dontsov，2017）

$$w_{\mathrm{k}}(\xi,t)=0.6828\left(\frac{K'^2Q_0t}{E'^2}\right)^{1/3}\left(1-\xi^2\right)^{1/2} \tag{3.9}$$

$$l_{\mathrm{k}}(t)=0.9324\left(\frac{E'Q_0t}{K'}\right)^{2/3} \tag{3.10}$$

式中，下标 k 表示断裂韧度控制机制。

M 和 K 区域之间的过渡区域的近似解也可以计算，但不能写出简单的显式形式，请参看文献（Dontsov，2017）。

3.2 基于颗粒离散元的无滤失水力压裂模型

本章建立了无滤失条件下流体黏性控制机制和断裂韧度控制机制中的平面应变水力压裂模型。数值模拟试样使用规则排列颗粒和随机颗粒分布两种模型，如图 3.3 所示。试样尺寸为 0.48m×0.48m。规则试样中颗粒半径为 1.6mm，在不规则试样中颗粒半径分布在 1.2 ～ 2mm，平均半径是 1.6mm。最大主应力 σ_H 沿 Y 方向为 15MPa，最小主应力 σ_h 沿 X 方向为 10MPa，注入点为原点 O 处。选取了如下具有代表性的力学参数进行计算：试样的弹性模量为 29.5GPa，泊松比为 0.292，拉伸强度、黏结力和摩擦角分别设置为 13MPa、25MPa 和 45°。对试样进行直接拉伸试验，其宏观拉伸强度在规则排列和随机颗粒排列中分别为 13MPa 和 6.3MPa。模型中使用的流体注入参数见表 3.1。通过改变流体黏度和注入速率，获取两个不同的 K_{m} 值，即 0.653 和 7.42，分别代表流体黏性控制机制和断裂韧度控制机制（图 3.2 中 MK 边缘的黑点和红点）。在给定的注入

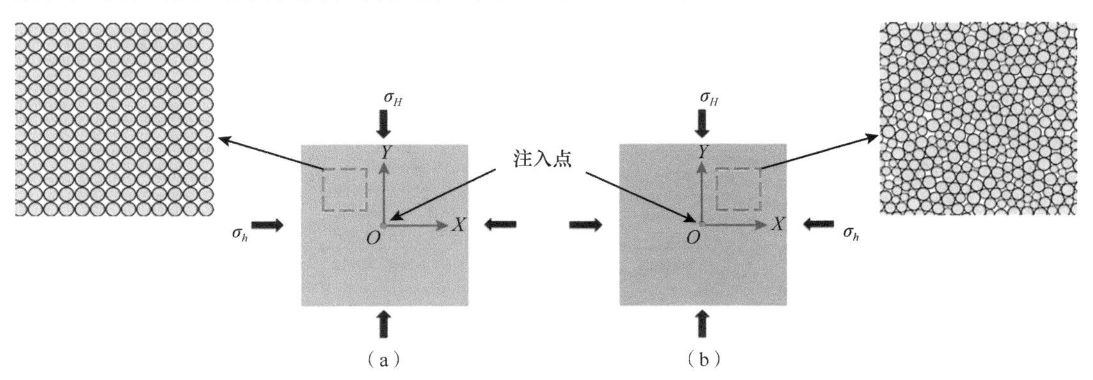

图 3.3　数值模拟试样示意图

（a）规则排列颗粒试样；（b）随机排列颗粒试样

参数下，对规则排列颗粒试样和随机排列颗粒试样进行了数值模拟，上述近似解可作为数值解的参考值，并讨论了两种不同扩展机制下水力裂缝的演化特征。

表 3.1 黏性控制机制和断裂韧度控制机制中流体注入参数

参数	黏性控制机制	断裂韧度控制机制
μ/cP①	100	2
Q_0/(m^2/s)	1×10^{-4}	3×10^{-7}
t/s	0.1	9.0
K_m	0.653	7.42

注：① 1cP=1×10^{-3}Pa · s。

3.2.1 黏性控制机制

为了与黏性控制机制下的近似解进行比较，数值模拟中流体注入速率为 10^{-4}m^2/s，流体黏度为 100cP。规则排列颗粒试样和随机排列颗粒试样的水力压裂模拟结果分别如图 3.4 和图 3.5 所示。流体开始注入后，注入点压力先急剧上升，然后逐渐下降，并形

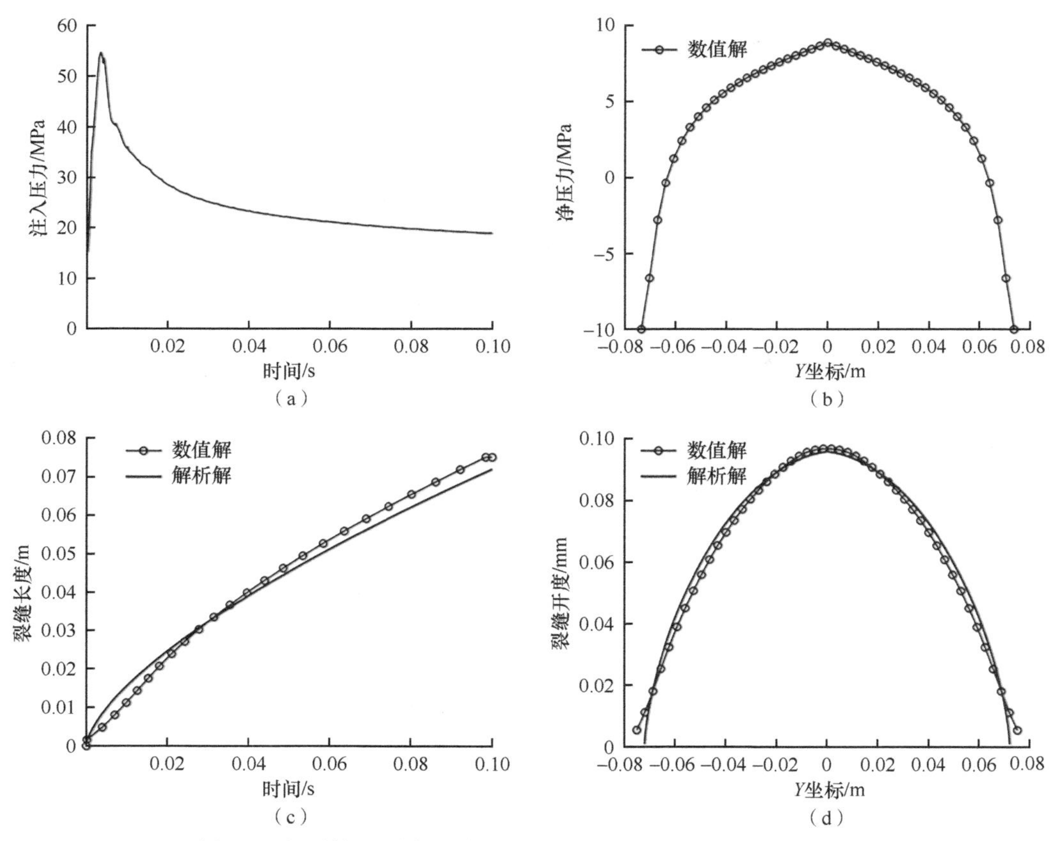

图 3.4 规则排列颗粒试样在黏性控制机制中水力压裂模拟结果

（a）注入点压力历史；（b）裂缝内净压力分布；（c）水力裂缝长度随注入时间变化的近似解与数值解比较；（d）水力裂缝宽度与裂缝位置的近似解与数值解的比较

成稳定的裂缝扩展延伸压力，如图3.4（a）和图3.5（a）所示，但规则试样的破裂压力低于随机试样。

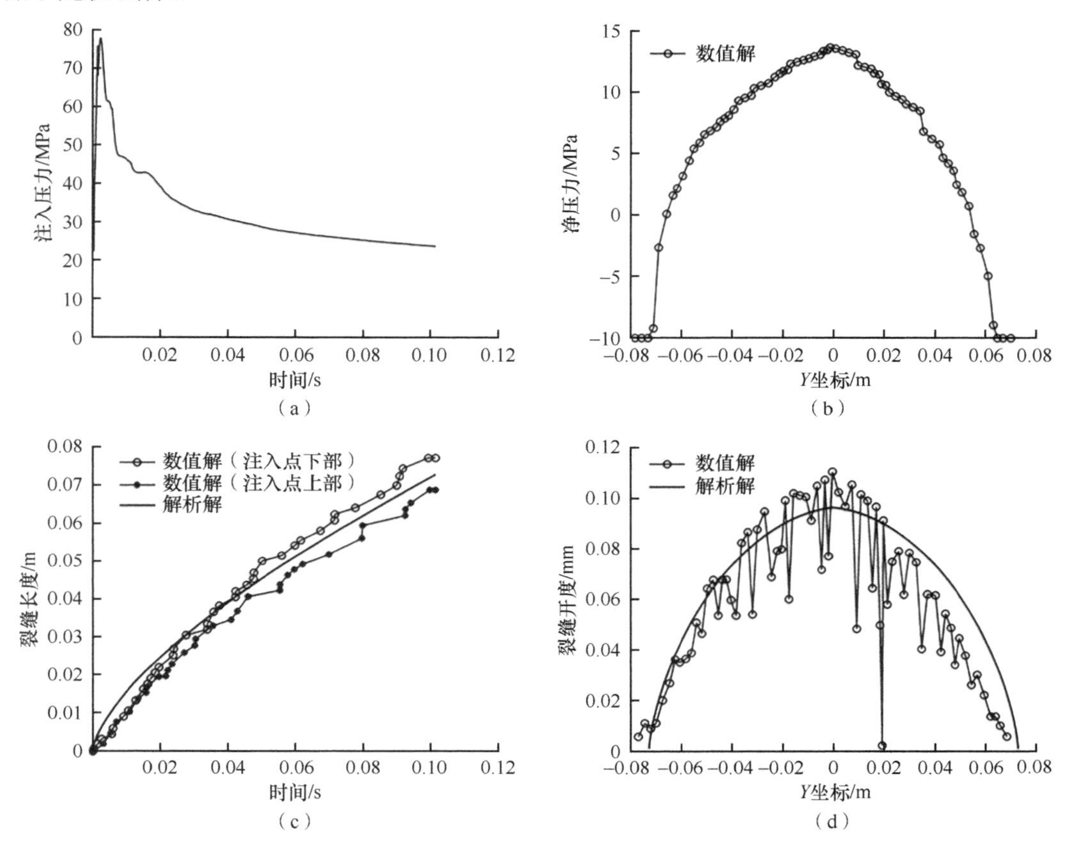

图3.5 随机排列颗粒试样在黏性控制机制中水力压裂模拟结果

（a）注入点压力历史；（b）裂缝内净压力分布；（c）水力裂缝长度随注入时间变化的近似解与数值解比较；（d）水力裂缝宽度与裂缝位置的近似解与数值解的比较

图3.4（b）和图3.5（b）表明，从注入点到裂缝尖端裂缝内净压力（净压力 = 孔隙压力–最小主应力）逐渐减小，并且随机试样的净压力高于规则颗粒试样。裂缝内压力存在较大的压力梯度，越接近尖端，压力梯度越大。因此，在压裂液压力作用下岩石介质产生的应变能促使裂缝在黏性控制机制中向前扩展，在裂缝尖端有一个或两个孔隙内压力为零（初始压力），该过程压裂液的黏性耗散能占主导地位。在本模型中，在不增加孔隙压力的条件下裂缝尖端的裂缝可继续向前扩展，但不允许孔隙压力为负。压力为零的区域是由于流体滞后的影响，对于半无限平面水力裂缝扩展，可以计算裂缝的流体滞后，并可通过以下方程进行计算（Garagash and Detournay，2000）。

$$\Lambda = \frac{\lambda}{L_\mu} \tag{3.11}$$

$$\kappa = 2\left(\frac{L_\kappa}{L_\mu}\right)^{1/2} \tag{3.12}$$

式中，Λ 为无量纲流体滞后，其由无量纲断裂韧度 κ 确定；λ 为实际流体滞后；L_μ 为与黏性耗能相关的裂缝长度；L_κ 为与压裂固体相关的裂缝长度。

式（3.12）中两个裂缝长度 L_μ 和 L_κ 使用以下公式进行计算：

$$L_\mu = \frac{12\mu v_{\text{tip}} E'^2}{\sigma_h^2} \tag{3.13}$$

$$L_\kappa = \frac{8}{\pi}\left(\frac{K_{\text{Ic}}}{\sigma_h}\right)^2 \tag{3.14}$$

式中，v_{tip} 为裂缝尖端扩展瞬时速度。

在图 3.4 和图 3.5 中使用的参数，无量纲断裂韧度 κ 可估计为 1.35，相应的无量纲流体滞后 Λ 可使用 Garagash 和 Detournay（2000）论文中的结果计算为 0.04。实际的流体滞后 $\lambda=L_\mu\Lambda \approx 3.2$mm，约等于一个颗粒直径。因此，流体滞后的模拟结果与理论预测结果一致。式（3.13）和式（3.14）表明，在表 3.1 中断裂韧度控制机制中的计算例子中无流体滞后的结果成立。

数值解中裂缝长度的演化和裂缝开度的分布与近似解的吻合良好，如图 3.4（c）、（d）和图 3.5（c）、（d）。在裂缝扩展初期，裂缝长度的数值解略小于近似解，这是因为在数值模拟中为避免数值不稳定，因此数值模拟中假设流体注入速率在短期内（～ 0.002s）从 0 上升到 10^{-4}m^2/s。数值解的裂缝在后期的扩展速度略快于近似解，而沿裂缝长度方向的宽度分布也与理论解略有不同，这种差异可能由两个原因造成。首先，离散元模型中的弹性模量取决于局部应力变化，水力压裂裂缝的张开引起应力场变化，模型中的“有效”弹性模量可能随之逐渐增大（Potyondy and Cundall，2004）；其次，离散元法的计算耗费资源昂贵，为了缓解这一问题，在该模型中整个孔隙网络尺度相对较小，因此随着裂缝向模型边缘扩展时，边界效应会逐渐增大。随机排列颗粒试样的缝宽沿裂缝长度方向有一定的变化，这是颗粒间接触的随机分布造成的曲折且颗粒间接触方向与主应力方向不一致。

3.2.2 断裂韧性控制机制

在断裂韧性控制机制中，数值模型使用的流体注入速率为 3×10^{-7}m^2/s，流体黏度为 2cP，与黏性控制机制相比，这两个参数均较小。规则试样和随机试样在断裂韧度控制机制中的水力压裂模拟结果如图 3.6 和图 3.7 所示。与流体黏性控制机制的注入压力结果相比，断裂韧度控制机制中注入点压力历史不平滑，如图 3.6（a）和图 3.7（a）所示。在断裂韧度控制机制中，沿裂缝长度方向的压力梯度可以忽略不计，因此注入压力远小于流体黏性控制机制中的注入压力［图 3.6（b）和图 3.7（b）］，裂缝中流体可以看作是一个具有相同压力的整体。模型中裂缝尖端扩展具有离散性，并且一旦扩展，裂缝长度会突然增加，导致注入压力立即下降。每次压力下降后，由于流体连续注入和裂缝长度的固定，注入压力将逐渐恢复。随着裂缝长度的增加，颗粒尺寸与裂缝长度的比值越来越小，压力的波动将逐渐减弱，注入压力趋于稳定。与黏性控制机制中裂缝内净压力相比，由于不存在流体滞后，因此裂缝尖端的净压力大于零，如图 3.6（b）和图 3.7（b）所示。因此，在断裂韧度控制机制中裂缝尖端的局部净压力有助于裂缝扩展。此外，随机排列颗粒试样的净压力也大于规则试样的净压力。

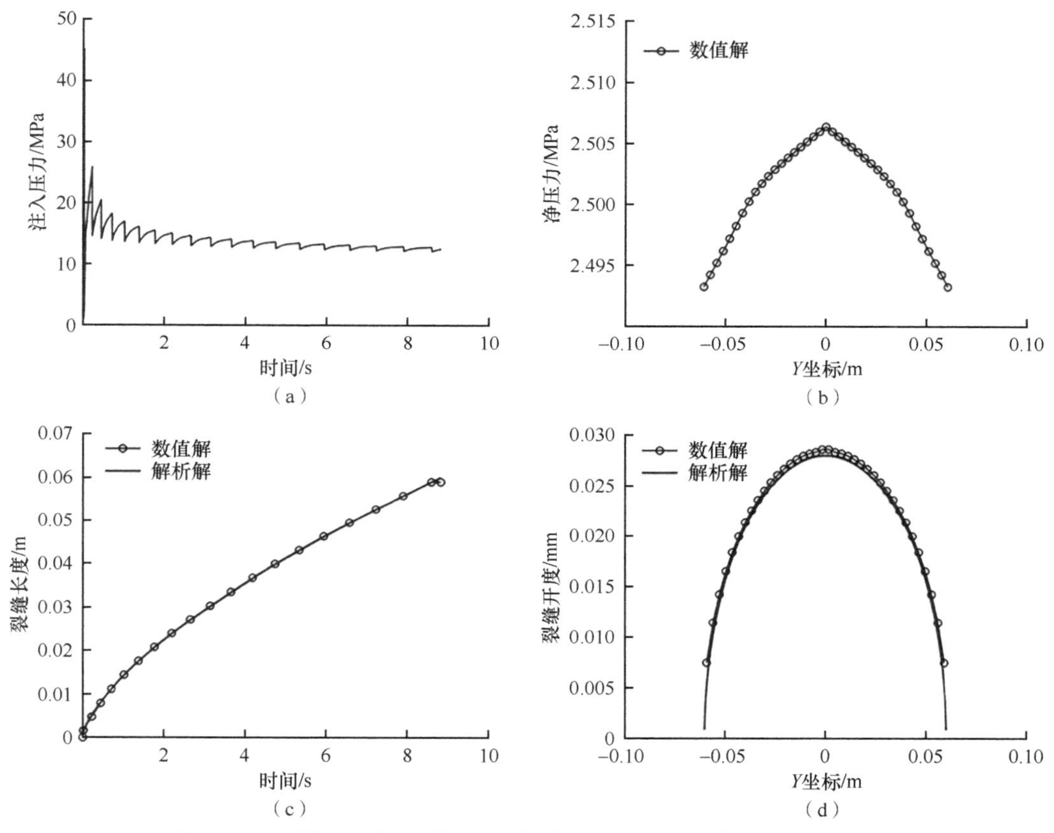

图 3.6 规则排列颗粒试样在断裂韧度控制机制中水力压裂模拟结果

（a）注入点压力历史；（b）裂缝内净压力分布；（c）水力裂缝长度随注入时间变化的近似解与数值解比较；（d）水力裂缝宽度与裂缝位置的近似解与数值解的比较

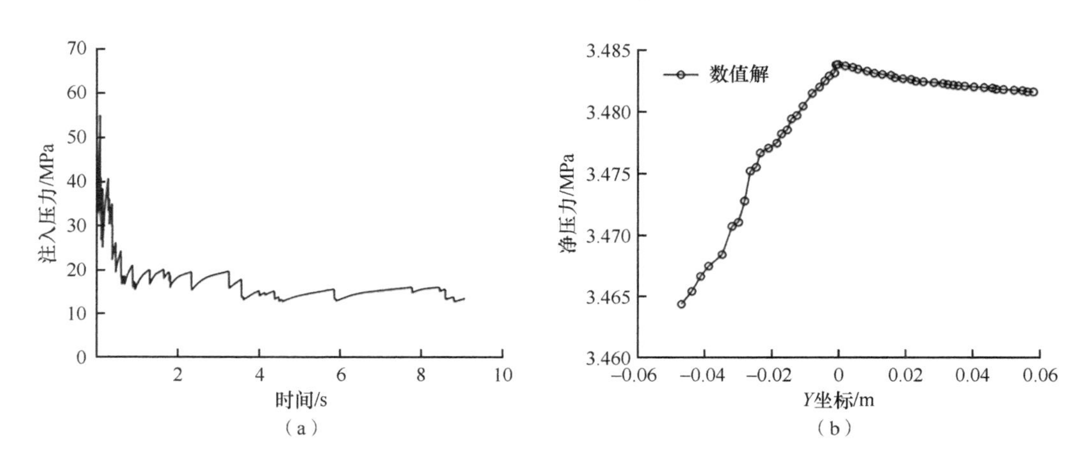

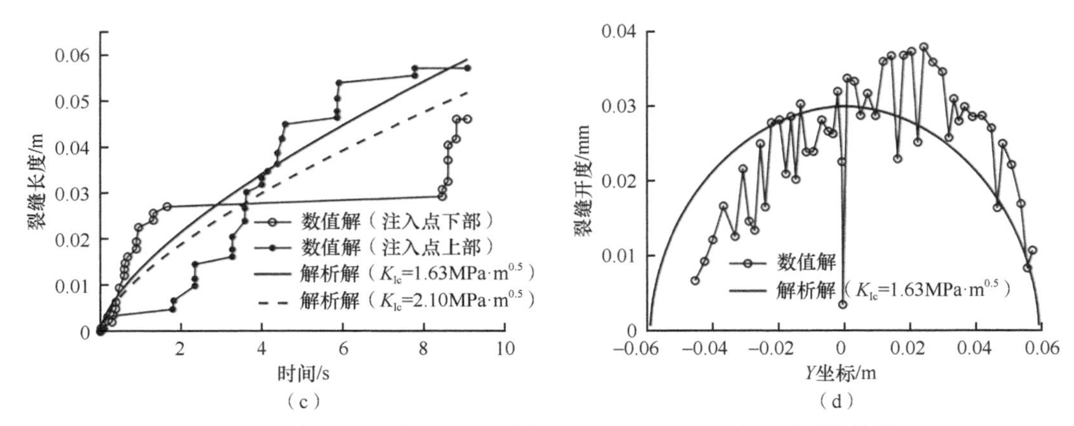

图 3.7 随机排列颗粒试样在断裂韧度控制机制中水力压裂模拟结果

(a) 注入点压力历史；(b) 裂缝内净压力分布；(c) 水力裂缝长度随注入时间变化的近似解与数值解比较；(d) 水力裂缝宽度与裂缝位置的近似解与数值解的比较

式（3.9）和式（3.10）中，当输入的断裂韧度为 1.63MPa · m$^{0.5}$ 时，规则试样数值模拟得到的裂缝长度和裂缝宽度与近似解吻合较好，如图 3.7（c）和图 3.7（d）所示。然而，在随机试样数值模拟中，裂缝扩展过程的平滑度要低得多。总的来说，裂缝尖端上方比下方传播更快、更连续，这导致最大裂缝开度的位置位于注入点上方，如图 3.7（d）所示。在断裂韧度控制机制中水力压裂实验中，Bunger 等（2005）观察到圆形裂缝偏离了径向对称性，即数值模拟结果与实验结果较为一致。由于裂缝内部流体压力几乎是均匀的，因此注入点对裂缝尖端几何演化的作用可忽略不计。随机试样的裂缝长度和裂缝宽度的结果也与理论解进行了比较，从规则试样中选取合适的断裂韧度，根据式（3.9）和式（3.10），得到裂缝长度和宽度与断裂韧度之间的关系：$l \propto K'^{-2/3}$，$w \propto K'^{2/3}$，因此，随机试样的有效断裂韧度（K_{Ic}=2.10MPa · m$^{0.5}$）略大于规则试样的有效断裂韧度（K_{Ic}=1.63MPa · m$^{0.5}$）。

3.3 岩石内在非均质性对水力压裂的影响

图 3.8 比较了规则排列颗粒试样和随机排列颗粒试样接触力链分布，其中红线线宽表示接触力的大小。在随机排列颗粒试样中，颗粒间接触力的方向可能与最大或最小主应力的方向不一致，因此，由于最大水平方向的应力分量的参与，沿水力压裂裂缝扩展路径上的接触力会有所增大（图 3.9），颗粒间的应力和断裂韧度随随机试样中孔隙位置的变化而变化。在黏性控制机制中，试样内部固有非均质性会使净压力增加［如图 3.5（b）中的压力大于图 3.4（b）中的压力］，但是，它对裂缝的整体长度的影响有限［图 3.4（c）与图 3.5（c）］。岩石内在非均质性的影响在断裂韧度控制机制内更为明显，不仅随机试样中的净压力大于规则试样中的净压力［图 3.6（b）和图 3.7（b）］，而且

随机试样中的水力压裂裂缝形态也显示出局部的固有非均匀性会引起较大曲折度和不对称性。裂缝长度与注入时间曲线［图 3.7（c）］中一些停滞线段表明当局部阻力较大时，裂缝在该方向的扩展可能会暂时停止。通过将裂缝长度和宽度与理论解［图 3.7（c）、（d）］进行比较，可以得出结论：随机试样的有效断裂韧度比规则试样的有效断裂韧度增加了约 30%。

利用测量圆得到的应力等值线也可以表征应力在封闭域中的分布的随机性（Potyondy and Cundall，2004）。图 3.10 描绘了黏性控制机制中水力裂缝扩展后的最小主应力云图，其中黑线代表水力裂缝的扩展路径，其表现出两种不同颗粒组构试样的裂缝长度相似，但随机试样的裂缝扩展路径更为曲折。随机试样的局部应力变化比规则试样大。为了进一步研究试样生成时的随机性，图 3.11 绘制了四种不同随机试样在断裂韧度控制机制中水力压裂的模拟结果，结果表明所有的注入压力曲线均出现急剧下降的特征，且这四条曲线最终都会趋向于同一条曲线。尽管四种工况中水力裂缝扩展路径差异很大，但裂缝长度基本相同。虽然裂缝开度分布也因裂缝不对称程度差异而不同，但是四种工况中的最大裂缝开度没有明显的差异。这四种工况中裂缝长度与时间的曲线表明在不同的注入时间会出现停滞线段（裂缝暂停扩展或停止扩展）。

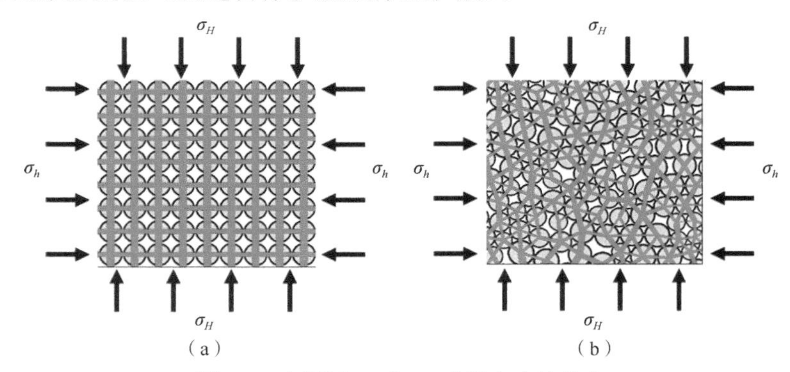

图 3.8　在围压 σ_H 和 σ_h 试样内力链分布

（a）规则试样；（b）随机试样。红线线宽表示接触力的大小

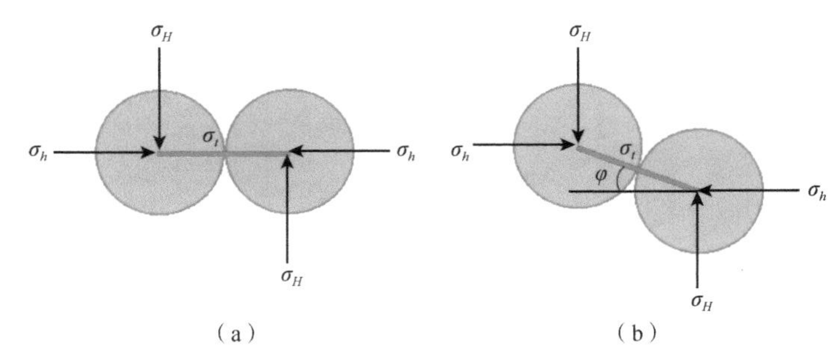

图 3.9　颗粒间接触力

（a）规则试样；（b）随机试样。红线线宽表示接触力大小

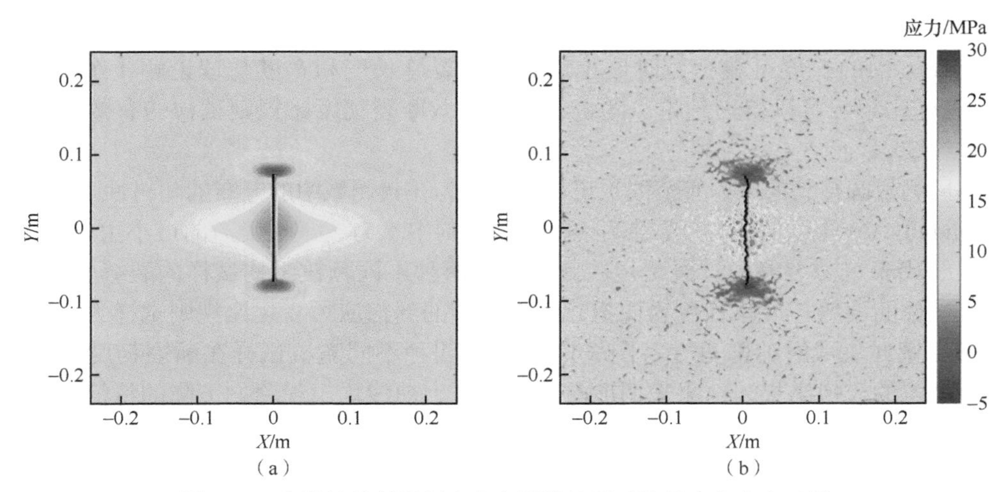

图 3.10　在黏性控制机制中水力裂缝扩展后的最小主应力云图

(a) 规则排列颗粒试样；(b) 随机排列颗粒试样。黑线代表水力裂缝扩展路径

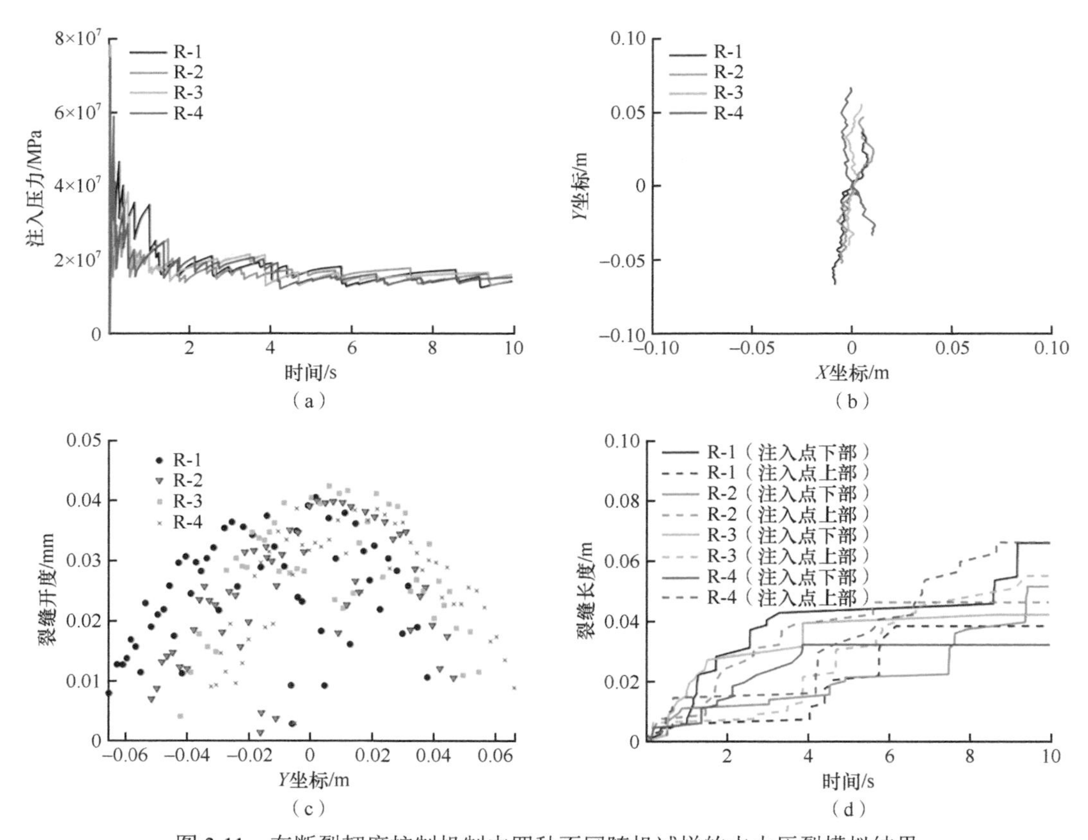

图 3.11　在断裂韧度控制机制中四种不同随机试样的水力压裂模拟结果

(a) 注入点压力历史曲线；(b) 裂缝形态；(c) 水力裂缝内裂缝开度分布；(d) 水力裂缝长度与注入时间关系

3.4 颗粒尺寸对水力压裂的影响

对于胶结颗粒岩石的离散元建模，试样表观断裂韧度与颗粒间的抗拉强度和颗粒半径的关系为（Huang，1999；Potyondy and Cundall，2004）

$$K_{\mathrm{Ic}}=\alpha\sigma_{\mathrm{t}}\sqrt{R} \tag{3.15}$$

式中，α 为无量纲系数；σ_{t} 为颗粒间接触的抗拉强度；R 为平均颗粒半径。

为了验证式（3.15），基于断裂韧度控制机制中规则试样的水力压裂模拟（图 3.12），分别对颗粒间接触抗拉强度和颗粒半径进行了水力压裂数值模拟，通过数值解与理论解的拟合，反演得到试样的有效断裂韧度。

如图 3.12（a）所示，归一化后的断裂韧度与颗粒半径呈线性相关，其与理论解式（3.15）相吻合，同时，图 3.12（b）表明断裂韧度随抗拉强度也呈线性相关。然而，式（3.15）不能完全表征模拟结果，因为在抗拉强度为零的情况下，断裂韧度不会变为零。式（3.15）有双重含义：首先，如果对岩石进行胶结颗粒集合体建模，则岩石的断裂韧度与颗粒大小有关；其次，对于岩石材料的离散元模型，如果在大型工程模型中使用较大的颗粒尺寸，则需重新调整和缩放局部接触强度，以匹配实际的岩石断裂韧度，同时，这也适用于不同粒径组构的真实岩石模型。

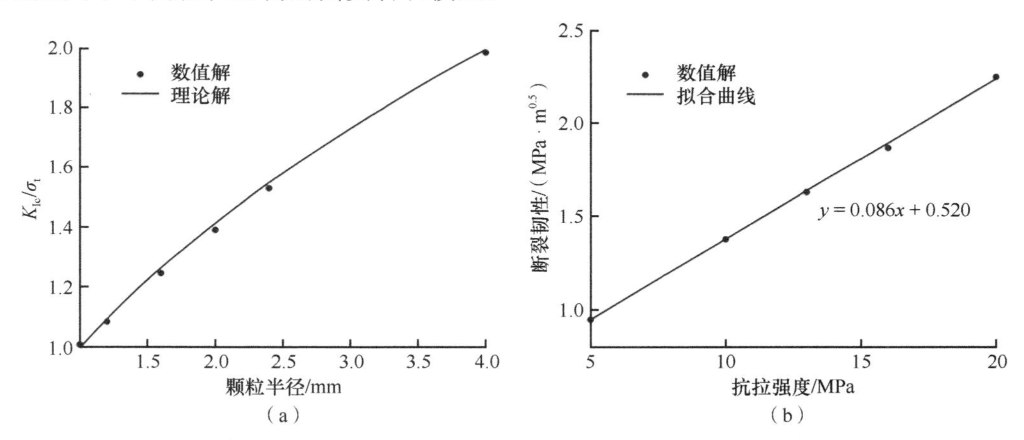

图 3.12 在断裂韧度控制机制中规则试样颗粒半径与 $K_{\mathrm{Ic}}/\sigma_{\mathrm{t}}$ 关系和抗拉强度与断裂韧度关系图

（a）抗拉强度为13MPa时，$K_{\mathrm{Ic}}/\sigma_{\mathrm{t}}$ 与颗粒半径的关系图，其中黑色曲线为式（3.15）的理论曲线；（b）平均颗粒半径为1.6mm时断裂韧度与接触黏结的抗拉强度的关系图，黑色曲线是对数据的线性拟合

除了岩石内颗粒间抗拉强度和颗粒粒径外，初始地应力也影响岩石的断裂韧度，图 3.12（b）表明在抗拉强度为零时断裂韧度不会消失。图 3.13 展示了围压对水力压裂裂缝扩展的影响，其中红色实线代表近尖端应力的大小。由于颗粒尺寸为有限大小且尖端应力集中，裂缝尖端处接触力与围压相关关系为

$$F=2\sigma_{h}R-\int_{0}^{2R}\sigma_{n}\mathrm{d}y \tag{3.16}$$

$$\sigma_n = \frac{K_{\text{Ic}}}{\sqrt{2\pi y}} \tag{3.17}$$

式中，σ_n 为应力集中下的垂直于裂缝轨迹方向的尖端法向应力。

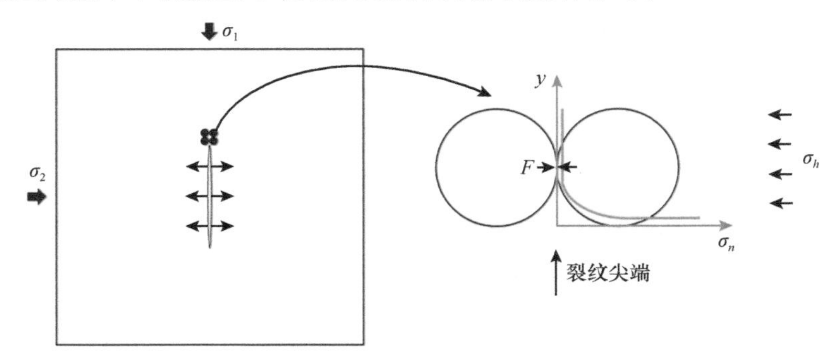

图 3.13　围压对水力裂缝扩展的影响

红色实线表示近尖端应力大小

为了研究围压对断裂韧度和水力裂缝扩展的影响，本节重点研究了断裂韧度控制机制中规则试样的水力压裂数值模拟（图 3.6）。保持相同的应力差 5MPa（$\sigma_H-\sigma_h$=5MPa）和颗粒间接触的拉伸强度，改变最小围压 σ_h 进行了一系列数值模拟，每种工况均设置相同的流体注入参数和时间。这些工况中的水力裂缝开度如图 3.14（a）所示，随围压的增加，裂缝开度增大，裂缝长度变短。不同围压应力下的表观断裂韧度如图 3.14（b）所示，结果表明，断裂韧度随围压的增加呈线性增大。由于在这一系列数值试验中排除了岩石固有非均质性的影响，断裂韧度的增加完全是有限大小的颗粒粒径对裂缝扩展的阻力增大所致。图 3.14 表明初始最小围压对表观断裂韧度有显著影响，因此，可以对式（3.15）进行以下修正：

$$K_{\text{Ic}} = \left(\alpha\sigma_{\text{t}} + \beta\sigma_h\right)\sqrt{R} \tag{3.18}$$

式中，β 为无量纲系数。

对图 3.12（b）和图 3.14（b）中的两个拟合公式进行求解得到系数 α 和 β 的值，并得到以下表达式：

$$K_{\text{Ic}} = \left(2.15\sigma_{\text{t}} + 1.335\sigma_h\right)\sqrt{R} \tag{3.19}$$

式（3.19）可用于计算规则试样的断裂韧度值，其是抗拉强度、原位应力和颗粒半径的函数。

为了研究应力各向异性对水力裂缝扩展的影响，模拟了黏性控制和断裂韧度控制机制中随机试样的水力压裂（图 3.5 和图 3.7）。通过改变围压 σ_H（最小水平主应力保持不变，σ_h=10MPa），进行多个数值模拟。黏性控制和断裂韧度控制机制中数值模拟结果如图 3.15 和图 3.16 所示，结果表明，在黏性控制和断裂韧度控制机制中，σ_H 的增加对水力裂缝扩展影响较小。在黏性控制机制中，如果水力压裂裂缝沿着同一路径［图 3.15（a），σ_H=15MPa，20MPa］，则净压力完全不受 σ_H 变化的影响。断裂韧度控制机制中模拟结果也相差较小（图 3.16）。结果表明，相对于岩石样品固有的非均质性，应力各向异性的影响较小。尽管水力裂缝扩展路径曲折，但水力裂缝仍然是克服最小主应力向前扩展。

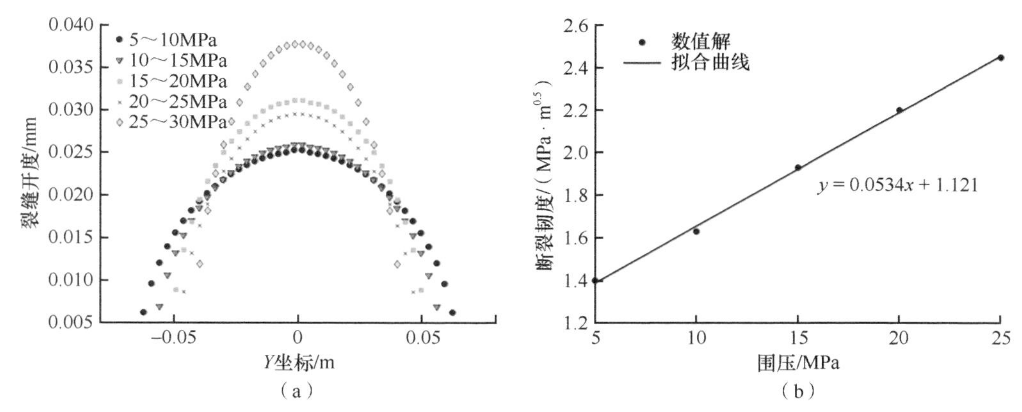

图 3.14 断裂韧度控制机制中规则试样中围压与裂缝开度和表观断裂韧度值关系图

(a) 断裂韧度控制机制中规则试样中不同围压下裂缝开度分布图；(b) 断裂韧度随围压变化关系图，其中黑色曲线是对数据的线性拟合曲线

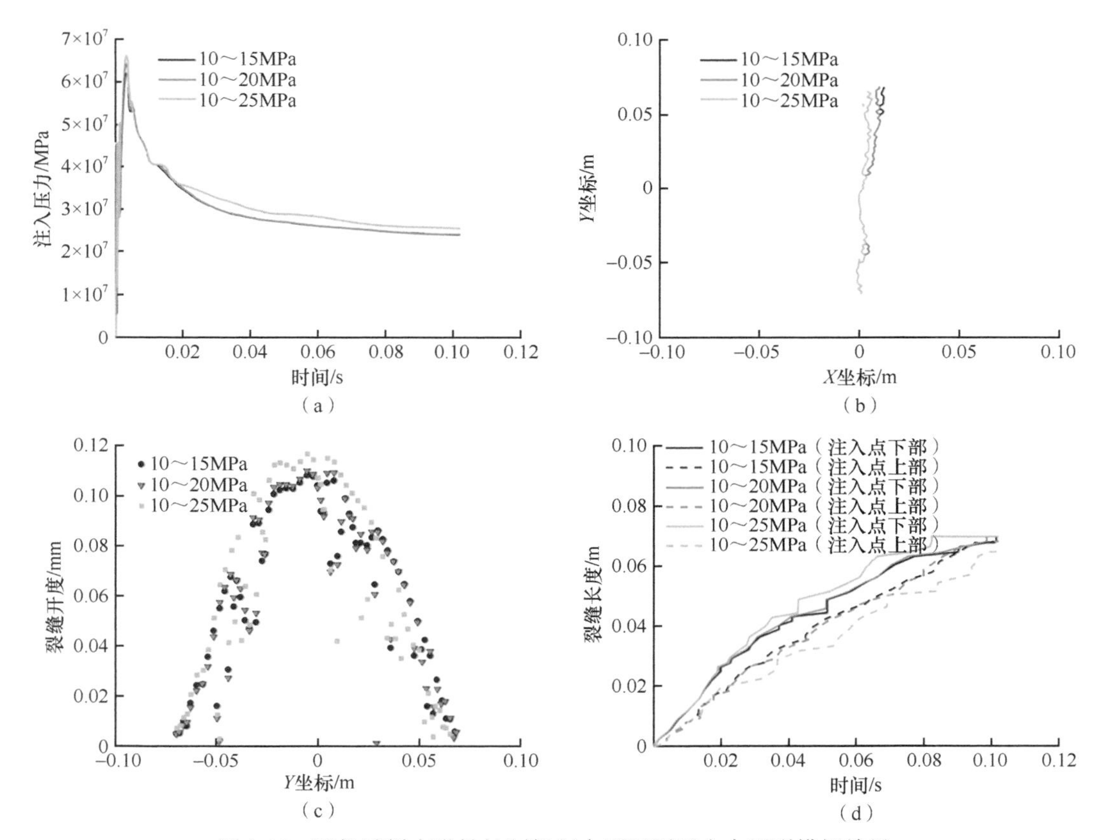

图 3.15 随机试样在黏性控制机制中不同围压水力压裂模拟结果

(a) 注入点压力历史；(b) 裂缝扩展路径；(c) 水力裂缝内裂缝开度分布；(d) 水力裂缝长度与注入时间关系

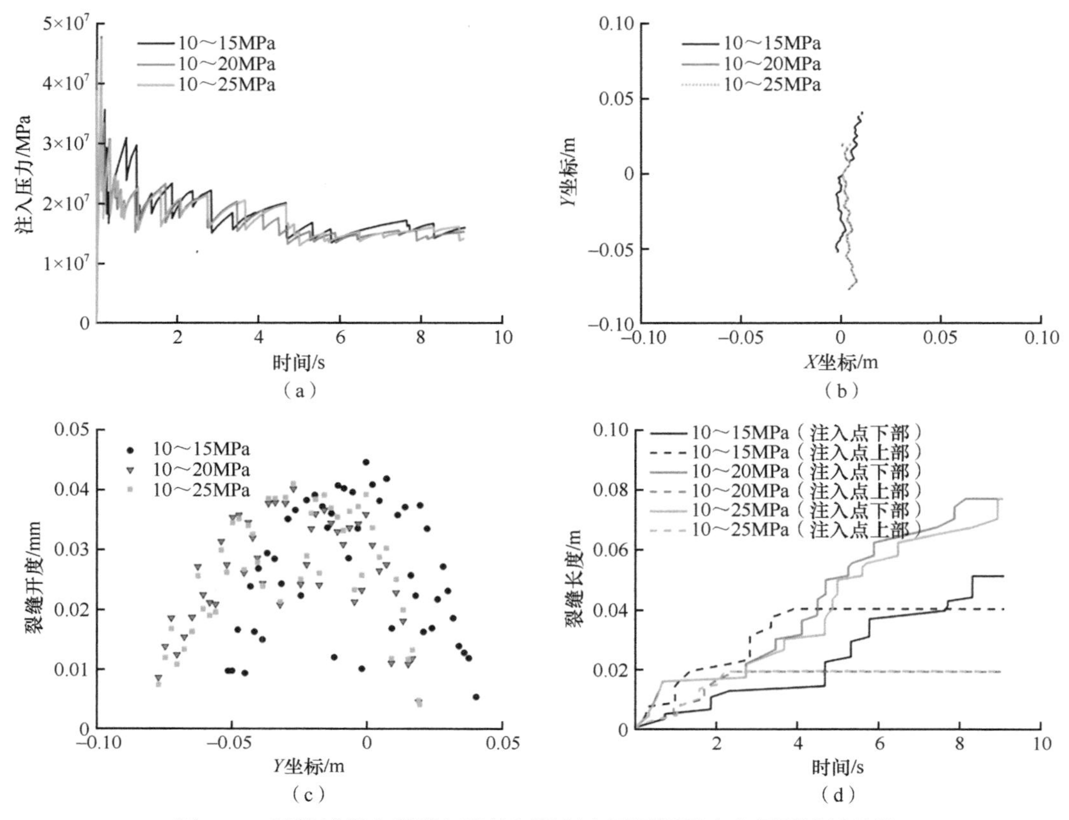

图 3.16　随机试样在断裂韧度控制机制中不同围压水力压裂模拟结果

（a）注入点压力历史；（b）裂缝扩展路径；（c）水力裂缝内裂缝开度分布；（d）水力裂缝长度与注入时间关系

3.5　本章小结

本章主要研究了岩石中水力压裂的微观机理，为不同室内试验和现场观测提供理论依据。本章使用二维离散元流固耦合模型模拟了水力裂缝在不同裂缝扩展控制机制中规则试样和随机试样的起裂和扩展过程，研究了细观尺度下岩石内在非均质性、颗粒粒径和应力各向异性对水力裂缝扩展的影响，研究结果表明：

（1）在黏性控制机制中，岩石内在固有的非均质性只影响了水力裂缝内净压力分布，而在断裂韧度控制机制中，它对水力裂缝的扩展有着更大的影响。在断裂韧度控制机制中，水力裂缝的开度分布受颗粒组构随机性影响较大，由于局部固有非均质性，除净压力比规则试样大外，随机试样的水力裂缝路径也有较大的弯曲度和不对称性，并且单侧的裂缝扩展可能暂停扩展或停止扩展。与规则试样相比，随机颗粒试样的有效断裂韧度也较大，随机试样中的净压力也可能受到颗粒局部几何排列的影响。

（2）如果使用胶结颗粒集合体模拟岩石，则岩石颗粒粒径对断裂韧度有影响，岩石中存在的初始应力也会导致断裂韧度的增加。因此，除了接触键的抗拉强度和颗粒半径外，表观断裂韧度还取决于初始应力的大小。随机试样中水力裂缝扩展路径曲折，裂缝主要克服最小主应力向前扩展，因此在黏性控制机制和断裂韧度控制机制中，应力各向异性对水力裂缝扩展的影响有限。

（3）不同尺度的岩石非均质性会影响水力裂缝的扩展。尽管大尺度非均质性（如天然裂缝）可能控制水力压裂裂缝的整体形态，但岩石固有的非均质性和颗粒粒径对水力裂缝的扩展仍有较为显著的影响。

第 4 章

不同射孔模型中水力裂缝起裂和近井筒扩展

水力裂缝在近井筒地带扩展的力学机制复杂，会出现复杂裂缝形态（转向裂缝、T形裂缝和平行多裂缝等）、裂缝非对称与非平面扩展现象和孔眼之间竞争性等复杂问题。数值模拟是研究裂缝近井筒扩展的重要手段。然而，大多数数值模型都局限于对近井筒应力状态的二维分析或简单评价（Zhang and Chen，2009；Jay et al.，2015）。通过数值模拟研究裂缝起裂和近井筒裂缝弯曲有很大挑战性，主要原因包括：首先，井筒尺寸比孔眼尺寸高一个数量级，因此，将这两种对象同时放在一个模型中进行模拟具有很大的挑战性；其次，需要合理考虑射孔孔眼和井筒开挖引起的应力重分布，以及多条裂纹动态扩展引起的不同孔眼之间的应力干扰；最后，近井筒复杂应力状态会影响水力裂纹扩展的模式和路径，而水力压裂的重要特征是三维非平面裂纹混合扩展（Nagel et al.，2013）。为此，基于三维离散格子方法针对垂直井筒中不同射孔模型（螺旋射孔、定向射孔和 Tristim 射孔）（Allison et al.，2015）裂缝起裂与近井筒地带裂缝扩展过程进行了研究，选取水力压裂过程中的裂缝扩展和井筒压力变化的多个重要状态点，深入分析了近井筒地带的复杂几何裂缝的形成机制，应力阴影对裂缝形成的影响，孔眼之间的竞争性以及裂缝起裂、扩展与井筒压力之间的关系。

4.1 三维离散格子建模

模型试样为边长为2.44m的立方体［图4.1（a）］。井筒长度为2.44m，外径为139mm，内径为120mm，水泥环厚度为18mm，射孔孔眼长度为100mm，孔眼直径为10mm，射孔段长度为304.8mm。岩石杨氏模量为11.74GPa，泊松比为0.221，单轴抗压强度为75MPa，抗拉强度为7.5MPa，断裂韧度为1.0MPa · $m^{0.5}$。压裂液使用清水进行压裂，压裂液黏度为1cP。注入排量分为三个过程：首先，0～0.153s时间段为模型进行井筒开挖、射孔和施加初始地应力的力学平衡过程，该时间段不注入流体；其次，0.153～0.3s时间段注入排量逐渐从0增大到0.265L/s；最后，0.3s后排量保持0.265L/s不变。在模型中的六个面设置0.122m厚的软层用以伺服控制边界应力。模型中的垂向主应力 S_v 为27MPa，最大水平主应力 $S_{h\max}$ 为30MPa，最小水平主应力 $S_{h\min}$ 为19MPa。本节对螺旋射孔、定向射孔和 Tristim 射孔三种射孔模型进行了模拟和比较（图4.1）。

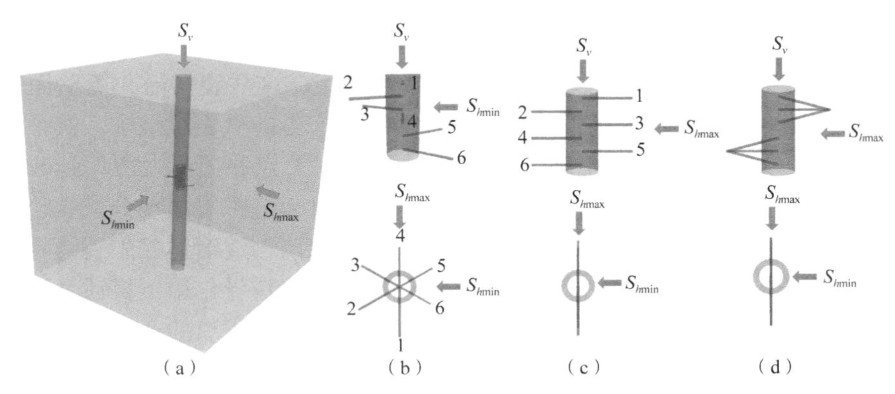

图4.1 模型设置示意图

（a）模型透视图；（b）螺旋射孔模型；（c）定向射孔模型；（d）Tristim 射孔模型

格子模型中的建模过程主要包括以下几个步骤：

（1）将岩石力学性质、流体参数和模型应力条件赋值给未钻孔的模型，并使模型计算达到初始力学平衡。

（2）对该模型进行井筒开挖，在井筒中设置套管和水泥环，再次计算模型以达到力学平衡。

（3）对井筒进行射孔，并完成注入流体前模型的力学平衡计算。

（4）注入流体模拟水力压裂过程（前三步为固体平衡过程，第四步开始为流固耦合过程）。

由于近井筒区域小，能量主要消耗在岩石裂缝扩展中，黏性流体流动耗散的能量忽略不计，在井筒和裂纹扩展时流体压力认为是均匀分布，因此在本书中水力裂缝扩展处于断裂韧度控制机制。由于时间步长计算与流体黏度和裂缝孔径无关，这种简化可以给出更大的流体时间步长，从而优化计算效率，降低计算成本。

4.2 数值模拟结果

4.2.1 螺旋射孔模型

图 4.1（b）为螺旋射孔模型和孔眼分布，其中 1 号和 4 号孔眼平行于水平最大主应力，其余孔与水平最大主应力均有 60° 夹角。图 4.2 是井筒压力随时间变化曲线，从曲线中选取了六个点代表水力压裂中的六个过程用以描述结果，如图 4.2 中 A_s 点到 F_s 点所示。从 0 ～ 0.153s，该阶段是对模型进行井筒开挖和射孔，并分别设置平衡时间，使模型的应力进行重分布以达到初始平衡状态，这能更真实地模拟现场水力压裂过程。模型初始平衡后为注入流体时间段。在注入流体后，井筒压力会快速上升到 A_s 点（34.49MPa），并达到最大峰值 B_s 点（41.02MPa），该点即为破裂压力点，随着流体的继续注入，压力会迅速下降到 C_s 点（22.97MPa），在 C_s 点之后又迅速增加到另一个峰值点 D_s 点（26.93MPa），D_s 点之后井筒压力有较小的起伏波动到 E_s 点（26.56MPa）且逐渐减小并趋于稳定至 F_s 点（25.24MPa）。

图 4.3 ～图 4.5 分别为螺旋射孔裂缝起裂与扩展的俯视图和侧视图，这三个图中的六个状态图分别对应图 4.2 中井筒压力与时间曲线的六个状态点。从井筒注入流体开始，井筒压力快速上升到 A_s 点，六个孔眼处均有裂纹产生，这些裂纹沿井筒壁面的纵向和径向分布，与最小主应力方向垂直的 1 号和 4 号孔眼产生的微裂纹最多，其余四个孔眼（2 号、3 号、5 号和 6 号孔眼）产生的微裂纹均较少。A_s 点井筒压力增大到破裂压力 B_s 点时，相邻孔眼处微裂纹会相互连通产生宏观裂缝，且裂缝扩展出现分叉裂缝和次生裂缝。随流体继续注入，由于微裂纹的迅速增加，在井筒两侧逐渐形成主裂缝且微裂纹继续向井筒轴向扩展，当两侧主裂缝在井筒周围的次生裂缝诱导作用下贯通且沿井眼方向扩展到井眼尖端时，在主裂缝贯通过程中伴随着大量微环隙裂纹的产生，压力会迅速下降到 C_s 点。井筒压力升高到达第二个峰值 D_s 点过程中，由于 4 号孔眼位于井筒中间，4号孔眼处主裂缝与其他孔眼裂缝有贯通，因此 4 号孔眼处主裂缝优先沿井筒轴向迅速

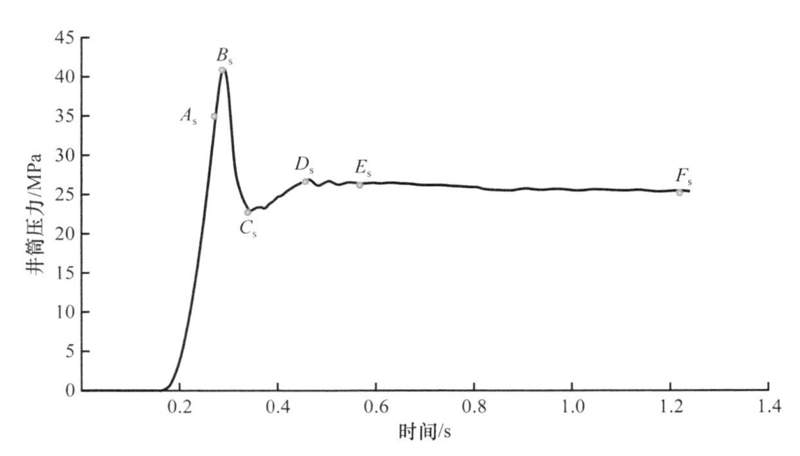

图 4.2 井筒压力历史曲线（螺旋射孔模型）

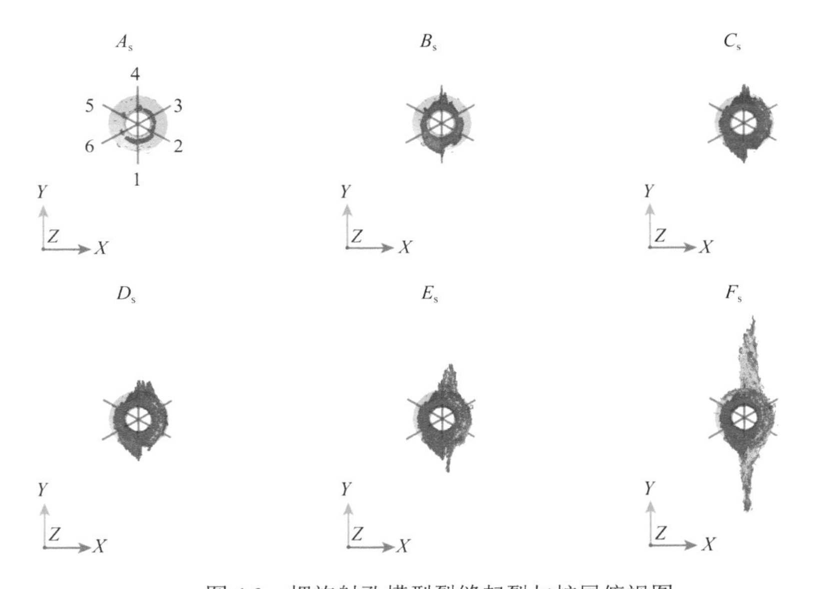

图 4.3 螺旋射孔模型裂缝起裂与扩展俯视图

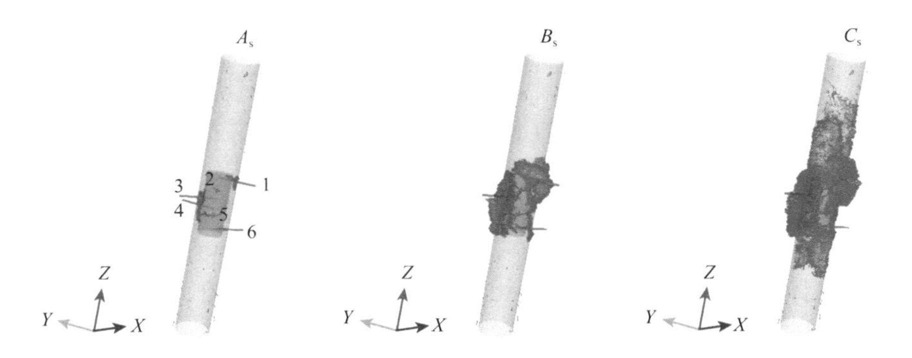

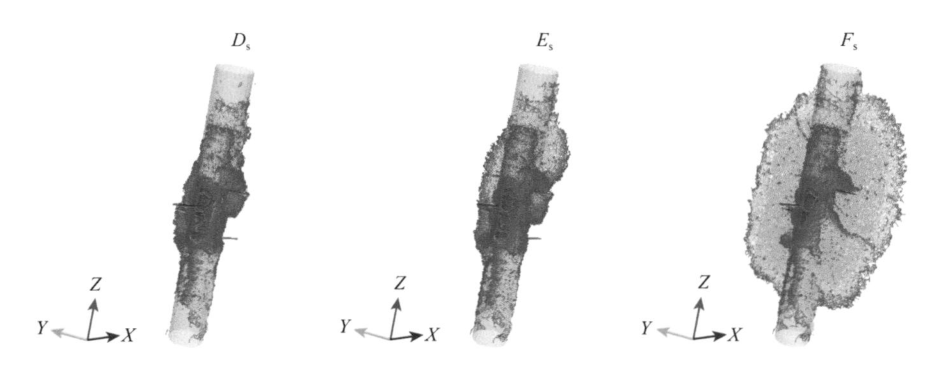

图 4.4　螺旋射孔模型裂缝起裂与扩展侧视图（Ⅰ）

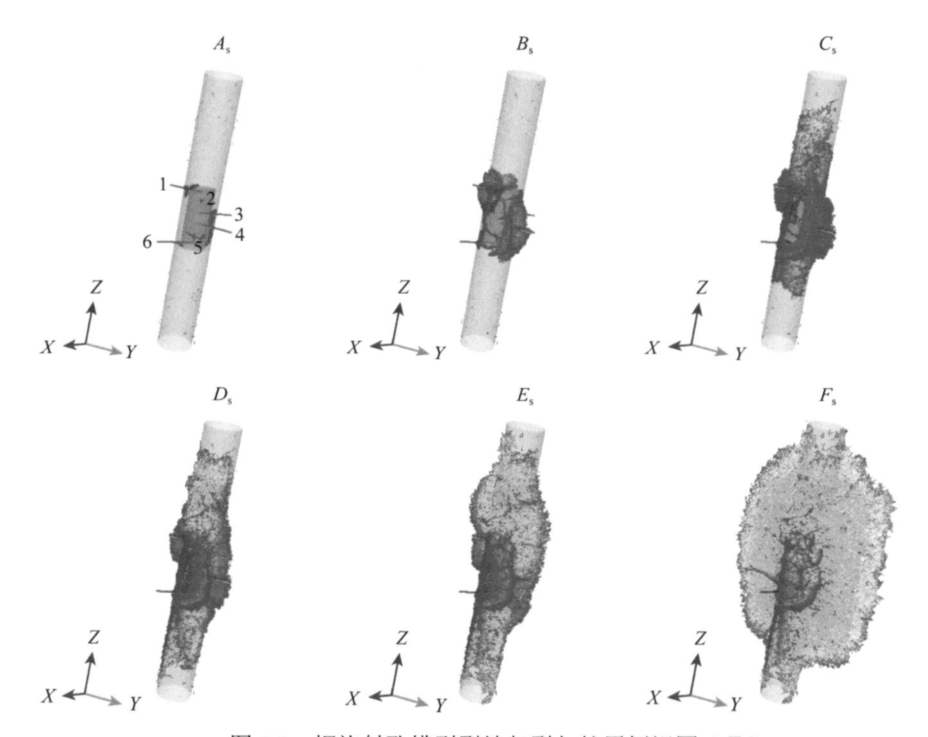

图 4.5　螺旋射孔模型裂缝起裂与扩展侧视图（Ⅱ）

扩展，而 1 号孔眼处主裂缝和其余孔眼处裂缝发展缓慢。随 1 号孔眼和 4 号孔眼处主裂缝的发展，其会逐渐合并成近似双翼的水力裂缝，在主裂缝合并扩展中，井筒压力会有一定的波动从井筒曲线 D_s 点到 E_s 点。当井筒曲线为 F_s 点时，双翼水力裂缝的形成导致主裂缝沿垂直于最小主应力方向扩展，而裂缝的扩展受到抑制。

水力压裂过程中裂缝的起裂非常复杂，孔眼裂缝的初期起裂和连通对破裂压力有直接影响，因此选择 A_s 状态、B_s 状态及 C_s 状态进行深入分析和讨论。图 4.6 为 A_s 状态时的裂纹分布图，该状态是水力压裂达到破裂压力前的某一特定状态，该状态孔眼出现了裂缝但相互之间并未连通，因此对于理解复杂裂缝形成和破裂压力值具有重要意义。因为1号和4号孔眼方向与最大主应力平行，裂缝沿最小阻力方向扩展，所以在这两个孔眼处形成了沿井筒方向的纵向裂纹。1号孔眼位于所有孔眼的顶部，受孔眼之间干扰较小，井筒压力大于围压，即1号孔眼处形成了曲折的裂纹，受最大主应力和2号孔眼影响，靠2号孔眼方向的裂纹绕井筒斜向上扩展，而另外一个方向的曲折裂纹呈水平方向扩展，由于主应力差较大，该水平裂缝出现了分叉。4号孔眼在射孔段的中部，因此受其他孔眼的应力干扰较大，4号孔眼处产生了沿井筒上下扩展的最长裂纹。由于2号、3号、5号和6号孔眼方向与最小主应力不垂直，最小主应力和最大主应力的应力差较大，因此这些孔眼处裂缝扩展会受到抑制。2号孔眼受相邻1号孔眼的影响较大，这导致其出现的裂纹长度最小。3号孔眼受4号孔眼影响较大且位于射孔段中间位置，因此在裂纹起裂阶段较难产生水平裂缝，其主要产生沿井筒方向的纵向裂缝。5号孔眼出现的两条曲折裂缝与1号孔眼处的曲折裂缝相似，受6号孔眼影响，靠近6号孔眼处的裂纹绕井筒斜向上扩展，受主应力差较大和4号孔眼裂缝扩展影响，靠近4号孔眼处的曲折裂缝出现了分叉。6号孔眼位于射孔段的底部，与最大主应力呈60°夹角，且与1号孔眼类似受孔眼之间的应力影响较小，因此在裂纹扩展初期，该孔眼处产生了长度较小的水平裂纹，而未产生纵向裂纹。由以上分析可知，A_s状态下，与最小主应力方向垂直的孔眼容易出现裂纹，而其他不与最小主应力垂直的孔眼，孔眼处裂纹扩展会受一定程度的抑制。裂纹扩展受孔眼之间应力阴影、裂缝干扰和主应力差等因素影响，裂纹扩展的难易程度会不同，且裂缝扩展形式也不同。

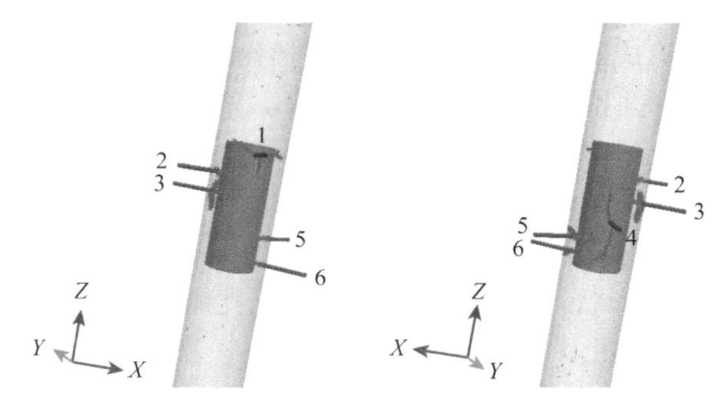

图4.6 螺旋射孔模型A_s状态裂纹分布剖面图（两种视角）

图4.7是井筒压力为破裂压力B_s状态时裂纹分布图，B_s状态的裂纹分布比A_s状态的更复杂，有次生裂纹产生且有非平面裂纹的扩展。垂直于最小主应力方向的1号和4号孔眼，B_s状态与A_s状态相比井筒压力更大，裂纹将迅速扩展。1号孔眼处裂纹演化成了非平面裂缝和纵向裂缝。4号孔眼处裂缝主要沿井筒轴线和孔眼方向扩展。当井筒压力达到峰值，不垂直于最小主应力的2号、3号、5号和6号孔眼处裂纹进一步扩展，也产生了分支裂缝和次生裂缝，但与1号和4号孔眼相比，裂缝宽度和长度增长较少，且裂缝在孔眼方向的扩展均受到了较大抑制。由于井筒压力较大，会促进相邻孔眼的裂缝相互连通。孔眼处裂缝的形态分布复杂且应力分布也非常复杂，因此连通裂缝之间的次生裂缝形状会形成横向和纵向的复杂非平面裂缝，横向裂缝受地应力分布影响在孔眼方向的扩展会受到抑制，如2号和3号、3号和4号以及5号和6号孔眼相连接的次生

裂缝在孔眼方向的扩展长度较小。与孔眼间连通的横向次生裂缝相比，孔眼间连通的纵向次生裂缝受抑制较小，其沿井筒轴线方向和孔眼方向均有一定程度扩展。纵向次生裂纹与最大主应力夹角越小，其沿孔眼方向裂缝扩展长度越长，如 4 号和 5 号孔眼之间连通的次生裂缝。因此，当射孔孔眼间的裂缝发育到一定程度且有次生裂缝连通时，螺旋射孔的井筒压力会达到峰值即破裂压力，在射孔段壁面会形成形态复杂的裂缝以及次生裂缝，与最小主应力方向垂直的裂缝扩展更有优势，而其他方向的裂缝扩展较慢。随着裂缝的延伸，孔眼之间的相互干扰减小，而裂缝间的干扰将增大。

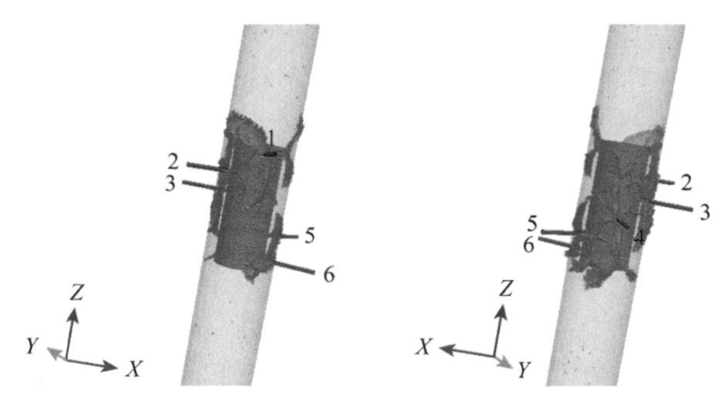

图 4.7　螺旋射孔模型 B_s 状态裂纹分布剖面图（两种视角）

图 4.8 为 C_s 状态下两种不同角度的裂缝形态。当井筒压力达到峰值时，连续注入流体，压力将会下降。与 B_s 状态下的裂缝剖面相比，1 号孔眼上方和 6 号射孔通道下方出现大量微环隙裂纹，形成跨井筒的大裂纹，且该裂纹几乎垂直于 $S_{h\min}$ 方向。此外，裂缝主要沿井筒轴向传播，并扩展至射孔通道的顶部。其他射孔孔眼处裂缝的扩展受主要裂缝先前扩展的影响而受到抑制。从以上分析可知，井筒压力的下降是由井筒外裂缝面形成引起的，其可以认为是径向水力裂缝的雏形。由于在 B_s—C_s 区间内，轴向裂缝扩展远大于径向扩展，因此射孔长度并不是影响破裂压力大小的主要因素，但是这可能会影响压力破坏后的裂缝面形状。在 C_s 状态时，射孔孔眼对裂缝扩展的诱导作用在裂缝到达射孔孔眼尖端后将会停止，裂缝在沿径向进行下一次扩展前需要进一步提高注入压力。

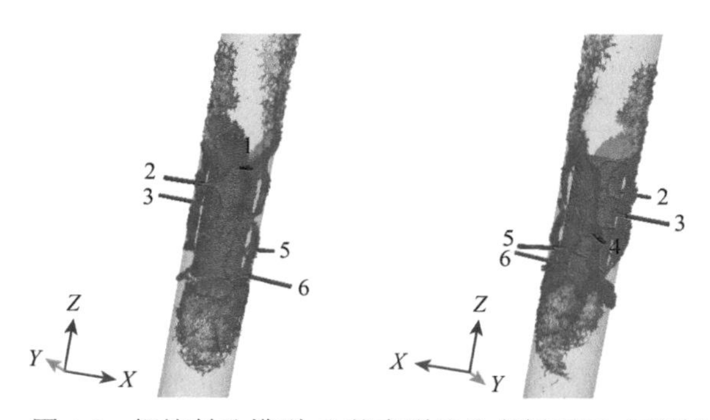

图 4.8　螺旋射孔模型 C_s 状态裂纹分布剖面图（两种视角）

4.2.2 定向射孔模型

图 4.1（c）为定向射孔模型，该模型的应力边界与螺旋射孔边界条件一样，孔眼均与水平最大主应力平行。图 4.9 为定向射孔时的井筒压力与时间曲线，从曲线中选取 A_o 到 F_o 六个状态点描述模拟结果。从 0 ～ 0.255s 为非注入流体段，该阶段与螺旋射孔一致，模拟井筒开挖和射孔孔眼设置阶段。注入流体后井筒压力迅速上升到 A_o 点（29.23MPa），并达到峰值即破裂压力 B_o 点（38.60MPa），在达到破裂压力后井筒压力降低到 C_o 点（22.83MPa），再上升到 D_o 点（26.64MPa），曲线有一定的波动变化到 E_o 点（26.63MPa），最后井筒压力缓慢减小降低到 F_o 点（25.90MPa）。因此在只变化射孔条件而其他条件不变的情况下，由图 4.2 和图 4.9 对比可知，定向射孔破裂压力比螺旋射孔破裂压力低，并且两条曲线的初始最低压力 C_s 点与 C_o 点以及两者的延伸压力均相近。

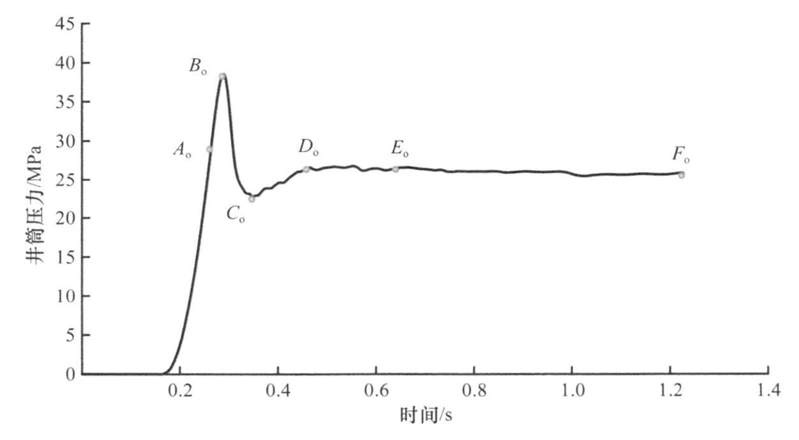

图 4.9　井筒压力与时间曲线（定向射孔模型）

图 4.10 ～图 4.12 分别为定向射孔裂缝起裂与扩展的俯视图和两个侧视图。井筒注入流体后，井筒压力快速上升到 A_o 点，在该状态下六个孔眼处均产生了裂纹，且在井筒两侧中间射孔孔眼处产生的裂纹比其他孔眼产生的裂纹更长。当井筒压力增大到峰值 B_o 点即破裂压力时，井筒单侧孔眼处裂缝相互连通，在多个孔眼处的裂缝扩展演化出了分支裂缝和次生裂缝。在破裂压力后由于孔眼之间裂缝相互连通，井筒压力快速降低到 C_o 点，而井筒单侧的裂缝快速增长形成主裂缝。主裂缝在井筒轴向方向快速沿壁面延伸，在孔眼方向主裂缝扩展到孔眼尖端，并且在井筒壁面裂纹和微环隙裂纹发展下井筒两侧的主裂缝已经贯通。由于孔眼对裂缝扩展有诱导作用，当裂缝扩展到孔眼尖端时，裂缝继续扩展需更大的流体压力，即从 C_o 点压力将逐渐增大到 D_o 点，该阶段主裂缝主要沿井筒轴向的壁面扩展且主裂缝之间贯通的微裂纹持续增加，而主裂缝在孔眼方向的扩展较少。当主裂缝扩展到孔眼尖端，裂缝扩展主要受已有主裂缝形态和应力状态的影响，孔眼方向垂直于最小主应力且井筒压力保持到较高值，因此主裂缝将继续沿孔眼方向和井筒轴向扩展，射孔段之间的次生裂缝扩展受到抑制。随流体注入量增加，主裂缝会直接贯穿井筒单排的三个孔眼。由于主裂缝的形态是非对称且与最大主应力方向有一定夹角，因此从 D_o 点到 E_o 点，井筒压力会有波动，但波动范围不大。随流体注入量增

加到 F_o 点，主裂缝向孔眼方向和井筒轴向持续扩展，且主裂缝在射孔段的连通区域进一步增大，即井筒两侧的主裂缝贯通后形成一条非平面主裂缝，该主裂缝扩展方向与最小主应力方向垂直。

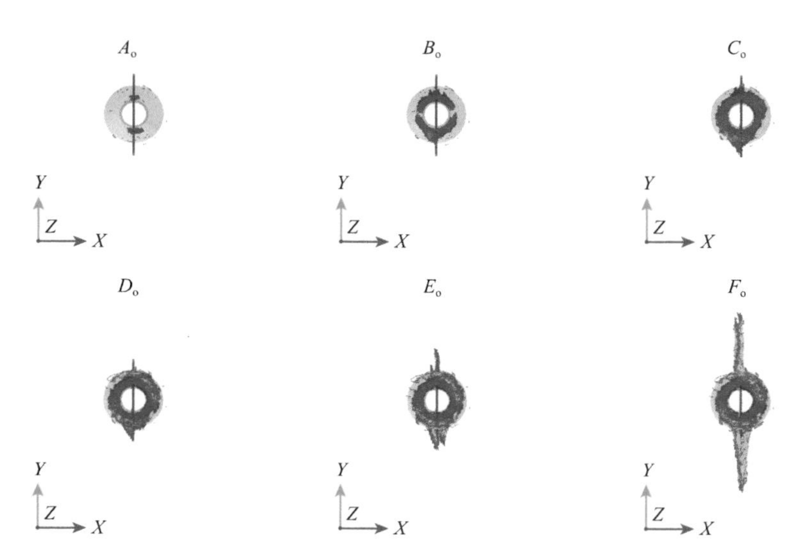

图 4.10　定向射孔模型裂缝起裂与扩展俯视图

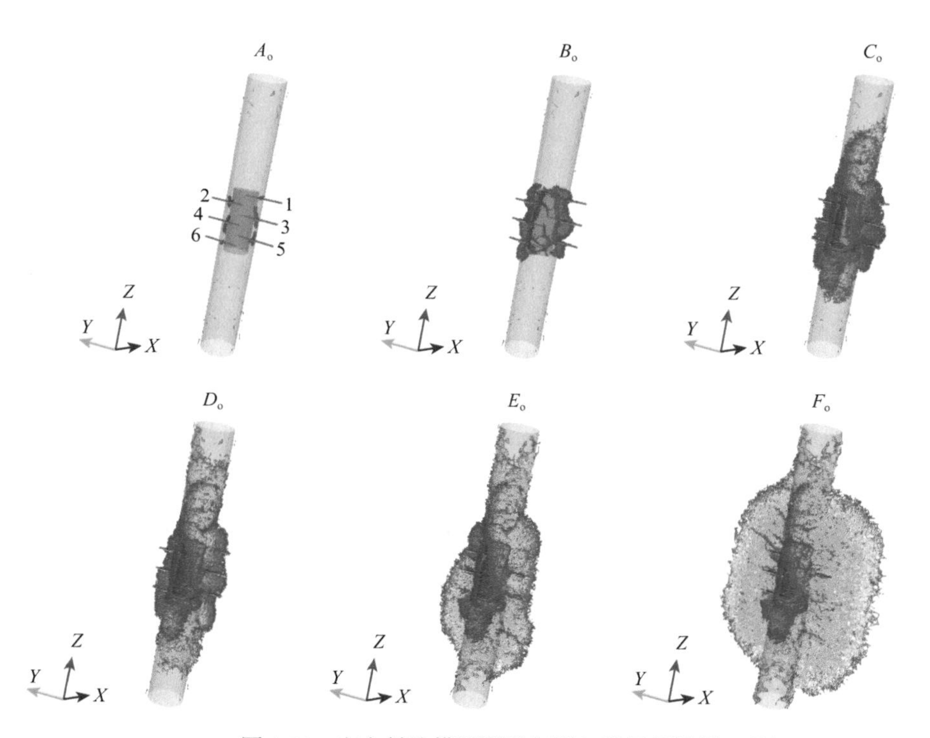

图 4.11　定向射孔模型裂缝起裂与扩展侧视图（Ⅰ）

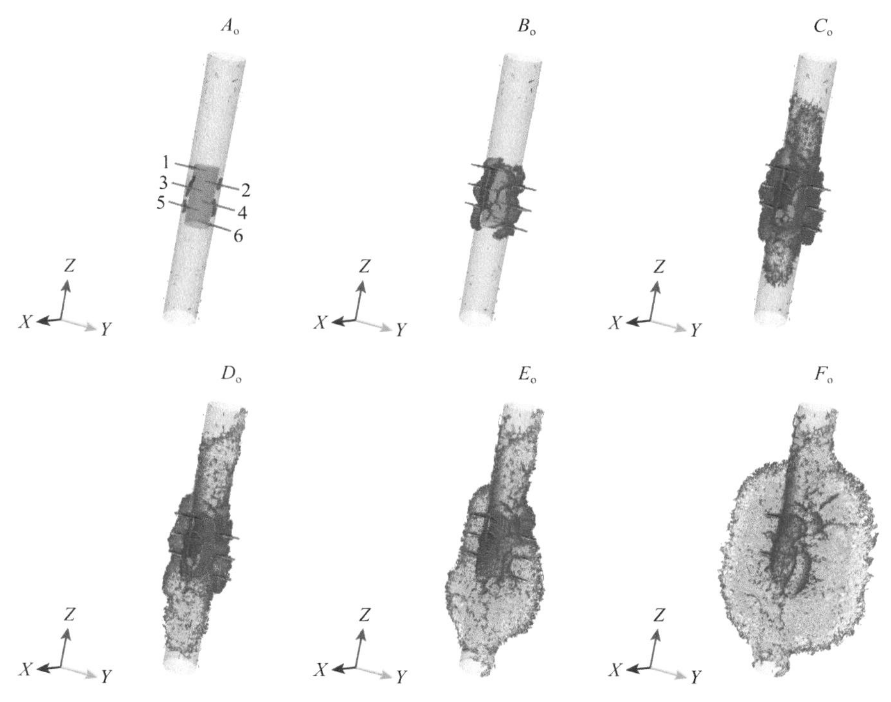

图 4.12 定向射孔模型裂缝起裂与扩展侧视图（Ⅱ）

为更深入地理解定向射孔的水力压裂起裂和主裂缝贯通过程，选择 A_o 状态、B_o 状态及 C_o 状态进行分析和讨论。图 4.13 为 A_o 状态时水力裂纹分布图，A_o 状态是达到破裂压力前的某个状态，该状态孔眼处产生了裂纹且孔眼之间的裂纹未连通。在定向射孔中，由于孔眼相位角是 180°，且射孔孔眼垂直于最小主应力方向。1 号、2 号、5 号和 6 号孔眼位于井筒两侧的顶部和底部射孔，即这些孔眼受孔间干扰较小，因此当流体压力上升到一定程度时，在 1 号、2 号、5 号孔眼处产生了多条裂纹，这些裂纹有水平裂纹、沿井筒轴向的裂纹以及与井筒轴向有夹角的裂纹等多种复杂形态，由于模型中网格分布有较小差异，因此在裂缝起裂阶段 6 号孔眼处产生的裂纹较少，但 6 号孔眼处的裂纹也有发展为多种复杂裂纹的趋势。3 号和 4 号孔眼位于射孔段中部，因此受孔眼间干扰最明显，诱导孔眼主要产生沿井筒方向扩展的裂纹，裂纹的延伸长度比其他孔眼处产生的裂纹长度更长。

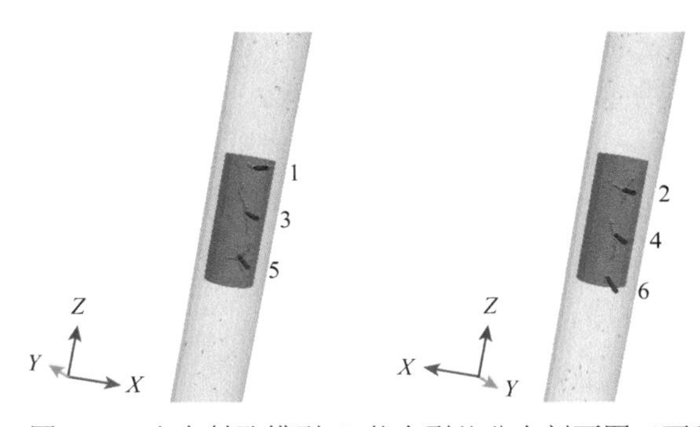

图 4.13 定向射孔模型 A_o 状态裂纹分布剖面图（两种视角）

图 4.14 为 B_o 状态的裂纹分布图。B_o 状态与 A_o 状态相比，裂缝扩展出现了分支裂缝和次生裂缝等非平面裂缝，因此其裂缝扩展过程更复杂。由于井筒压力增加，受孔眼间干扰较小的 1 号、2 号、5 号与 6 号孔眼，这些孔眼处的裂纹快速扩展，形成沿井筒壁面扩展的复杂分支裂缝和次生裂缝，相比 A_o 状态时这些裂缝在井筒径向扩展有增长但扩展较小。受孔眼间干扰较大的 3 号和 4 号孔眼，裂缝扩展中有次生裂缝产生但扩展较小，其主要沿井筒轴向和井眼方向扩展。由于 1 号和 5 号孔眼处的裂缝有沿井筒轴向的裂缝，该轴向裂缝会影响 3 号孔眼向 1 号和 5 号孔眼的延伸，导致 3 号孔眼处裂缝扩展与 1 号和 5 号孔眼之间的分支裂缝有连通，没有与孔眼直接连通。2 号孔眼处产生了沿井筒轴向的裂缝，因此 4 号孔眼处的裂缝延伸与 2 号孔眼的裂缝产生了连通，而 6 号孔眼处未产生沿井筒轴向的裂缝，即 4 号孔眼处的裂缝直接延伸到 6 号孔眼处的根部。在射孔段的上部区域，1 号孔眼处与 2 号孔眼处的分支裂缝与次生裂缝之间有相互连通的趋势，而在射孔段的下部区域，5 号与 6 号孔眼处也有同样的裂缝连通趋势。通过上述分析可知，在定向射孔作用下井筒压力达到破裂压力时，孔眼之间的连通形式与孔眼处产生的裂缝形态有关，而井筒两侧的裂缝在射孔段的顶部和底部会有相互连通的趋势，即若继续注入流体，井筒两侧裂缝会相互连通。

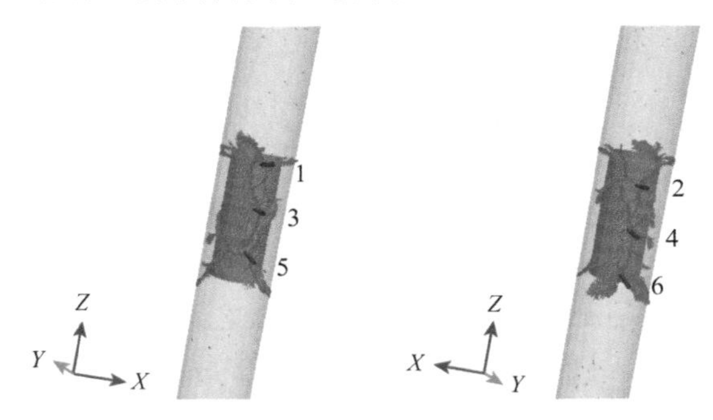

图 4.14　定向射孔模型 B_o 状态裂纹分布剖面图（两种视角）

井筒压力达到破裂压力后，压力将会降低，图 4.15 为压力初始下降到最低压力时 C_o 状态的裂缝分布图，与图 4.14 B_o 状态相比，C_o 状态在井筒两侧已经形成沿井筒轴向的主裂缝，这是因为在 B_o 状态后，3 号和 4 号孔眼的裂缝会迅速沿井筒轴向和径向扩展，并与其他孔眼的次生裂缝和分支裂缝相连接，由于孔眼对裂缝在井筒径向的扩展具有诱导作用，因此主裂缝会快速扩展到孔眼尖端。由于射孔段上部和下部的约束较少和井筒两侧主裂缝的形成，在 B_o 状态后，井筒两侧主裂缝沿井筒轴向扩展时会有次生裂缝连通，随着主裂缝沿井筒轴向扩展连通面积将逐渐增大，在射孔段上下部有微环隙裂纹产生且会绕井筒壁面迅速扩展。因此井筒压力将从破裂压力下降到最低压力 C_o 点，主裂缝沿井筒轴向传播，并延伸至射孔孔眼尖端，注入压力的下降主要是由于井筒外裂缝面的形成，其与螺旋射孔模型中 C_o 状态相似。

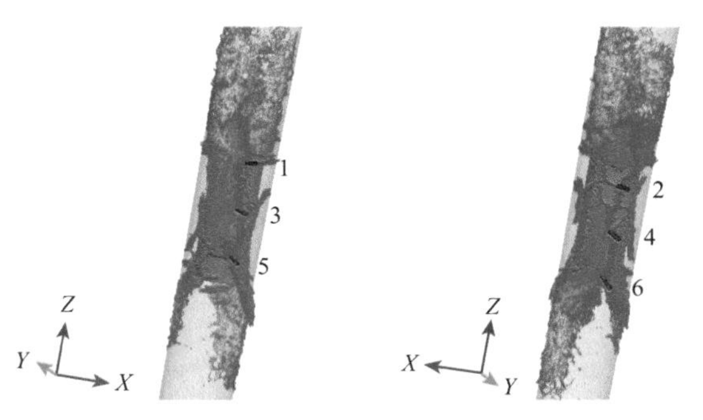

图 4.15　定向射孔模型 C_o 状态裂纹分布剖面图（两种视角）

4.2.3　Tristim 射孔模型

图 4.1（d）为 Tristim 射孔模型图，射孔孔眼方向与最小主应力垂直，应力边界条件与螺旋射孔边界条件一致。图 4.16 为 Tristim 射孔的井筒压力与时间曲线，由于 Tristim 射孔中单侧三个孔眼在射孔后连通为一个孔道，因此裂缝在初始起裂时与螺旋射孔和定向射孔相比更简单，即曲线中最大压力 A_t 点可直接作为水力裂缝扩展的起始描述点，并从曲线中选取 A_t 到 F_t 六个状态点描述水力压裂过程。当注入流体后井筒压力迅速上升到破裂压力 A_t 点（34.95MPa），在达到破裂压力后井筒压力快速降低到 B_t 点（23.05MPa），再上升到 C_t 点（26.01MPa），曲线中的井筒压力又一次降低到极小值 D_t 点（23.95MPa），压力再增长到 E_t 点（26.28MPa），最后井筒压力缓慢减小降低到 F_t 点（25.71MPa）。因此在只变化射孔条件而其他条件不变的情况下，Tristim 射孔的破裂压力低于定向射孔和螺旋射孔的破裂压力，Tristim 射孔的破裂压力比螺旋射孔的破裂压力降低了 15%。在曲线初始最低压力 B_t 点，该点井筒压力与螺旋射孔中初始最低压力 C_s 点以及定向射孔中初始最低压力 C_o 点很相近，且曲线延伸压力段与螺旋射孔和定向射孔延伸压力也相近。

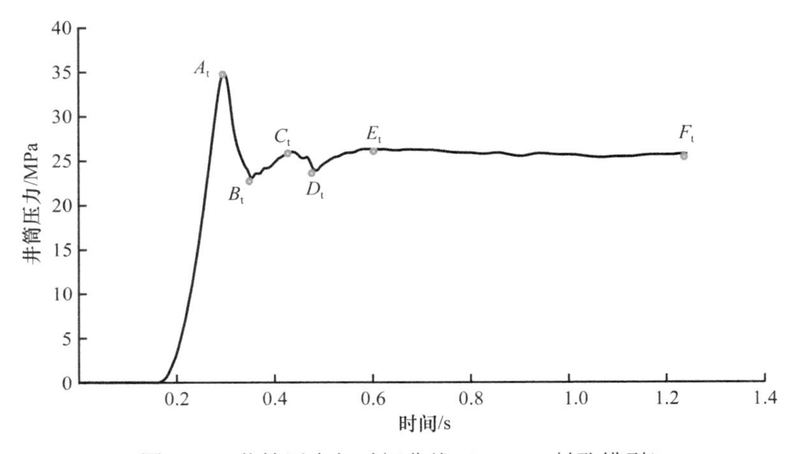

图 4.16　井筒压力与时间曲线（Tristim 射孔模型）

图 4.17 ～图 4.19 是 Tristim 射孔模型起裂和扩展的裂缝分布图，分别对应图 4.16 中井筒压力历史曲线的水力压裂六个状态点。Tristim 射孔模型在射孔后，井筒单侧的三个孔眼连通为一个孔道。从开始注入流体到井筒压力为 A_t 点时，井筒两侧的孔眼处

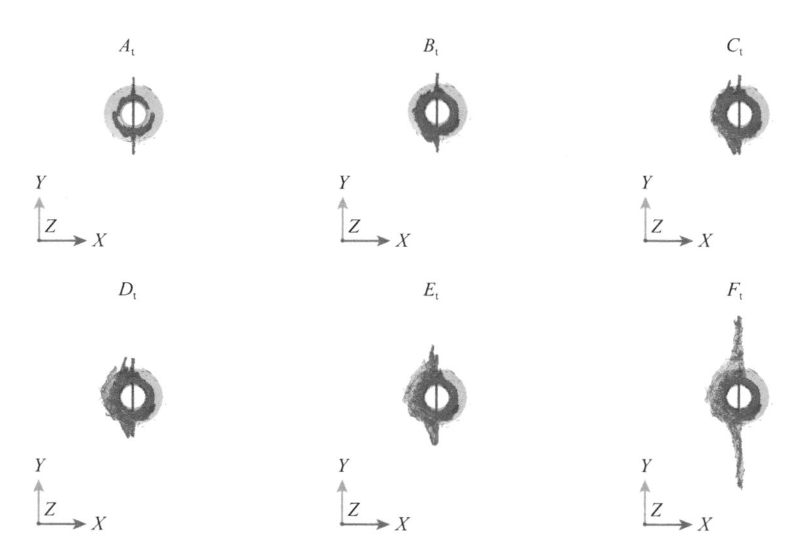

图 4.17　Tristim 射孔模型裂缝起裂与扩展俯视图

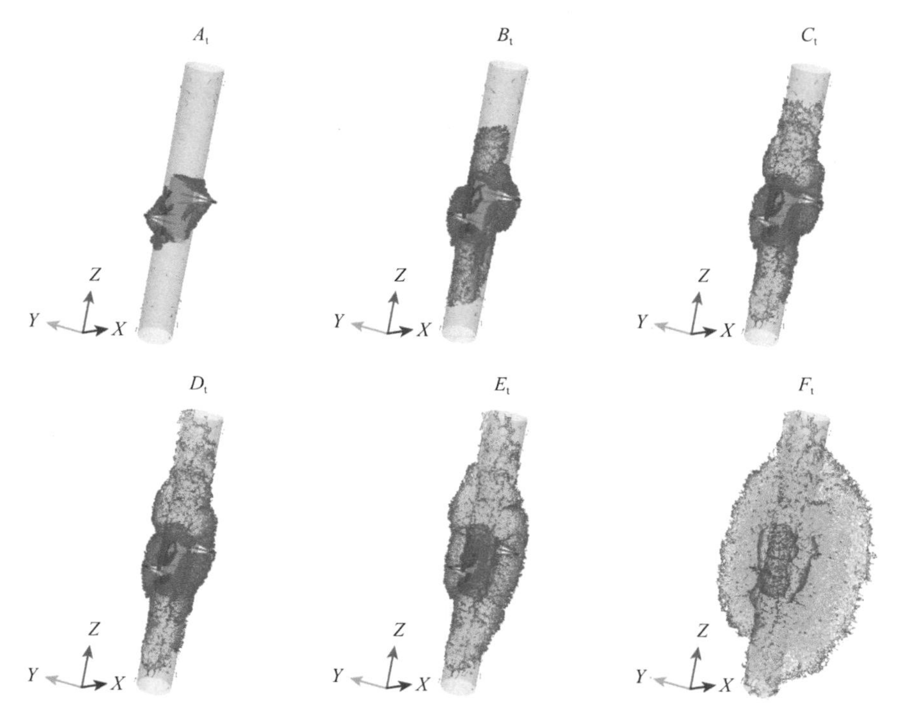

图 4.18　Tristim 射孔模型裂缝起裂与扩展侧视图（Ⅰ）

出现了沿井筒轴向和径向的非平面裂缝。当流体继续注入，井筒压力降低到 B_t 点时，裂缝会迅速扩展到孔眼尖端并发展为主裂缝，且还会产生绕井筒的微裂隙环，井筒两侧主裂缝在微环隙裂纹和次生裂纹作用下发生了贯通。井筒压力从 B_t 点增加到 C_t 点时，由于主裂缝扩展到孔眼尖端，主裂缝主要沿垂直于最小主应力方向的井筒轴向扩展，模型中网格节点是不均匀分布，因此主裂缝在射孔段上部出现了裂缝既向轴向也向井眼方向扩展，微环隙裂纹继续向井筒轴向快速扩展。由于射孔段上部裂缝的扩展，因此射孔段上部裂缝将与射孔段的裂缝合并，该过程裂缝快速增长，井筒压力从 C_t 点下降到 D_t 点。主裂缝沿井筒轴向扩展到一定长度后，将沿井眼方向扩展，但射孔井眼诱导裂缝向井筒径向扩展的影响较小，D_t 点的井筒压力较小，因此井筒压力在主裂缝扩展作用下会增长到 E_t 点，该阶段主裂缝将主要沿井筒轴向扩展。由于主裂缝扩展超过孔眼尖端，即主裂缝扩展主要受已产生裂缝的影响，孔眼的诱导作用可忽略，因此主裂缝的延伸将会稳定且逐渐趋于模型边界，井筒压力会稳定且缓慢地减小到 F_t 点。

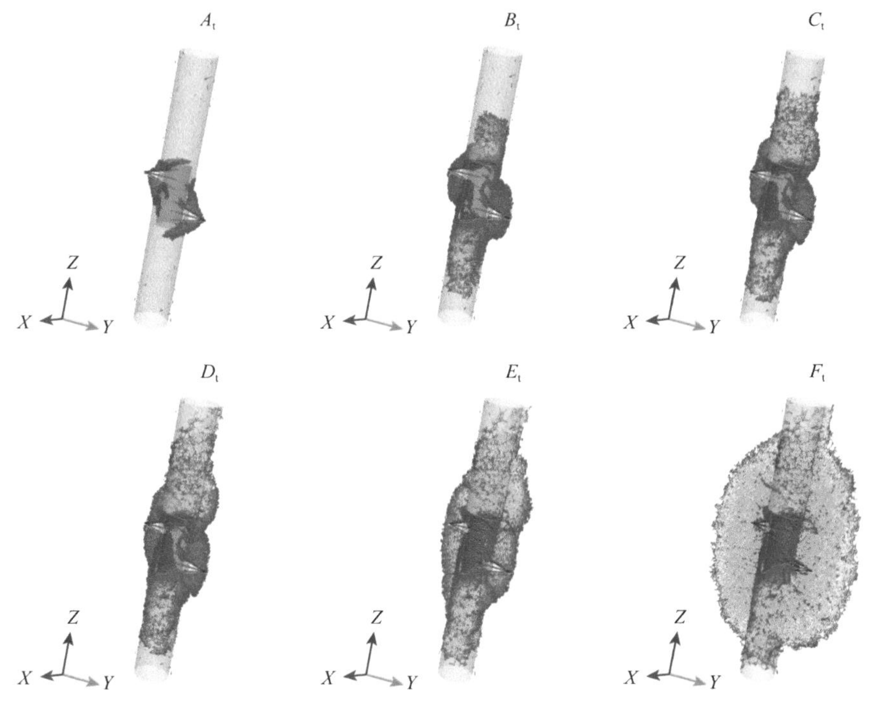

图 4.19 Tristim 射孔模型裂缝起裂与扩展侧视图（Ⅱ）

井筒单侧在射孔后连通为一个大孔道，即井筒之间的孔眼干扰较小，当井筒压力从 0 快速上升到峰值点 A_t 点即破裂压力点时，破裂压力大于最大主应力且射孔孔道对裂缝扩展具有诱导作用，因此井筒两侧的孔道处会出现沿井筒轴向和径向的裂纹，且还有分支裂缝和次生裂缝生成，但井筒两侧裂缝还未连通，如图 4.20 所示。随流体的注入，井筒压力逐渐升高到破裂压力的过程中，在初始时裂缝的产生主要受孔眼诱导作用影响，随着裂缝的延伸和裂缝开度的增加，裂缝扩展逐渐转变为受已有裂缝和孔眼诱导作用的耦合影响。

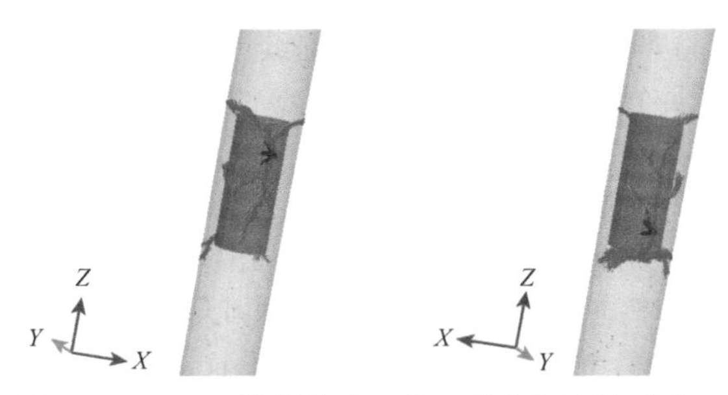

图 4.20 Tristim 射孔模型 A_t 状态裂纹分布剖面图（两种视角）

当井筒压力达到峰值时，进一步注入流体会使井筒两侧裂缝沿井筒轴向迅速扩展，形成状态为 B_t 的跨井筒裂缝，如图 4.21 所示。与前两种射孔模型相似，在井筒周围会产生大量的微环空裂缝。由于分支裂缝和次生裂缝与主裂缝或 $S_{h\max}$ 方向有一定的夹角，这些裂缝的扩展受到抑制。从 A_t 状态到 B_t 状态，井筒两侧主裂缝也沿径向延伸至孔眼尖端，射孔孔眼对裂缝扩展的诱导作用不再起关键作用。

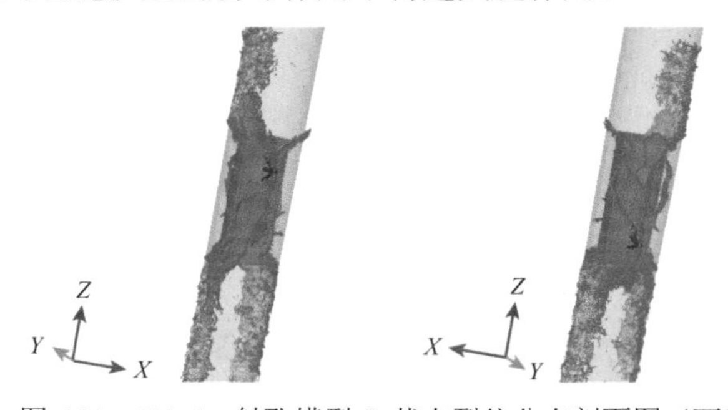

图 4.21 Tristim 射孔模型 B_t 状态裂纹分布剖面图（两种视角）

4.3 结果分析与讨论

4.3.1 不同射孔模型特征

数值模拟结果表明，水力裂缝的起裂和近井筒弯曲度受多种因素影响。在这三种射孔模型中，当开始注入流体后，每个射孔孔眼都会产生微裂纹，因此射孔孔眼对裂缝的起裂起着诱导作用，射孔孔眼与地应力的角度会进一步影响裂缝的扩展。螺旋射孔实验结果表明，垂直于 $S_{h\min}$ 方向的射孔孔眼处裂缝容易起裂，微裂纹增长较快，而与 $S_{h\min}$ 方向呈一定角度的其他射孔孔眼处裂缝扩展相对较慢，且不同射孔孔眼间的裂缝干扰对裂缝的扩展也有一定的影响。对于螺旋射孔模型和定向射孔模型，垂直于 $S_{h\min}$ 方向的顶部射孔孔眼受其他射孔孔眼的应力干扰较小，且该位置存在较多分支裂缝，而垂直于 $S_{h\min}$ 方向的中心射孔孔眼受周围孔眼之间的应力影响较大，只有沿井筒轴向的裂缝才会继续扩展。在 Tristim 射孔模型中，井筒一侧的孔眼连接为平行于 $S_{h\max}$ 方向的三角形射孔平面，不同射孔孔眼之间的裂缝起裂干扰较小，孔眼处有多条裂纹产生。

试样在同样的地应力条件下，三种射孔模型有不同的破裂压力值。三种射孔模型在压力峰值时均已出现复杂的裂缝形态，多条支裂缝与次生裂缝相互连通形成复杂的裂缝网络即非平面裂缝。在三种射孔模型中，螺旋射孔模型的破裂压力最大，裂缝复杂程度也最高。在注入压力达到峰值时，螺旋射孔模型中裂缝完全连通（图 4.7），而 Tristim 射孔模型中井筒两侧裂缝尚未连通（图 4.20）。因此，可以得出破裂压力的大小与注入压力峰值时产生的裂缝复杂程度有关。此外，地应力测量往往受到许多不确定因素的影响（Wileveau et al.，2007；Ma and Zoback，2017）。虽然螺旋射孔比其他两种射孔模型具有更高的破裂压力，但该模型能更灵活地适应可能变化方向的现场应力环境。

虽然三种射孔模型的破裂压力存在较大差异，但在压力破坏过程中存在一些共同的压裂特征。三种射孔模型在井筒外均形成了裂缝面，不仅沿井筒径向产生大量微环隙裂纹，而且在径向上形成了主裂缝的初始形态。这三种模型破裂压力后的初始最小压力（状态为 C_s、C_o 和 B_t）和延伸压力几乎相同。在相同的注入参数下，初始最小压力可能受到破裂后裂缝形态和地应力的影响，此时的延伸压力主要由地应力控制。

4.3.2 断裂韧度控制机制验证

在本书中，早期水力压裂结果（图 4.7）显示，三种射孔模型的射孔孔眼处均存在多个小的非平面裂缝。这些裂缝长宽比比较大，可视为平面应变 KGD 型裂缝（Khristianovic and Zheltov，1955）。对于平面应变水力裂缝，可以将不同的裂缝扩展状态制成矩形相图，如图 4.22 所示（Dontsov，2017）。对于早期平面应变水力压裂模型，可计算其 K_m 值，确定其传播规律。由于注入速率由许多小裂缝内分布的流体所构成，因此可以选取注入速率的一部分作为平面应变注入速率（Q_0）：

$$Q_0 = \frac{Q}{\gamma L_p} \tag{4.1}$$

式中，Q 为注入速率，L/s，这里为 0.265L/s；L_p 为射孔段的长度，m，这里为 0.3m；γ 为无量纲系数，这里为 7。

取水（1cP）和超临界二氧化碳（约 0.08cP）的黏度，可以计算出这两种注入流体的 K_m 分别为 2.55 和 4.81，如图 4.22 中 MK 边缘的蓝色和红色圆点表示。结果表明，以

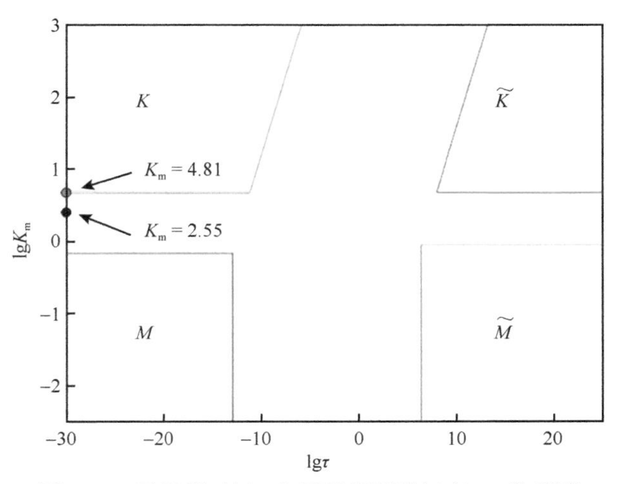

图 4.22 无量纲时间 τ 和无量纲断裂韧度 K_m 关系图

超临界二氧化碳为注入流体时，扩散体系属于断裂韧度控制，而以水为介质时则属于过渡区。此外，上述状态估计的断裂韧度（1.0MPa · $m^{0.5}$）为零应力状态，在围压状态不为零时有效断裂韧度会更大，本书取 1.5MPa · $m^{0.5}$ 作为本章地应力条件下的断裂韧度，即两种注入液的 K_m 分别为 3.84 和 7.21，因此前者将更接近断裂韧度控制机制中的临界值（K_m=4.8）。

4.3.3 与实验结果对比

定向射孔模型的数值模拟结果与相似的射孔模型室内实验结果吻合较好。采用了真三轴实验装置进行定向射孔水力压裂实验，室内实验装置详细资料见参考文献（Zhou et al.，2008）。井筒与垂直方向呈 45°，井筒轨迹与最小主应力 $S_{h\min}$ 方向平行。六个孔眼与最大主应力 $S_{h\max}$ 方向平行，与井筒垂直且对称分布在井筒两侧。在实验中使用的注入速率非常小以保证水力压裂属于断裂韧度控制机制中扩展，实验参数详见表 4.1。

表 4.1 定向射孔室内实验注射参数

参数	数值
试样尺寸/mm×mm×mm	400×400×400
井筒直径/mm	18
孔眼间距/mm	20
孔眼直径/mm	2
孔眼长度/mm	60
S_v、$S_{h\max}$、$S_{h\min}$/MPa	15、14、11.5
注入速率/（cm^3/min）	0.126
流体黏度/cP	2

如图 4.23（a），立方体试样在模具中进行浇注，而水力裂缝的几何形状如图 4.23（b）所示，可以清楚地识别水力裂缝为双翼形裂缝，其与数值模拟结果一致（Zhu et al.，

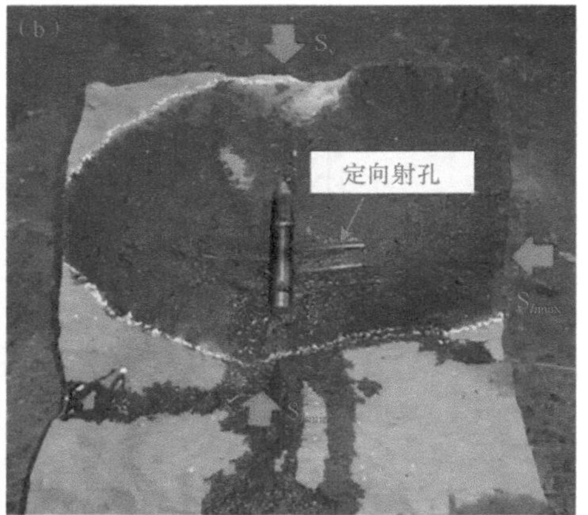

图 4.23 定向射孔水力压裂室内实验（Zhu et al.，2015）

（a）试样浇筑模型；（b）定向射孔中水力裂缝几何形状

2015）。室内实验中使用的注入速率极低，在破裂压力前压力坡度变缓，但是注入压力历史中也有破裂压力和延伸压力特征，如图 4.24 所示。

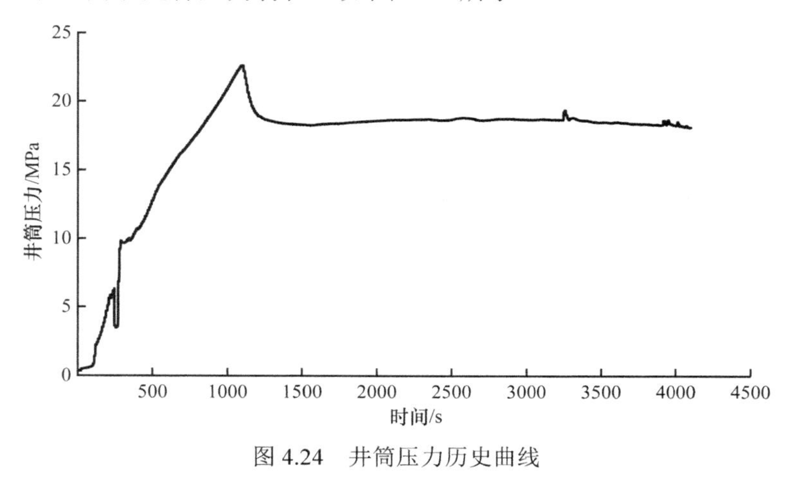

图 4.24　井筒压力历史曲线

4.4 本章小结

本章对不同射孔模型进行了水力裂缝起裂和近井筒区域裂缝扩展的三维离散格子建模，在走滑断层应力下垂直井筒中建立了螺旋射孔、定向射孔和 Tristim 射孔三种射孔模型，并对三种射孔模型进行了比较，假定模型扩展中属于断裂韧度控制机制中扩展，数值模拟结果表明：

（1）在流体注入早期阶段，三种射孔模型中近井筒区域裂缝形态非常复杂且不相同，但在流体注入末期，三种射孔模型均形成了平面径向水力裂缝。当流体开始注入，射孔孔眼会诱导微裂纹产生，但是之后裂缝扩展主要由孔眼与地应力方向的相对位置决定，与此同时，孔眼间应力会干扰裂缝的扩展。在模型参数和注入参数相同时，螺旋射孔模型中破裂压力最高，而 Tristim 射孔模型中破裂压力最低。在形成跨井筒裂纹面前，破裂压力的大小与裂缝复杂度有关。尽管三种模型的破裂压力不同，但三种模型的初始最低压力和延伸压力几乎相同。

（2）水力裂缝的起裂和裂缝在近井筒弯曲是一个复杂的多尺度地质力学问题，压裂过程受射孔模型、地应力、岩石力学参数等几个关键因素的影响。本章从井筒开挖、射孔、施加应力状态及水力压裂过程中非平面裂缝扩展进行了数值模拟研究，该研究为认识水力压裂过程中近井筒弯曲和非平面裂缝扩展提供了理论依据。

第5章

水力裂缝与天然裂缝的相互作用研究

研究水力裂缝穿越天然裂缝的行为对理解页岩气、致密气、煤层气等非常规资源开发中水力压裂的复杂性具有重要意义。具体来说，影响水力裂缝穿越行为的关键参数有很多，包括地应力条件、岩石的力学性质、天然裂缝特征、压裂液性质和注入参数等。这些参数和由此产生的裂缝间相互作用对裂缝内压力响应、裂缝系统的导流能力、支撑剂输送和微震响应等行为有很大影响。本章提出了一种离散连续混合数值方法来研究水力裂缝穿越天然裂缝时的行为。该方法首先建立一个离散单元模型，水力裂缝在该区域内扩展并与天然裂缝相互作用。该区域嵌入外部连续域中，以延长水力裂缝的长度并更好地降低边界效应。识别出裂缝在黏度主导的状态下开始扩展，并使用平面应变理论对水力裂缝数值解进行了校正。正交交叉的模拟结果表明，对于不同的应力比和摩擦系数，存在三种基本交叉情形：①无穿越，即水力裂缝被天然裂缝拦阻，形成 T 形交叉；②偏移穿越，即水力裂缝与天然裂缝存在偏置穿越；③直接穿越，即水力裂缝直接穿过天然裂缝，不存在偏置。每一种情况都与不同的净压力历史相关联。此外，还研究了岩石材料的强度比、刚度比以对水力裂缝与天然裂缝交角的影响。模拟表明，随着天然裂缝数量和范围的增加，压裂的复杂程度也会增加。在天然裂缝型储层改造过程中，水力裂缝扩展模式的复杂性，是复杂的交叉行为造成的。

5.1　离散-连续混合数值方法

5.1.1　模型描述

本节利用两个依泰斯卡公司的数值模拟软件：颗粒流软件（PFC）和连续快速拉格朗日分析软件（FLAC），分别进行离散元建模和连续体建模，模拟完全耦合的流体力学性质。PFC 是基于离散元法（Cundall and Strack，1979）的建模软件。离散元法是一种用颗粒和接触的集合来表示岩石的数值模拟方法。采用离散元法模拟岩石的微观行为，以接触的断裂表示岩石微观的破坏和破裂，当它们连通时将会表现为岩石破裂的真实宏观行为。离散元法在颗粒尺度模拟岩石的行为方面具有独特的优势，但是其计算效率不如连续介质计算方法（如有限差分法和有限单元法）。FLAC 是基于显式有限差分法的连续介质建模软件。为了获得更高的计算效率，本节采用离散-连续混合方法，即在相对较小的核心区域中采用 PFC 模拟，在其余的部分采用 FLAC 模拟。

模型设置如图 5.1 所示。图 5.1（a）中整个模型域是由 8m×10m 的矩形 FLAC 计算域和嵌入其中的 1m×0.5m 的 PFC 计算域组成。黑色实线表示 FLAC 网格，黄色矩形区域表示 PFC 计算域。水力裂缝从左边界的中间开始［图 5.1（a）中的红点表示注入点］，裂缝在 FLAC 计算域中沿着预设的裂缝路径进行水平方向的扩展，然后进入 PFC 中的计算区域。PFC 区域由 5173 个半径为 0.4 ～ 0.64mm 的圆盘状颗粒（二维）组成。采用平行接触模型来模拟颗粒尺度下的岩石行为（Potyondy and Cundall，2004）。在 PFC 计算域中预设一条（或者多条）天然裂缝，如图 5.1（b）所示。在 FLAC 计算域的左边界设置滑动边界条件，在其他三个边界上设置速度为零的边界条件。由于对称性，该模型仅展示出水力裂缝的右翼扩展。本模型原点设置在 PFC 计算域的中心，其距离左边界上的注射点 3m、距离右边界 5m，最大水平应力沿 x 方向。PFC 中并不需要预设裂缝扩展的方向，颗粒间胶结键的断裂引起水力裂缝的扩展。因此，模型在 PFC 中裂缝轨迹是由应力和与天然裂缝之间的相互作用决定的。

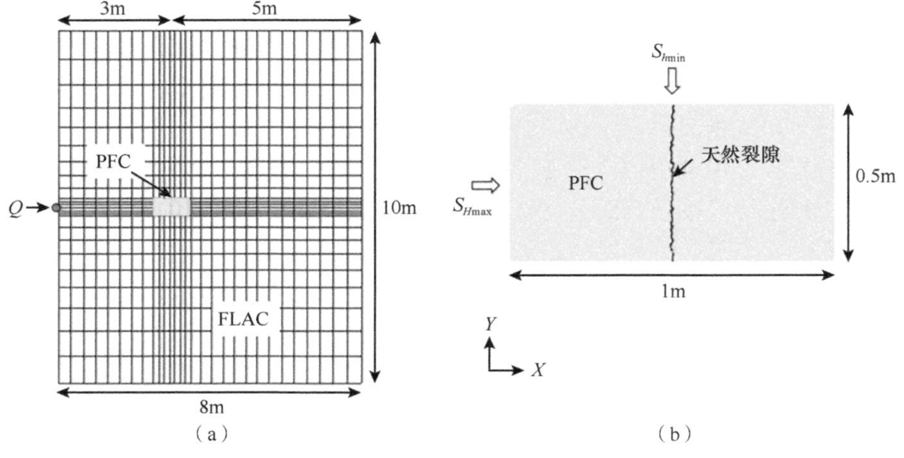

图 5.1　模型设置

（a）离散-连续体混合模型的模拟计算域，其中黄色矩形表示 PFC 中的颗粒集合，黑色实线表示 FLAC 中的网格；（b）具有贯穿竖向天然裂缝的 PFC 计算域

5.1.2　模型验证

为了检验混合模型的准确性，首先在完整岩石（即在 PFC 域中没有设置天然裂缝）中进行了水力压裂模拟。表 5.1 中给出了 PFC 模型的力学性质。最大、最小的水平应力（$S_{H\max}$ 和 $S_{h\min}$）分别设置为 22MPa、20MPa。设置初始孔压为 10MPa，注入速率为 Q=0.0015m^2/s（二维），流体的黏度系数为 η=10cP。本节中的其他情况也采用相同的注入速率和流体黏度系数。

表 5.1　PFC 中岩石材料的力学性能

力学性能	取值
弹性模量 E/GPa	19.4
泊松比 ν	0.24
单轴抗拉 σ_t/MPa	5.3
单轴抗压 σ_c/MPa	19.0
断裂韧度 K_{Ic}/(MPa · m$^{0.5}$)	1.20

图 5.2 显示了在时刻 t_0=1.7566s 时，水力裂缝贯穿整个 PFC 域时的几何形态。红点表示流体压力的大小，这些点也展示了水力裂缝的路径。尽管在裂缝路径上存在一定的局部误差，但是裂缝主要沿着 $S_{H\max}$ 方向扩展。

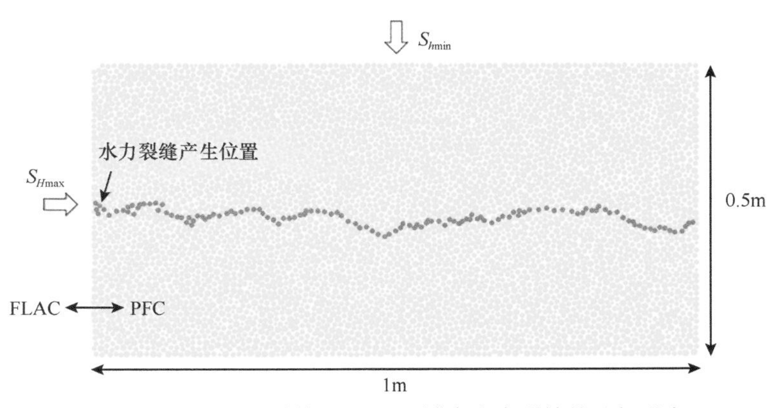

图 5.2 无天然裂缝情况下 PFC 域中水力裂缝的几何形态

为了验证混合模型的准确性，将模拟所得的计算结果与 KGD（Hu and Garagash，2010；Dontsov，2017）模型的参考解进行比较。首先必须确定裂缝扩展特性，在没有流体滤失的情况下，确定平面应变裂缝扩展区域的参数为

$$K_{\mathrm{m}}=\sqrt{\frac{32}{\pi}}\left[\frac{K_{\mathrm{Ic}}^{4}\left(1-\nu^{2}\right)^{3}}{24\eta E^{3}Q}\right]^{1/4}=0.51 \tag{5.1}$$

由于 $K_{\mathrm{m}}<0.70$，所以裂缝将会在黏性控制区域下扩展（误差小于 1%）。图 5.3 中的黑色实线展示了在时刻 t_0=1.7566s 时的 KGD 解。值得注意的是，图 5.3 中的坐标原点与 PFC 域的中心重合。在注入点处的裂缝宽度和裂缝长度分别为

$$w(0,t_0)=1.00\mathrm{mm},\qquad L(t_0)=3.66\mathrm{m} \tag{5.2}$$

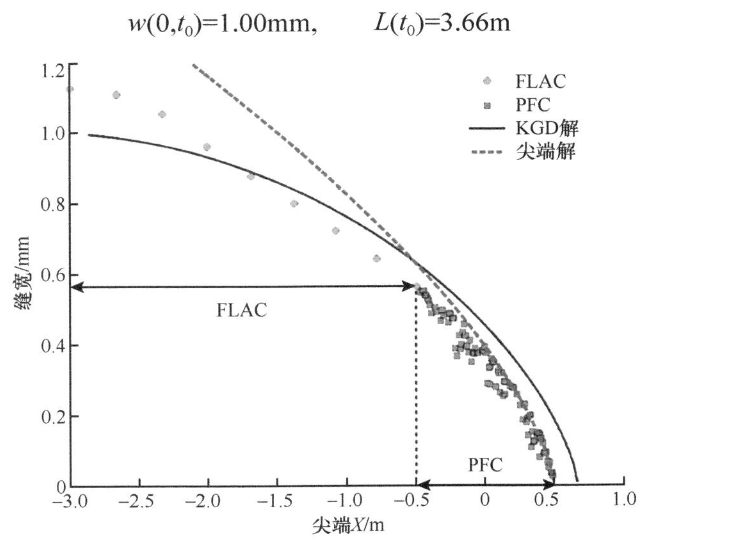

图 5.3 裂缝宽度沿水平裂缝平面的分布

运用 FLAC-PFC 混合数值模型计算所得的注入点处的裂缝宽度和裂缝长度分别是 1.13mm 和 3.5m。与 KGD 模型参考解相比，裂缝宽度偏大 13%，裂缝长度偏小 4.6%。尽管数值差异相对较小，但是很显然，裂缝的形状并不完全与参考解匹配。在早期解

中，整个裂缝都在 FLAC 区域内，与之相比可以发现裂缝断裂韧度的表观值大于规定值。结果表明，在进入 PFC 域之前，裂缝在断裂韧性区域扩展，导致裂缝宽度偏大，裂缝长度偏小。因此，在进入 PFC 域之后，裂缝将会改变其形态以适应断裂韧度的不匹配。于是，FLAC-PFC 耦合解和 KGD 解存在差异的原因可能是在裂缝穿过 FLAC 和 PFC 之间的边界时没有平滑过渡，因此在取样时还没有完全转变为黏性解。

为了进一步检验混合方法获得的解，图 5.3 中的蓝色虚线表示裂缝在黏性控制区域以某一恒定速度扩展的裂缝解，称为尖端渐进解（Garagash et al.，2011；Dontsov and Peirce，2015），其计算公式为

$$w(s)=\beta_{\mathrm{m}}\left[\frac{12\eta V\left(1-\nu^{2}\right)}{E}\right]^{\frac{1}{3}}s^{2/3},\quad \beta_{\mathrm{m}}=2^{1/3}3^{5/6} \tag{5.3}$$

式中，s 为距裂缝尖端的距离；β_{m} 为系数；η 为流体黏度；ν 为泊松比；E 为弹性模量；V=1.39m/s 是裂缝尖端的速度，裂缝尖端速度是通过对裂缝长度 $L(t)$ 求微分得到的。FLAC-PFC 耦合的计算结果在尖端区域明显地符合该尖端解。这表明，混合方法能够求出逼近黏性尖端渐进线的结果，并且可以得到裂缝主要在黏性主导区域扩展的结论。另外，由于裂缝穿越主要受裂缝尖端的影响，鉴于图 5.4 中结果显示裂缝在尖端有较好的一致性，混合数值解和黏性控制区域下的 KGD 解的微小差异就显得没那么重要了。

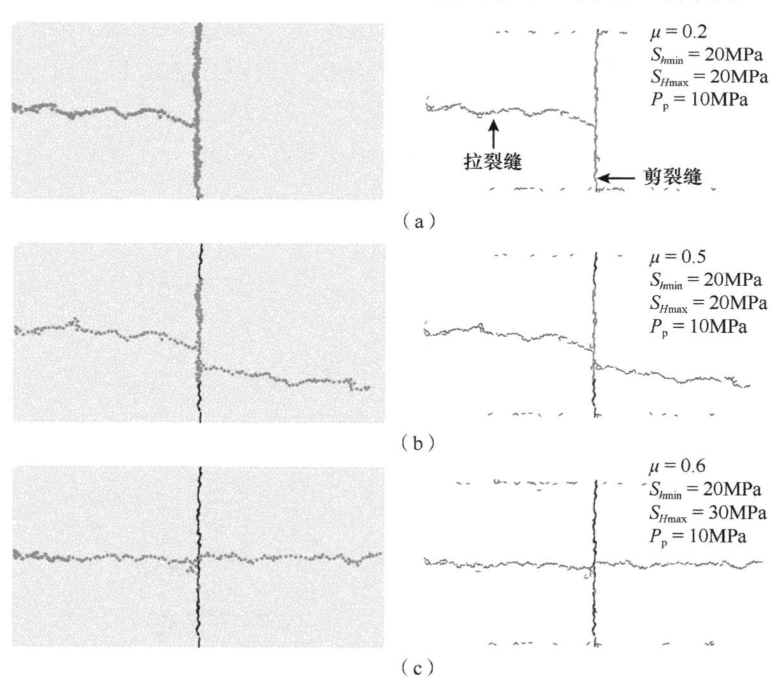

图 5.4　对于不同应力比 $S_{H\max}/S_{h\min}$ 和天然裂缝摩擦系数，水力裂缝和正交天然裂缝之间的三种作用

（a）未穿越，即 T 形交叉；（b）偏移穿越，即穿越存在一定的偏移；（c）直接穿越。红点表示沿着裂缝孔压增大的区域，黑线表示天然裂缝。蓝色部分表示张拉微裂缝，洋红色部分表示剪切微裂缝

5.2 水力裂缝与天然裂缝正交穿越

5.2.1 应力比和天然裂缝摩擦性质的影响

正交穿越是指天然裂缝垂直于 $S_{H\max}$ 方向并且贯穿了整个 PFC 域的情况，如图 5.3 所示。水力压裂裂缝与天然裂缝所形成的交角可以达到 90°。为了研究应力比和天然裂缝摩擦性质的影响，本小节选取了 4 个应力比（$S_{H\max}/S_{h\min}$=20MPa/22MPa、22MPa/20MPa、26MPa/20MPa、30MPa/20MPa）以及 5 个天然裂缝的摩擦系数（μ=0.2、0.4、0.5、0.6、0.8）。通过改变这两个参数，总共进行了 4×5=20 组模拟试验。当孔压为 10MPa 时，两个有效主应力之比相对应地变成 1.0、1.2、1.6 及 2.0。

图 5.4 展示了从 20 个模拟试验中总结出的三种水力裂缝正交穿越天然裂缝的类型。第一种穿越形式称为“未穿越”，如图 5.4（a）所示。红点表示沿着裂缝孔隙压力增大的区域，黑线表示初始不渗透的天然裂缝。可以看出，在这种情况下水力裂缝不会穿过天然裂缝，但是会形成 T 形交叉。由张拉微裂缝（蓝色部分）形成的水力裂缝在与天然裂缝相交后被阻断。由于和水力裂缝的相互作用，天然裂缝滑动并形成了以剪切为主的微裂缝［图 5.4（a）中的洋红色部分］。可以注意到，尽管表征完整岩石的颗粒接触和表征天然裂缝的光滑节理接触都能够发生张拉破坏和剪切破坏，但是每一种接触类型只有一种主要的破坏模式。第二种穿越形式称为“偏移穿越”，如图 5.4（b）所示。初始阶段水力裂缝形成 T 形交叉，但是最终会穿过天然裂缝，并且前后两条裂缝有一定偏移。破坏图中清楚地显示出水力裂缝的新起点与原裂缝相比沿天然裂缝有一个偏移距离。天然裂缝只有一部分以剪切形式破坏。第三种穿越形式称为“直接穿越”，如图 5.4（c）所示。水力裂缝穿过天然裂缝，并不沿天然裂缝转向。由于与天然裂缝的弹性相互作用，水力裂缝发生变形，并且不会产生微裂缝。值得注意的是，在连续区和离散区之间的边界产生了较少的拉裂缝，这是交界面处的数值噪声引起的，由于这些裂缝的尺寸很小，这些数值噪声不会影响数值模拟的主要结论。

图 5.5 总结了不同应力比和天然裂缝摩擦系数下的 20 个正交穿越情况的结果，每一种情况都可以归为上述三种穿越情况之一。图中这 20 种情况形成了一个 4×5 的矩阵。随着摩擦系数或者应力比的增大，穿越模式经历了从未穿越到偏移穿越再到直接穿越的渐变过程。

Renshaw 和 Pollard（1995）提出裂缝穿越形式受到外加应力、岩石的抗拉强度及天然裂缝摩擦系数的控制，我们将模拟结果与其提出的穿越形式进行了比较，可以用式（5.4）表达，并且在图 5.5 中用红线绘制：

$$\frac{-\sigma_1}{T_0-\sigma_3}>\frac{0.35+\dfrac{0.35}{\mu}}{1.06} \tag{5.4}$$

式中，σ_1 和 σ_3 分别为最大主应力和最小主应力；T_0 为岩石的抗拉强度；μ 为天然裂缝摩擦系数。模拟得到的结果与公式预测的穿越准则很好地吻合。

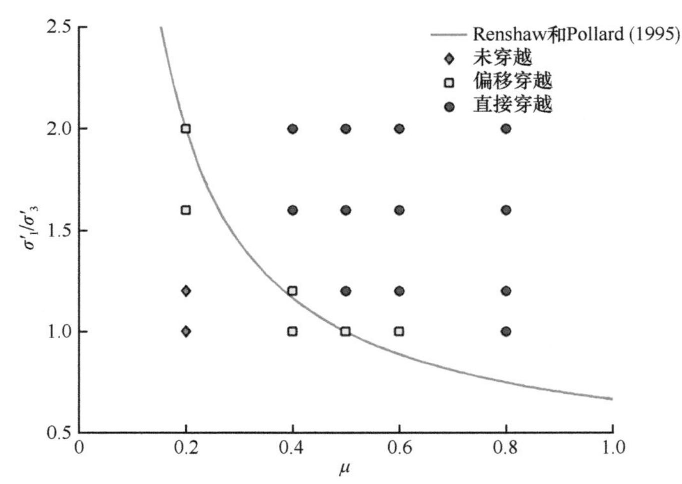

图 5.5　不同应力比和天然裂缝摩擦系数条件下 20 个正交穿越的结果

红线为文献（Renshaw and Pollard，1995）中提到的穿越临界线

图 5.6 显示了图 5.4 中所示的三种典型情况下，在 PFC 域中的净压力历史与裂缝尖端位置之间的关系。尽管模拟结果显示孔压有一定的振荡，但是对于每一种穿越情况，当水力裂缝到达天然裂缝之后孔压都有不同的演变，并且可以清楚地区别出每一种孔压变化的模式。对于未穿越的情况，当水力裂缝被天然裂缝阻挡后，净压力持续增加。对于偏移穿越的情况，净压力先增大后减小，这是由于水力裂缝最终还是穿过了天然裂缝。对于直接穿越的情况，天然裂缝对净压力的影响最小，并且净压力在穿过前后基本相等（约为 1.5MPa）。这种压力的变化对解释现场注入压力有一定的帮助：净压力的急剧增加表明水力裂缝可能被天然裂缝阻挡，并且没有发生穿越。此外，如果净压力突然下降有可能表示水力裂缝突破了一条天然裂缝。

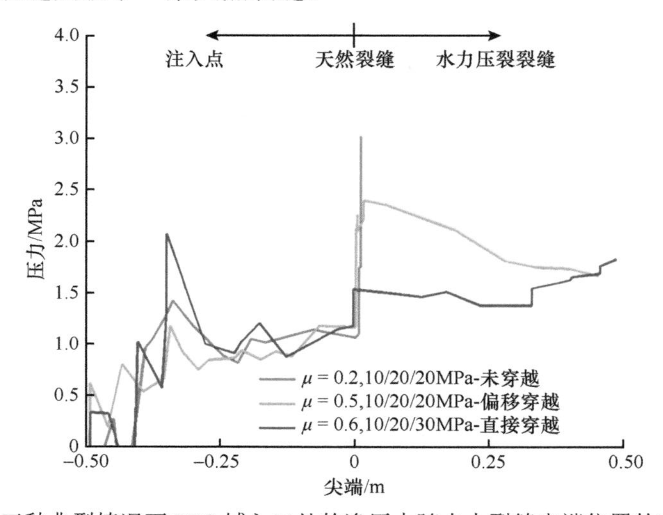

图 5.6　三种典型情况下 PFC 域入口处的净压力随水力裂缝尖端位置的变化关系

图 5.7 描绘了 PFC 域中三种典型情况下水力裂缝尖端位置随时间的关系。对于未穿越的情况，水力裂缝尖端在遇到天然裂缝之前连续增长，但在遇到天然裂缝后停止增长。对于偏移穿越的情况，水力裂缝偏移穿过天然裂缝之后，水力裂缝尖端恢复增长。对于直接穿越的情况，水力裂缝尖端在整个穿越过程中基本呈连续增长。

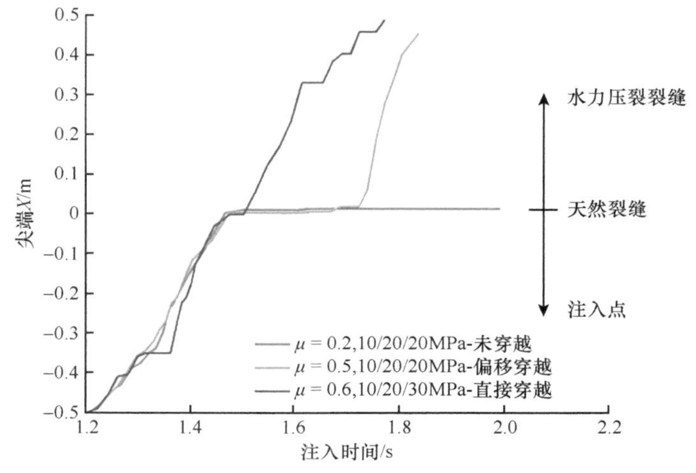

图 5.7 三种典型情况下裂缝尖端位置随时间的变化关系

水力裂缝扩展过程中的剪切变形会影响水力裂缝的宽度，从而也会对支撑剂的运输路径产生影响。图 5.8 展示了图 5.4（b）所示的偏移穿越情况下水力裂缝和天然裂缝的宽度，比色刻度尺和线条的粗细都表示了裂缝宽度。图中显示破坏的天然裂缝宽度要小于与天然裂缝相交处的水力裂缝的宽度。如此一来，天然裂缝可能会成为支撑剂运输路径上的“颈缩点”。支撑剂被迫进入这些“颈缩点”将会导致局部筛分和流体压力的进一步增加。但是，在实际情况中，由于在三维空间中流体和支撑剂的运输有其他路径，这种颈缩作用的影响可能会比较小。

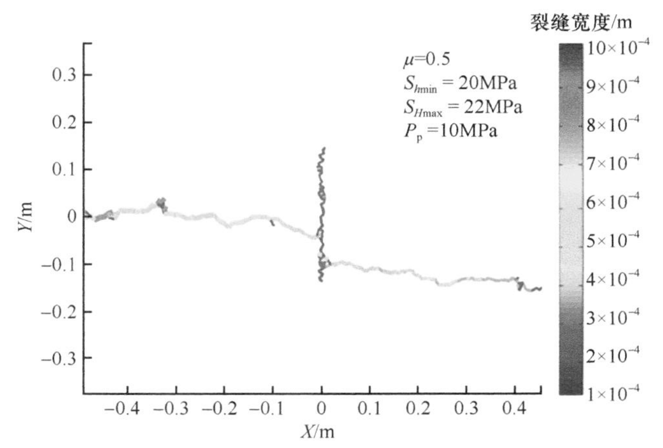

图 5.8 偏移穿越情况下水力裂缝和天然裂缝的宽度

比色刻度尺和线宽都表示裂缝宽度

5.2.2 强度比的影响

如图 5.9 所示，为了研究水力裂缝穿越两种不同强度材料之间界面的行为，我们进行了三组模拟试验。天然裂缝左右强度比从 2 逐渐降低到 0.5，其中，左侧材料的强度是固定的，如表 5.1 中所列，即 $\sigma_t=\sigma_1$，而右侧材料的强度 $\sigma_t=\sigma_2$ 是变化的。应当注意，根据

$$K_I \sim \sigma_t \sqrt{\pi R} \tag{5.5}$$

拉伸强度比与断裂韧性比直接相关。两侧材料的弹性模量、泊松比等弹性性质保持不变。如图 5.9 所示，增加右侧材料的强度会增加天然裂缝的阻挡性，水力裂缝发生偏移穿越；而降低右侧材料的强度有利于水力裂缝直接穿越天然裂缝。随着右侧材料强度的增加，穿越情况从直接穿越变为偏移穿越。这一结果是在预期之中的，因为右侧强度的增加导致天然裂缝右侧的裂缝尖端有了额外的阻力。这里有另一个有趣的现象：在穿越之后，裂缝并没有沿 $S_{H\max}$ 方向扩展。这可能是由于沿界面的剪切破坏引起了显著的应力变化，这个变化与最大主应力和最小主应力之差相当。

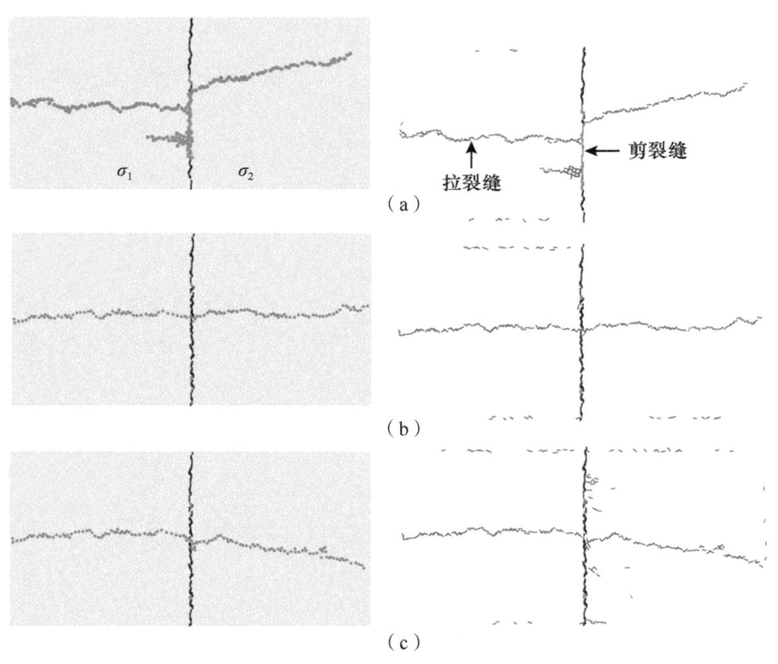

图 5.9　不同强度比时水力裂缝剖面图

（a）强度比 1∶2；（b）强度比 1∶1；（c）强度比 1∶0.5。其中 μ=0.5 和 $S_{H\max}/S_{h\min}$=22/20MPa

图 5.10 描绘了在三种不同强度比的情况下，PFC 域中的净压力与水力裂缝尖端位置的关系。对于从低强度到高强度的穿越情况，随着水力裂缝进入高强度材料，净压力增加到 3.5MPa 以上（是 1∶1 强度比时净压力的两倍多）。如图 5.9（a）所示，高净压力也会导致裂缝回侵到低强度材料中。对于从高强度到低强度的穿越情况，净压力略小于强度比为 1∶1 的情况，表明穿越界面的断裂阻力较低。图 5.11 描绘了三种不同强

度比的情况下，PFC 域中的水力裂缝尖端位置与注入时间的关系。增加右侧材料的强度显著增加了水力裂缝的穿越时间，而降低右侧材料的强度仅会略微缩短水力裂缝的扩展时间。

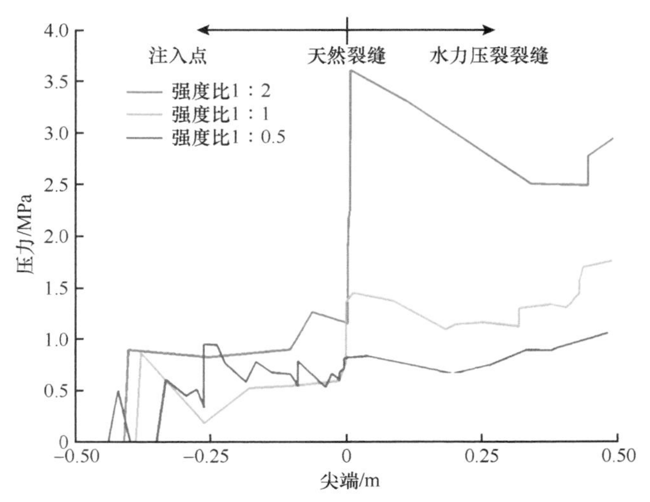

图 5.10　不同强度比时 PFC 域中的净压力与水力裂缝尖端位置的关系

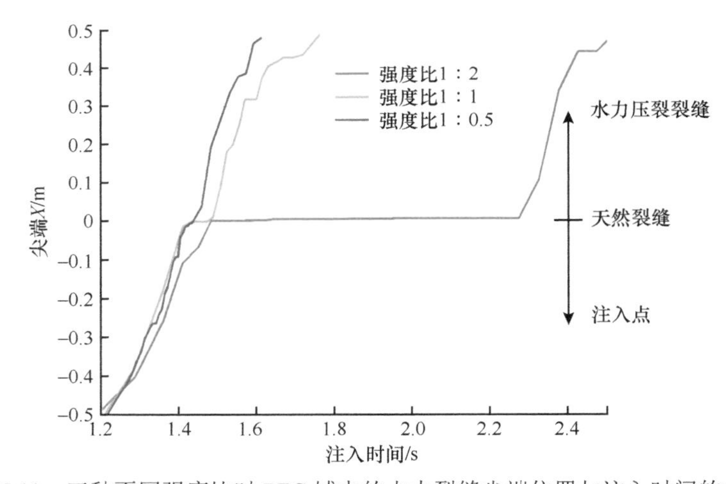

图 5.11　三种不同强度比时 PFC 域中的水力裂缝尖端位置与注入时间的关系

5.2.3　刚度比的影响

如图 5.12 所示，为了研究水力裂缝穿越两种不同刚度的材料之间界面的行为，我们进行了三组模拟实验。左侧材料的刚度是固定的，弹性性质（杨氏模量和泊松比）为表 5.1 中的值，即 $E=E_1$，而右侧材料的刚度 $E=E_2$ 有所变化，左右刚度比从 2 逐渐降低到 0.5，左右两侧的材料强度保持不变。

如图 5.12 所示，无论刚度比如何变化，所有情况下都是水力裂缝直接穿越天然裂缝。对于高刚度向低刚度的穿越情况，从图 5.13 中的净压力与水力裂缝尖端位置的关系图可以看出，水力裂缝到达天然裂缝之前，净压力逐渐增大，进入低刚度材料后，净压力

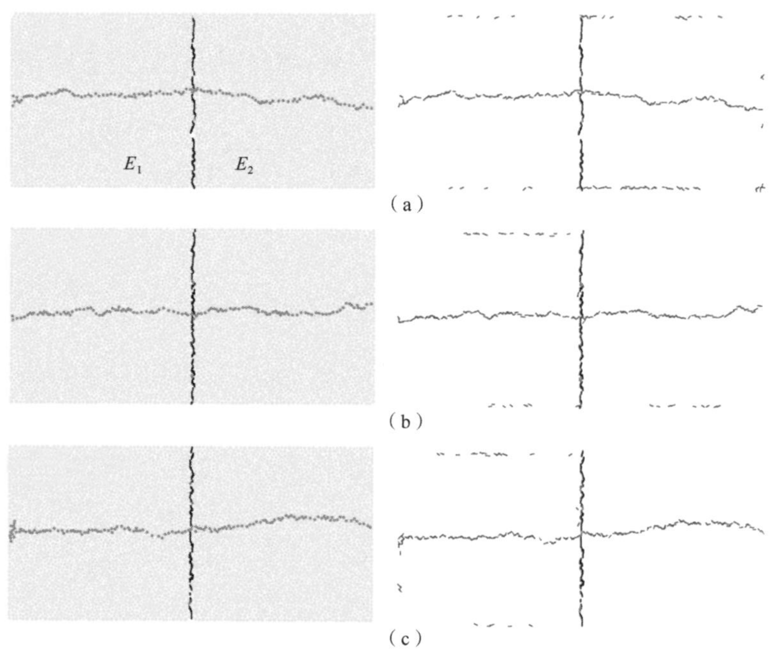

图 5.12　不同刚度比时水力裂缝剖面图

（a）刚度比 1∶2；（b）刚度比 1∶1；（c）刚度比 1∶0.5。其中 μ=0.5 和 $S_{H\max}/S_{h\min}$=22/20MPa

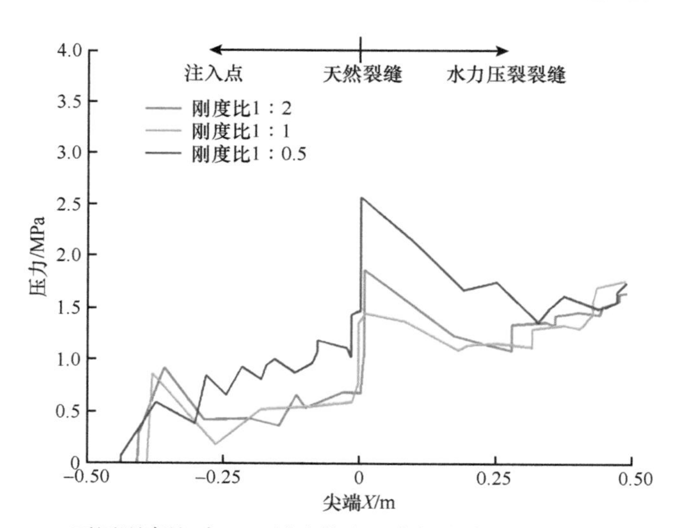

图 5.13　不同刚度比时 PFC 域中的净压力与水力裂缝尖端位置的关系

逐渐减小。对于低刚度向高刚度的穿越情况，净压力特征与刚度比为 1∶1 的情况相似。图 5.14 中的水力裂缝尖端位置与注入时间的关系图还表明，对于高刚度向低刚度的穿越情况，水力裂缝的扩展会出现明显的停滞。这可能是因为对于被阻断的裂缝（断裂韧性控制区域），近尖端裂缝宽度与断裂韧性和弹性模量之比成正比。一旦裂缝扩展到较软的材料，上述比例就会增加，这相当于在相同的弹性模量下增加断裂韧性。于是，水力裂缝被阻断，直到裂缝宽度足够大以适应这种变化，裂缝进一步扩展。上述论点仅适用于无天然裂缝和裂缝穿越较软材料之前的情况。

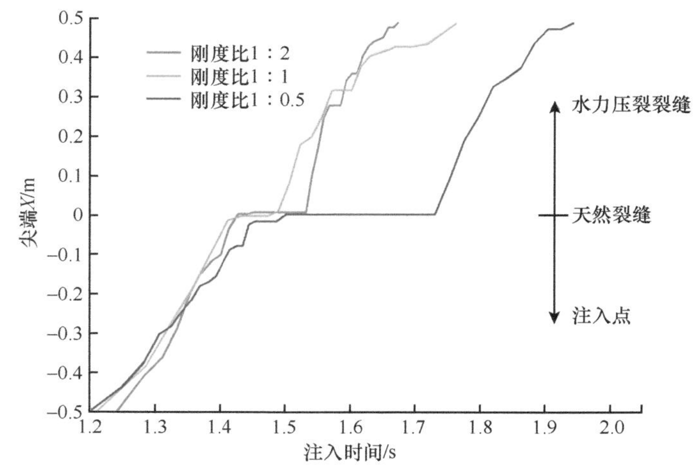

图 5.14　不同刚度比时 PFC 域中的水力裂缝尖端位置与注入时间的关系

结果表明，虽然刚度比（高达 4 倍的差异）可能不会影响水力裂缝的整体穿越行为，但会导致压力分布出现显著差异。例如，对于水力裂缝从较高刚度层进入较低刚度层的情况，净压力会在裂缝继续扩展之前累积。然而，净压力的增加并没有在天然裂缝上形成 T 形交叉，这表明在天然裂缝上几乎没有滑动或剪切破坏发生。

裂缝初始在黏性控制区域中传播，同时，图 5.7、图 5.11 和图 5.14 表明，裂缝的扩展可以被天然裂缝阻止，在这种情况下，尖端行为可以被认为是断裂韧性控制。为避免混淆，应注意的是，裂缝扩展控制区域的定义仅适用于裂缝在完整材料中扩展的情况（图 5.7、图 5.11 和图 5.14 并非如此）。因此，黏性控制区域裂缝扩展的结论只适用于穿越前的水力裂缝扩展，而不能应用于与天然裂缝相互作用的裂缝扩展阶段。

5.3　水力裂缝与天然裂缝非正交穿越

本节考虑一条天然裂缝与 $S_{H\max}$ 方向夹角小于 90° 的情况（即非正交穿越）。从图 5.5 中选择两个直接穿越的例子来探究交叉角度的影响。第一个例子：μ=0.5，$S_{H\max}/S_{h\min}$=22/20MPa，对应于图 5.5 中的穿越临界线附近；第二个例子：μ=0.8，$S_{H\max}/S_{h\min}$=22/20MPa，对应于图 5.5 中的远离穿越临界线处。这两个例子中的交叉角 β 从 90° 每隔 15° 逐渐下降，直到水力裂缝无法穿越天然裂缝。

图 5.15 展示了第一个例子中交叉角为 90° 和 75° 时的水力裂缝穿越行为。当交叉角从 90° 下降到 75° 时，水力裂缝从直接穿越天然裂缝到无法穿越，并且水力裂缝沿天然裂缝向下扩展。由于在天然裂缝上方受到更大的压应力，所以水力裂缝并没有沿天然裂缝向上扩展。由于天然裂缝上下两侧阻力的不同，很难在非正交天然裂缝中观察到 T 形交叉，因此，如果水力裂缝沿天然裂缝扩展时，它将沿最小的阻力路径形成钝角扩展形式。

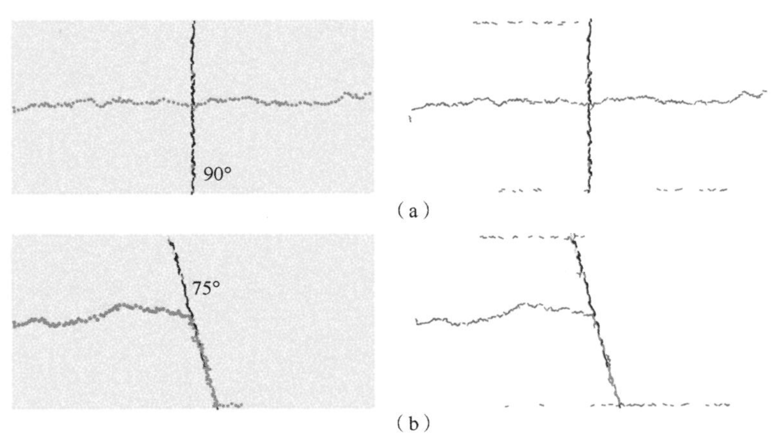

图 5.15　两个交叉角下水力裂缝剖面图

（a）β=90°；（b）β=75°，其中 μ=0.5 和 $S_{H\max}/S_{h\min}$=22/20MPa

图 5.16 显示了在第二个例子中五个不同交叉角下水力裂缝穿越行为。可以看出，随着交叉角的减小，水力裂缝穿越行为由 β=90° 和 75° 时的直接穿越转变为 β=60° 和 45° 时的偏移穿越，再到 β=30° 时的未穿越。

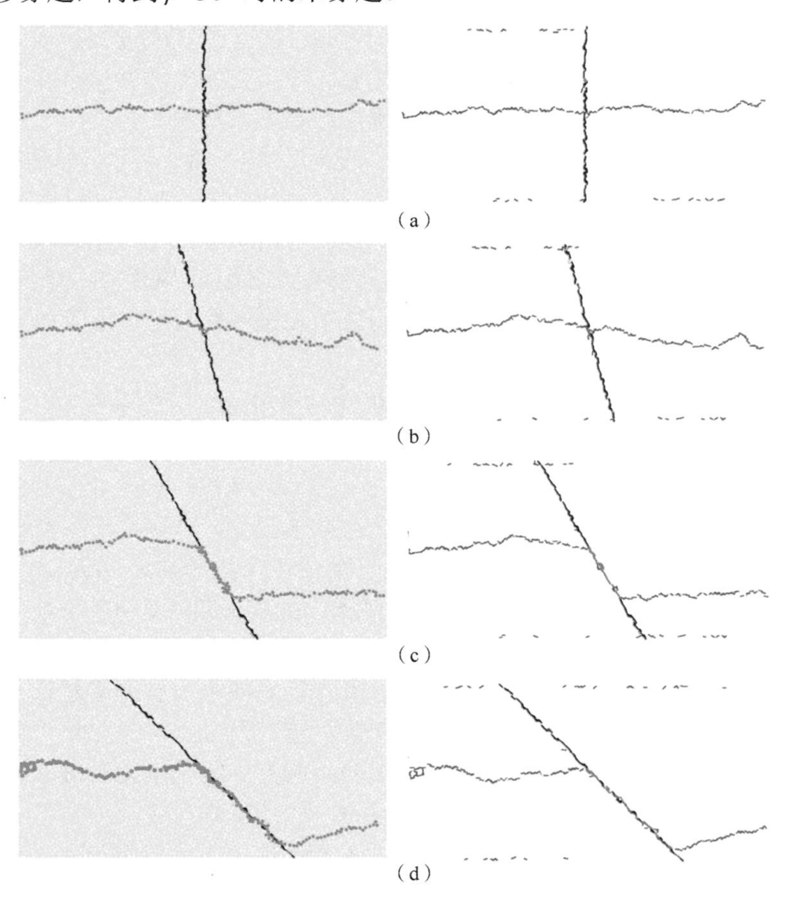

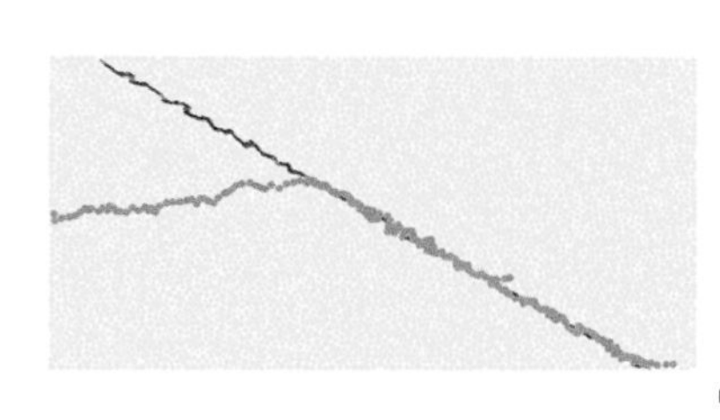
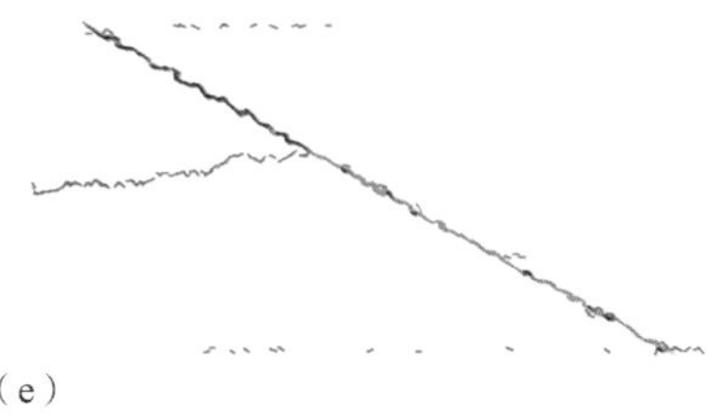

（e）

图 5.16　五个交叉角下水力裂缝剖面图

（a）β=90°；（b）β=75°；（c）β=60°；（d）β=45°；（e）β=30°，其中 μ=0.8 和 $S_{H\max}/S_{h\min}$=22/20MPa

结果表明，在其他条件不变的情况下，减小交叉角不利于水力裂缝的直接穿越。此外，非正交情况下更容易发生沿天然裂缝的滑移，在水力裂缝扩展到天然裂缝对面之前发生天然裂缝破坏。值得一提的是，如果进行足够多组别的数值模拟，则可以获得任何特定角度的非正交穿越准则。正如文献（Gu et al.，2012）所示，与具有正交天然裂缝的水力裂缝的穿越图相比，非正交穿越准则只是将图 5.5 中的穿越/阻止边界向外移动。

5.4　水力裂缝与多条天然裂缝相互作用

天然裂缝网络可能会引起许多复杂的相互作用。本小节开展的数值模拟研究了两条或两条以上相邻天然裂缝对水力裂缝穿越行为的影响。图 5.17 显示了水力裂缝以不同的交叉角度穿越两条天然裂缝时的行为：第一条天然裂缝与 $S_{H\max}$ 方向夹角为 75°，第二条天然裂缝与 $S_{H\max}$ 方向夹角为 105°。水力裂缝偏移穿越第一条天然裂缝并沿天然裂缝向下偏移，之后偏移穿越第二条天然裂缝并沿天然裂缝向上偏移。这是阻力最小的路径，所以裂缝的扩展总是遵循钝角扩展路径。该实例为水力压裂处理简单裂缝网络提供了参考。正如水力压裂理论通常认为的那样，水力裂缝可能不是严格的平面裂缝。此外，由于在交叉点处的狭小部分会导致支撑剂的积聚和筛分，所以这对于支撑剂的运输也很重要。

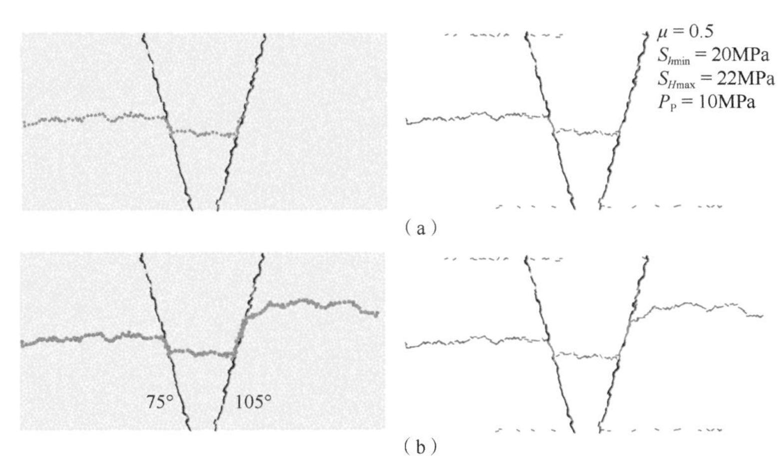

图 5.17　水力裂缝以与 $S_{H\max}$ 方向夹角 75° 和 105° 穿越两条天然裂缝的行为

注入时间分别为：（a）1.52s；（b）1.83s

图 5.18 显示了水力裂缝穿越三条天然裂缝时的行为，三条天然裂缝与 $S_{H\max}$ 方向夹角分别为 90°、110° 和 85°。水力裂缝直接穿过第一条天然裂缝，之后裂缝向上扩展，到达第二条天然裂缝边缘，然后向下扩展，最终水力裂缝从第二条天然裂缝的上缘分支出来，水平扩展至第三条天然裂缝，并向下延伸，直至最终穿过。模拟结果表明，水力裂缝的轨迹复杂程度随天然裂缝的数量和复杂程度的增加而增加。

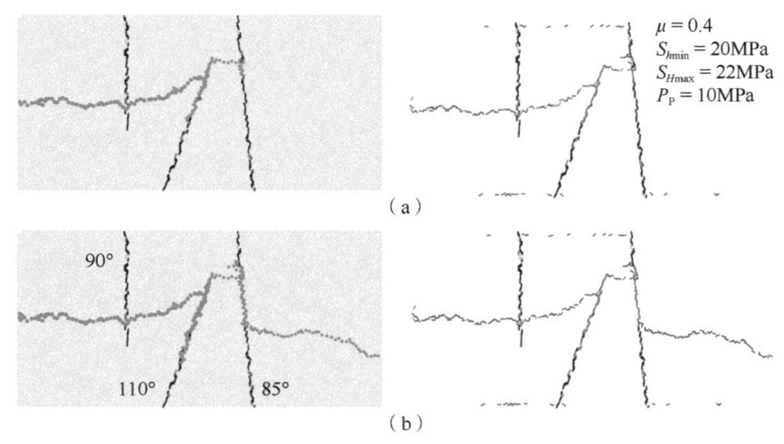

图 5.18　水力裂缝以与 $S_{H\max}$ 方向夹角 90°、110° 和 85° 穿越三条天然裂缝时的行为

注入时间分别为：(a) 1.59s；(b) 2.13s

图 5.17 和图 5.18 中的结果与穿越裂隙开挖采矿隧道或所谓的回采试验的现场水力压裂系统的观测结果一致。如果添加更多的天然裂缝，预计会出现多级裂缝穿越和更复杂的裂缝扩展路径。由此可见，复杂离散裂隙网络对水力裂缝的几何形态有显著的影响。

5.5　本章小结

水力裂缝与天然裂缝网络相互作用的潜在机制对于指导优化非常规资源的采收率至关重要。水力裂缝是否能穿过天然裂缝、停止或转向，对水力裂缝的几何形状以及改造后的储层体积影响很大。本章提出了一种混合离散连续体数值格式来研究水力裂缝穿越一条或多条天然裂缝时的行为。该耦合方案利用了一个内部区域的离散单元模型，在该区域内水力裂缝扩展并与天然裂缝相互作用。内部域嵌入外部连续域中，以延长水力裂缝的长度，更好地减小边界效应。研究的主要结论如下：

过正交交叉的研究，可以确定三种基本的交叉场景：①未穿越，即水力裂缝被天然裂缝拦阻，形成 T 形交叉；②偏移穿越，即水力裂缝与天然裂缝有偏置穿越；③直接穿越，即水力裂缝直接穿过天然裂缝，不向天然裂缝方向延伸。

水力裂缝与天然裂缝的夹角会显著影响裂缝的穿越行为（包括延伸模式和注入压力）。减小交角不利于直接交叉，有利于阻止水力裂缝的发生。

材料的不均匀性（强度比和刚度比）也会极大地影响穿越行为。低到高强度穿越和高到低刚度穿越是阻碍穿越的。

模拟结果还表明，随着天然裂缝数量和范围的增加，压裂的复杂程度也会增加。这表明，在富含天然裂缝储层中，由于水力压裂的复杂穿越行为，会产生复杂的水力裂缝延伸模式。

第 6 章

水力压裂后支撑剂嵌入与裂缝导流性能研究

本章提出了一种耦合 DEM（离散元法）-CFD（计算流体力学）的数值建模方法，用于模拟水力压裂后支撑剂嵌入后的裂缝导流能力。利用 PFC3D 中的平行黏结模型（BPM），将直径为 0.15 ～ 0.83mm 的支撑剂建模为摩擦颗粒组合，而将页岩地层建模为黏结颗粒组合。首次利用离散元法模拟了压裂闭合过程中支撑剂充填层与页岩地层的力学相互作用。然后，利用离散元法和计算流体力学模拟支撑剂充填层的流体流动，评估裂缝闭合后的裂缝导流能力。采用室内裂缝导流实验结果和 Kozeny-Carman 方程对数值模型进行了验证。模拟结果表明：裂缝导流能力随支撑剂浓度或支撑剂粒径的增加而增大，随裂缝闭合应力或页岩水化程度的增加而减小，页岩水化效应是支撑剂大量嵌入的主要原因。

6.1 模型设置

6.1.1 DEM-CFD 耦合模型

图 6.1 为数值模型的示意图，该数值模型由两块页岩板组成，裂缝中填充了支撑剂颗粒。其中蓝色的颗粒组合代表页岩地层，橙色的颗粒组合代表支撑剂充填层。支撑剂充填层由随机生成的球体组成，具有给定的支撑剂尺寸范围。

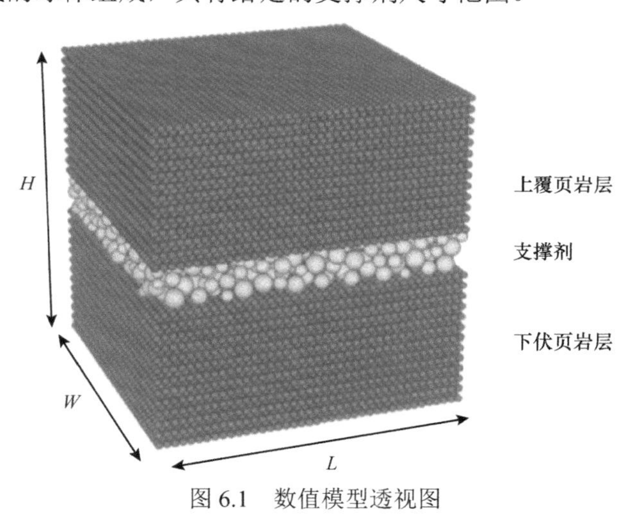

图 6.1 数值模型透视图

蓝色的颗粒组合代表页岩地层，橙色的颗粒组合代表支撑剂充填层

为了达到合理的计算效率，模型中页岩颗粒的直径设置为 0.15mm，大于淤泥（0.0039 ～ 0.0625mm）或黏土（＜ 0.0039mm）的尺寸。然而，模拟样本的三个宏观属性（单轴压缩强度、弹性模量和泊松比）是根据在实验室测量的页岩地层宏观特性进行校准的。模拟样品由六层平板壁包裹。样品顶部和底部的两面墙通过伺服控制加载算法作为加载墙，而其他四个侧壁用于防止支撑剂从裂缝中流出。在给定的支撑剂浓度下，首先用松散的支撑剂包建立模型。宽度和长度均为 6mm，而模拟样本的初始高度为 6.3mm。裂缝初始宽度随支撑剂浓度的变化而变化。在支撑剂充填层的两个加载壁上，初始应力为 2MPa。然后开始加载，每次加载应力增量为 2MPa，直到最终闭合应力为

30MPa。选取裂缝顶部和底部表面的页岩颗粒作为监测颗粒，除了靠近试样边缘的四排颗粒外，用于监测裂缝宽度变化。

图 6.2 是 DEM-CFD 模型的俯视图和侧视图。为了获得更好的计算效率，删除了所有的页岩颗粒，同时禁止支撑剂颗粒的运动。橙色的颗粒组合代表支撑剂充填层，蓝色的线条代表计算流体单元。流体单元的尺寸大于颗粒尺寸。流体单元位于与直角坐标轴对齐的矩形几何结构中。其他四个边界上，均规定了滑移边界条件，在这些边界上，垂直于边界的速度为零，而与边界相切的速度不受边界的影响。为了模拟支撑剂充填层的流体流动，在模型的左侧边界上设置了恒定的流体压力 P_1 作为流体流动的入口，而在右侧边界上设置了零压力 P_0 作为流体流动的出口。

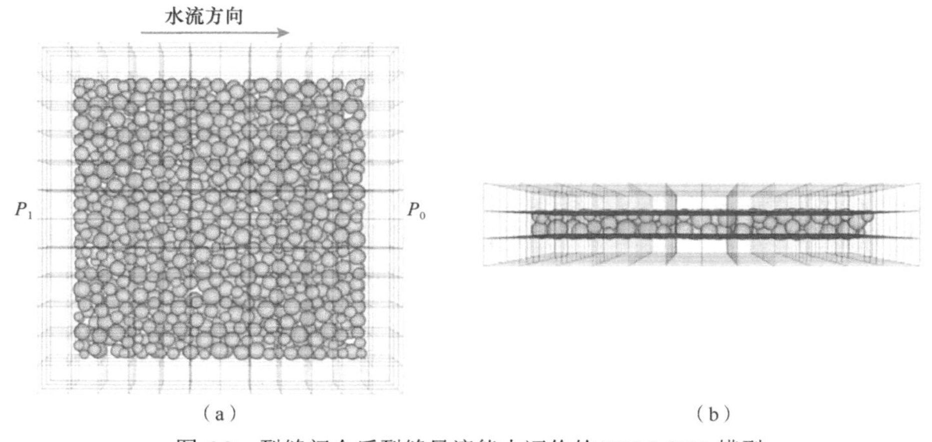

图 6.2　裂缝闭合后裂缝导流能力评价的 DEM-CFD 模型

(a) 顶视图；(b) 侧视图。橙色的颗粒组装代表支撑剂充填层，蓝色的线条代表计算流体单元

6.1.2　模型参数标定

首先对不加载荷的干页岩板的裂缝宽度进行了测量。对页岩板施加载荷到 30MPa，同时测量了新的裂缝宽度以确定可能的支撑剂嵌入情况，然后测量了裂缝的渗透率。通过获得加载前后裂缝宽度的变化，计算支撑剂在页岩中的嵌入量。图 6.3 给出了三种不同支撑剂浓度下裂缝宽度与裂缝闭合应力的实验结果。结果表明，随着闭合应力的增大，支撑剂的裂缝孔宽度减小，说明闭合应力的增大导致支撑剂充填。这三种情况的裂缝闭合后裂缝导流能力结果如图 6.4 所示，结果表明裂缝导流能力与支撑剂浓度几乎成正比。

图 6.5 为裂缝宽度与裂缝闭合应力的模拟结果与实验结果的对比。可以看出，在中间支撑剂浓度为 1.5kg/m^2 时，模拟结果与实验结果吻合较好。但是，模拟结果与其他两种支撑剂浓度的实验结果存在一定的差异。对于支撑剂浓度为 2kg/m^2 的情况，模拟中低应力端宽度较大，高应力端宽度较小。可能存在的两个原因是：①模型中没有考虑页岩水化效应。实验结果表明，两板表面均有明显的页岩水化效应，因此，岩石强度和模量预计会有显著的降低。因此，支撑剂嵌入在实验中不可忽视。②模型中没有考虑支撑剂发生破碎的情况。实验中发现了支撑剂破碎情况，低支撑剂浓度为 1kg/m^2 的破碎更为严重。支撑剂的破碎和嵌入都会导致裂缝宽度减小，导流能力减小。

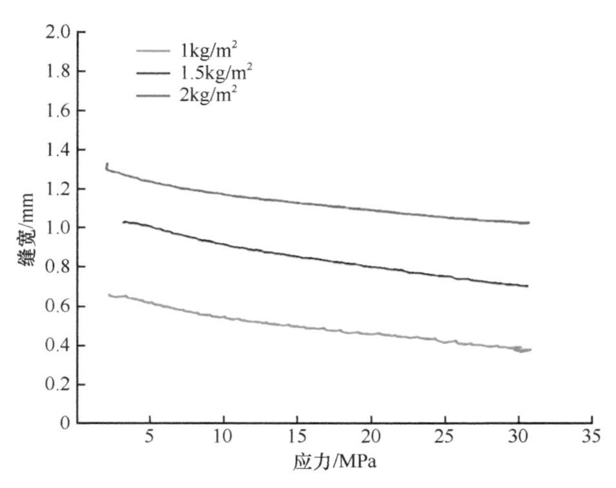

图 6.3　不同支撑剂浓度下裂缝宽度与裂缝失稳应力的实验结果

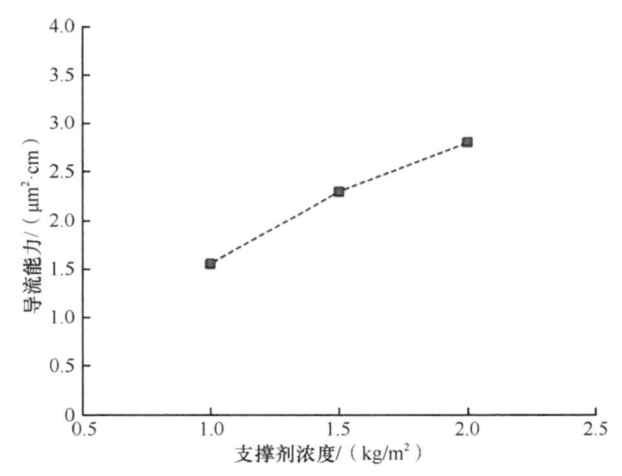

图 6.4　不同支撑剂浓度下裂缝闭合后裂缝导流能力实验结果

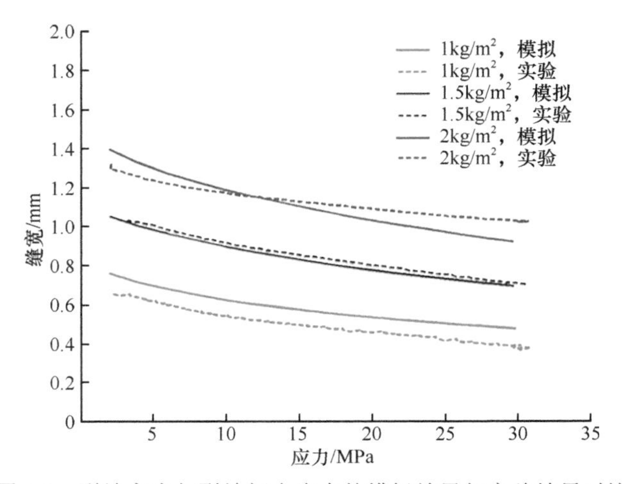

图 6.5　裂缝宽度与裂缝闭合应力的模拟结果与实验结果对比

6.2 参数研究

6.2.1 裂缝闭合后的裂缝导流能力

在裂缝闭合后，对每种情况建立计算流体力学网格，根据稳态流量测量裂缝渗透率。根据经验的 Kozeny-Carman 方程也可以预测裂缝渗透率（Bear，1972）。

$$k=\frac{1}{180}\frac{\epsilon^3}{(1-\epsilon)^2}d^2 \tag{6.1}$$

式中，ϵ 为孔隙率；d 为颗粒直径。

支撑剂充填层的孔隙率可通过取覆盖在支撑剂充填层上的 100 个流体单元的孔隙率平均值来获得。这样就可以计算裂缝的渗透率和导流能力。图 6.6 结果表明，在 1kg/m^2 低支撑剂浓度时，分别从数值模拟、Kozeny-Carman 预测和实验测得的裂缝导流能力基本一致（Latief and Fauzi，2012）。但随着支撑剂浓度的增加，实验结果与其他两种支撑剂的差异越来越大。图 6.6 还表明，Kozeny-Carman 方程给出了较低的导流能力预测值。岩块表面天然裂缝的分布和方向对裂缝导流能力有很大影响。垂直于流动方向的天然裂缝降低了裂缝导流能力，而平行于流动方向的裂缝则提高了裂缝导流能力。实验的导流能力大于模拟导流能力的原因是在数值模拟中没有考虑天然裂缝的影响。表 6.1 显示了垂直方向上使用一个和两个流体单元模拟裂缝导流能力的比较。采用不同数量流体单元模拟得到的裂缝导流能力差异小于 3%。

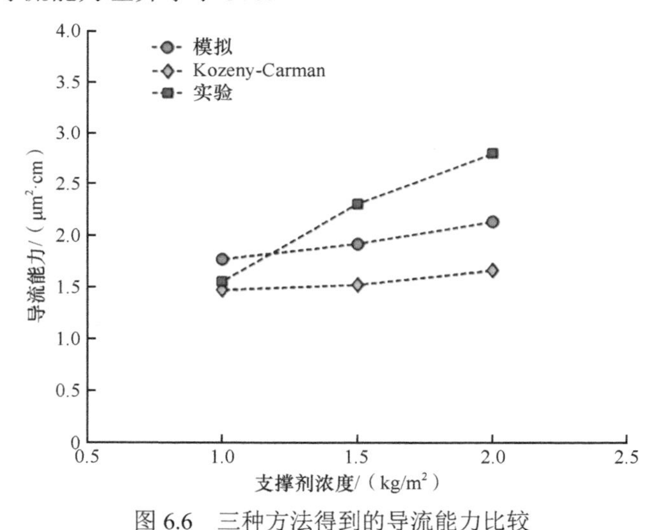

图 6.6 三种方法得到的导流能力比较

表 6.1 垂直方向上使用一个和两个流体单元模拟裂缝导流能力的对比

垂直流体网格数量	1kg/m^2	1.5kg/m^2	2kg/m^2
1	$1.768\mu\text{m}^2\cdot\text{cm}$	$1.920\mu\text{m}^2\cdot\text{cm}$	$2.095\mu\text{m}^2\cdot\text{cm}$
2	$1.749\mu\text{m}^2\cdot\text{cm}$	$1.969\mu\text{m}^2\cdot\text{cm}$	$2.126\mu\text{m}^2\cdot\text{cm}$

6.2.2　页岩水化对支撑剂嵌入的影响

实验结果表明，页岩水化作用导致支撑剂嵌入量增加。图 6.7 描绘了 40 目/70 目支撑剂充填层在 2MPa 和 30MPa 两种不同压裂闭合应力以及 3 种不同的页岩水化条件下的侧视图。青色颗粒代表页岩水化颗粒。从图 6.7 中很难看出这三种情况下的裂缝开度的差异，除了水化作用Ⅱ页岩试样边缘附近的一些颗粒产生较大的移动。从图 6.8 中裂缝宽度与裂缝闭合应力的关系可以看出，无水化作用和水化作用Ⅰ试样的宽度几乎相同，而水化作用Ⅱ试样的宽度略小。结果表明，在临界的页岩水化条件下，裂缝宽度将开始受到页岩水化的影响。

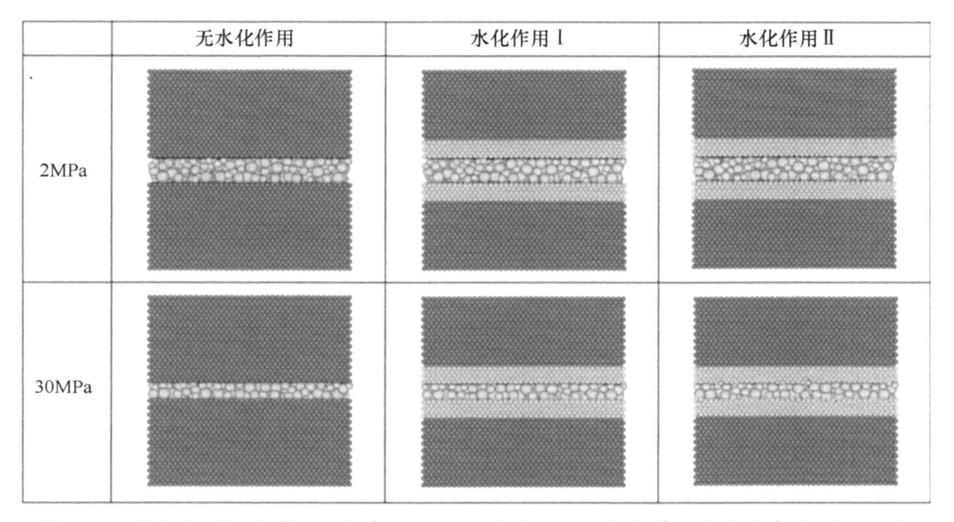

图 6.7　两种不同的裂缝闭合应力和三种不同的页岩水化条件下的支撑剂充填层分布

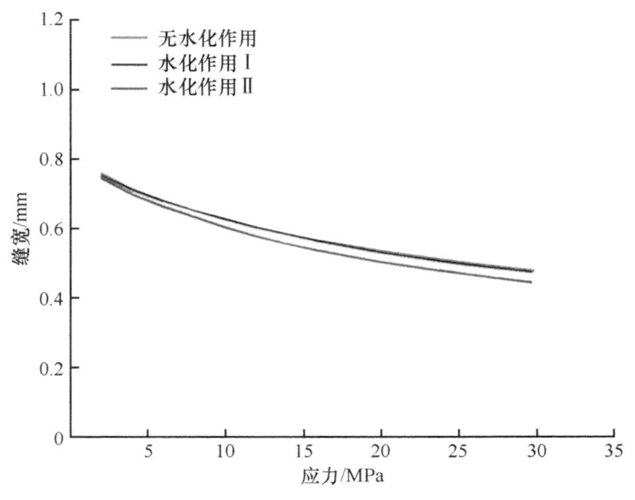

图 6.8　三种不同水化条件下裂缝宽度与裂缝失稳应力的模拟结果

图 6.9 是水化作用Ⅰ和水化作用Ⅱ试样在裂缝闭合后的微裂缝的剖面图。其中蓝色和粉红色的圆盘分别代表拉伸微裂纹和剪切微裂纹。在无水化的情况下，没有出现微裂纹。在水化作用Ⅰ试样中，微裂纹只出现在两个破裂壁的表面附近；而在水化作用Ⅱ试样中，微裂缝则出现在整个水化层中。两种不同的页岩水化作用条件下，不同闭合应力下的微裂纹数量如图6.10所示。可以发现在这两种情况下，剪切破坏是主要的破坏模式；但水化作用Ⅱ试样微裂纹总数是水化作用Ⅰ试样微裂纹总数的 10 倍。水化作用Ⅰ试样和水化作用Ⅱ试样的微裂纹数与应力曲线的特征不同。水化作用Ⅰ试样的微裂纹总数在加载初期增长相对缓慢，在加载后期随着加载的不断增加而加速。而水化作用Ⅱ试样的微裂纹总数则呈现相反的趋势。

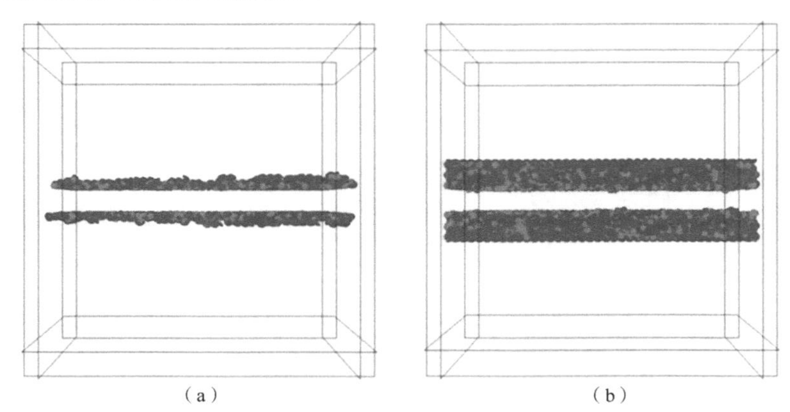

图 6.9　不同的页岩水化条件下裂缝闭合后微裂缝的剖面图

(a) 水化作用Ⅰ；(b) 水化作用Ⅱ

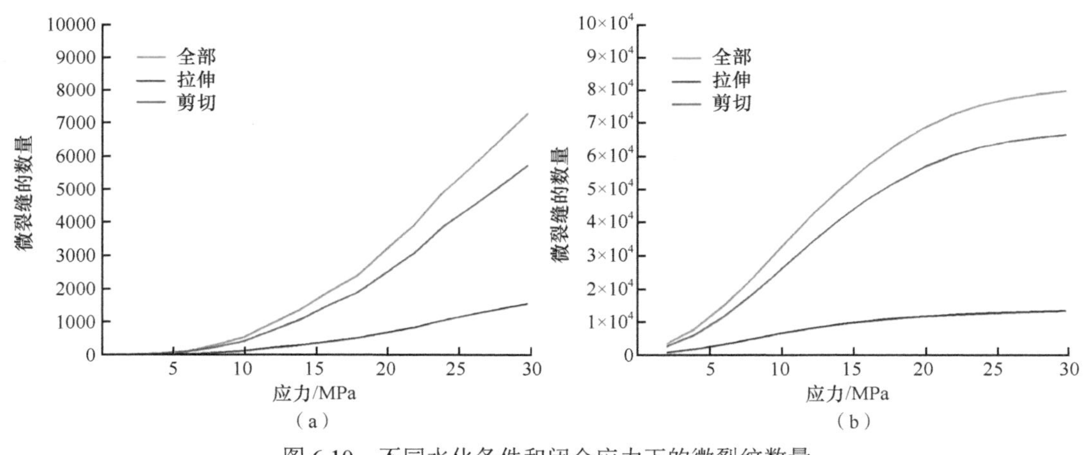

图 6.10　不同水化条件和闭合应力下的微裂纹数量

(a) 水化作用Ⅰ；(b) 水化作用Ⅱ

图 6.11 为三种不同水化条件下监测颗粒位置处的裂缝顶面剖面。三种情况下最大颗粒高度与最小颗粒高度的差值分别为 1.5mm、8.1mm 和 85.3mm。结果表明，在模型中应该考虑页岩水化以及其导致的强度和模量的降低，这样才能得到与实验测量相同的

支撑剂嵌入量（从 20mm 到大于 100mm）。图 6.12 给出了三种不同水化条件下裂缝闭合后支撑剂导流能力模拟结果和 Kozeny-Carman 预测结果。从无水化作用到水化作用Ⅰ，导流能力下降较小；从水化作用Ⅰ到水化作用Ⅱ，导流能力下降较大。

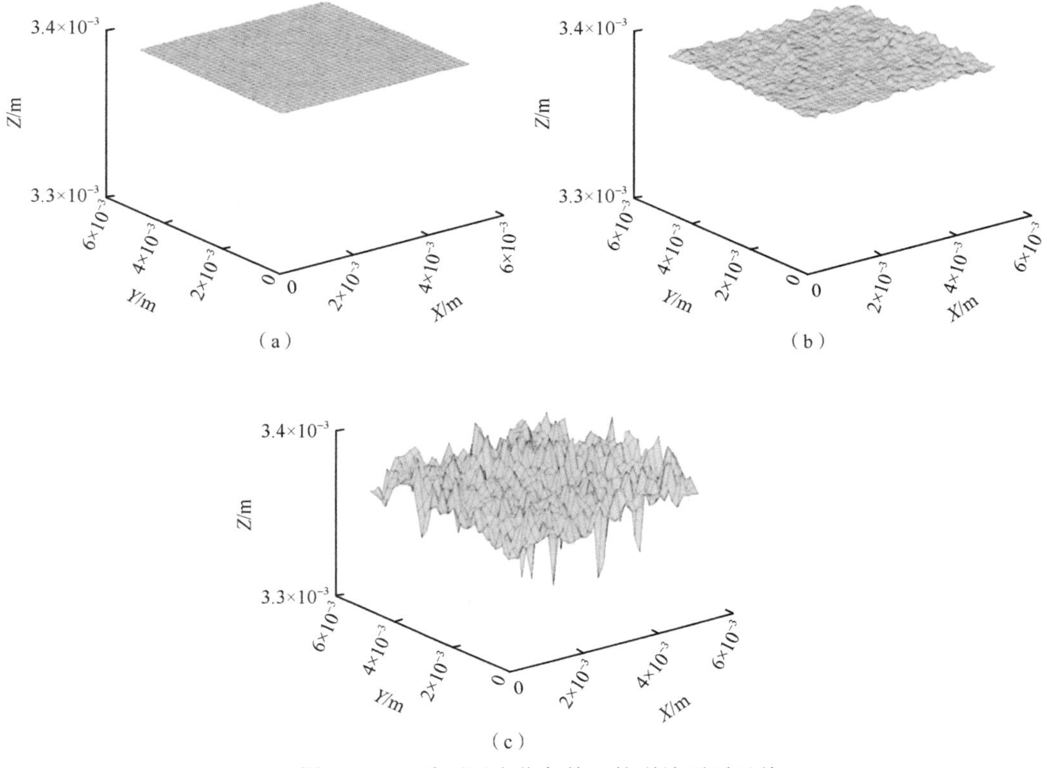

图 6.11 三种不同水化条件下的裂缝顶面形貌

（a）无水化作用；（b）水化作用Ⅰ；（c）水化作用Ⅱ

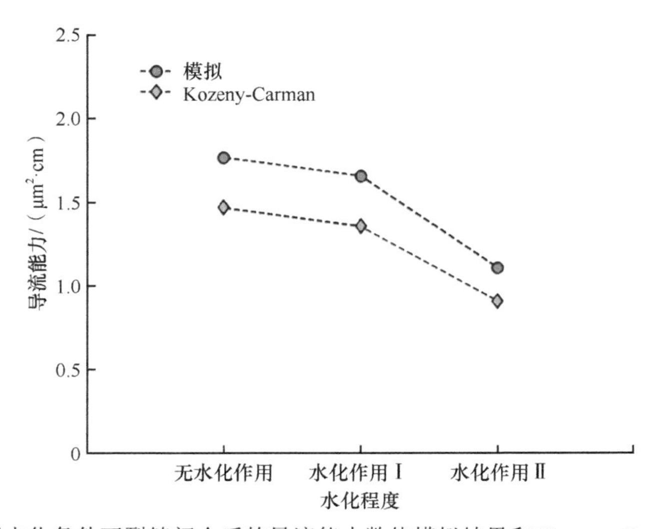

图 6.12 不同水化条件下裂缝闭合后的导流能力数值模拟结果和 Kozeny-Carman 预测结果

6.2.3 支撑剂尺寸的影响

图 6.13 描绘了三种不同尺寸支撑剂充填体在 2MPa 和 30MPa 两种闭合应力下的侧面图。从图 6.13 中难以看出支撑剂尺寸对裂缝宽度的影响。但是，从不同闭合应力下的裂缝宽度图（图 6.14）可以看出，即使在支撑剂浓度相同的情况下，在相同的闭合应力下，支撑剂尺寸越大，裂缝宽度越大。

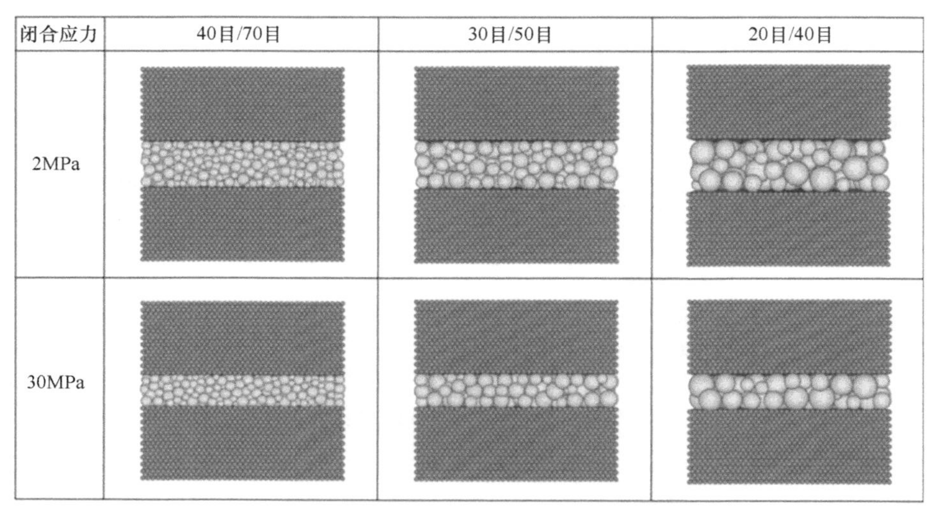

图 6.13　不同尺寸的支撑剂充填层分别在 2MPa 和 30MPa 裂缝闭合应力下的侧视图

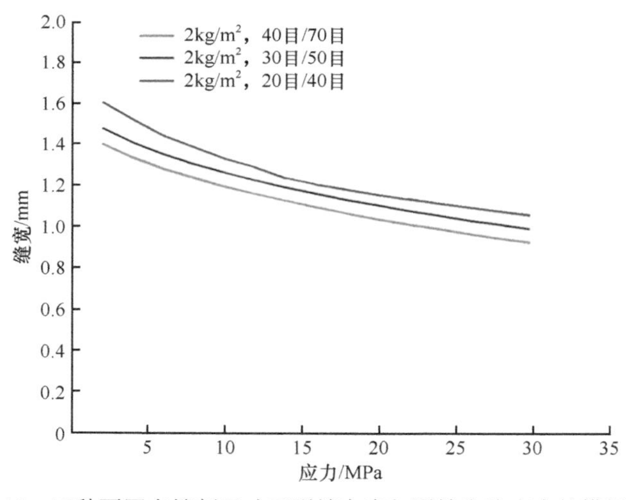

图 6.14　三种不同支撑剂尺寸下裂缝宽度与裂缝失稳应力的模拟结果

图 6.15 给出了三种不同支撑剂尺寸下裂缝闭合后的导流能力模拟结果和 Kozeny-Carman 预测结果。这三种情况下的裂缝差异相对较小；从模拟结果和 Kozeny-Carman 预测结果来看，随着支撑剂尺寸的增大，裂缝导流能力有了显著的提高。Kozeny-Carman 方程的推导表明，填充层的颗粒尺寸和孔隙率对渗透率都有很大的影响。

因此，较大的支撑剂尺寸可以显著提高裂缝导流能力，但同时也给支撑剂的输送带来了挑战。

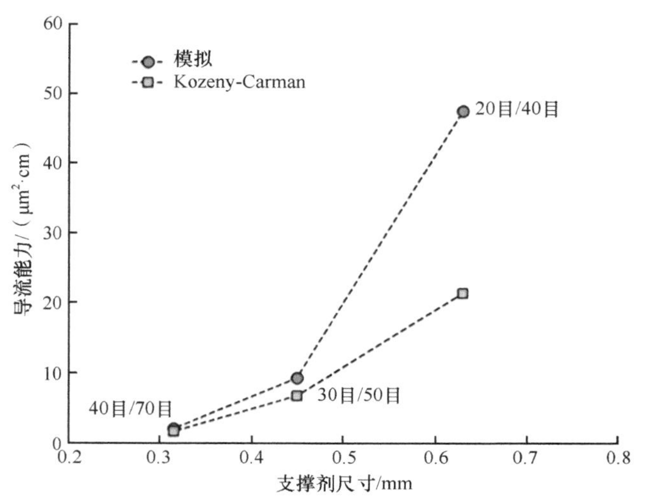

图 6.15 三种不同支撑剂尺寸下支撑剂充填层的导流能力数值模拟结果和 Kozeny-Carman 预测结果

6.3 本章小结

为了模拟水力压裂后支撑剂嵌入和裂缝导流能力，本章提出了一种 DEM-CFD 一体化数值模拟工作流程。模拟结果表明：裂缝导流能力随支撑剂浓度或支撑剂粒径的增加而增大，随裂缝闭合应力或页岩水化程度的增加而减小；页岩水化效应是支撑剂大量嵌入的主要原因。该工作流程为优化现场支撑剂参数提供了一种快速、经济的评价方法。

目前的工作引出了一些潜在的未来工作。首先，本章采用的粗网格计算流体力学方法不能模拟孔隙尺度下的流体流动。流体流动的低分辨率可能是造成裂缝模拟电导率与实际值存在差异的原因。未来需要开发更精确的离散元法耦合流体求解器。同时，假设本章所研究的支撑剂颗粒是不破碎的。因此，没有对支撑剂破裂的影响进行建模，这可能会加速裂缝的闭合。支撑剂颗粒可以被模拟成由更小颗粒组成的球形颗粒，而小颗粒之间的化学键的破坏会导致支撑剂破裂。此外，通过模拟结果与实验结果的对比，可以推断天然裂缝的分布和方向可能会影响裂缝导流能力。然而，由于篇幅的限制，这一因素在本章中没有详细讨论。我们将在未来的工作中介绍这些模型的改进。

第 7 章

水力压裂后长期注采作用下地应力演化规律

随着生产的进行，老井的采出率逐渐降低，需要对其进行压裂改造以提高经济效益。老井进行压裂改造前，未被干扰的远场应力可被视作初始地应力场。老井造缝和开采的过程中都会改变附近的应力场。老井经过长期开采后，由于孔隙压力的衰竭，地应力随之重新分布（邓燕，2005）。应力重分布的研究开始于流体注入引起的多孔弹性效应（Biot，1955；Berchenko and Detournay，1997；Rezaei et al.，2019）。应力重分布区域的概念如图 7.1 所示。老井初次压裂时，为了减小能量的耗散，水力裂缝的扩展方向会与初始最大水平主应力的方向平行（Bruno and Nakagawa，1991；Qi et al.，2019）。在储层枯竭期间，地应力会由于孔隙压力的变化而重新定向（Biot，1955）。生产过程会导致孔隙压力的下降，根据理论推导，在平行于初始裂缝的方向上，应力会下降得更快（Siebrits et al.，1998）。因此，生产诱导孔隙压力的下降有可能克服初始的微小应力差。应力将在裂缝周围形成应力偏转区域，也即水平最小主应力与水平最大主应力的方向偏转甚至互换，结果如图 7.1 所示（椭圆形压力降区域）。当然，应力反向区域比较容易受到最大和最小水平应力之间的初始差异的影响（Aghighi et al.，2012），如果两向应力差过大，生产诱导孔隙压力下降的作用将微乎其微，使得应力偏转效果不明显。

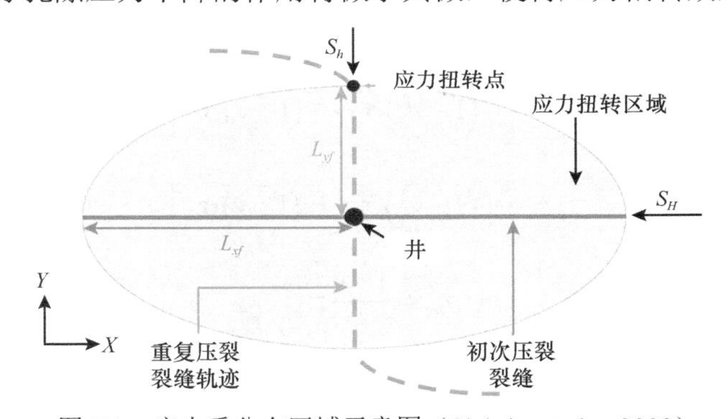

图 7.1　应力重分布区域示意图（Siebrits et al.，2000）

孔隙压力下降带来岩石骨架有效应力的上升，岩石孔隙度下降，反过来会影响流体的渗流和压力分布，使得开采引起的应力重分布成为一个复杂的流固耦合问题（刘建军和裴桂红，2004）。此外，孔压衰竭会引起老井附近主应力方向的变化，在该区域内进行的重复压裂必须考虑因为总应力下降和主应力方向改变的共同影响。研究证明随着生产的进行，老井井周的应力会随时间下降，在与裂缝平行的方向上，应力的下降量要大于其在与裂缝垂直方向上的下降量，当初始水平应力差足够小时，水平应力差可能随着开采逐渐消失，甚至出现主应力方向互换，导致重复压裂时水力裂缝扩展发生偏转（Siebrits et al.，2000）。美国 Barnett 页岩气田（Weng and Siebrits，2007）、中国大庆油田（Shan et al.，2017）和美国 Wattenberg 油田（Li et al.，2006）等大量油气田的现场测量也证实，重分布后的应力场会导致新水力裂缝的扩展发生偏转。Singh 等（2008）提出了一种计算水平井周围的应力重分布的二维多孔弹性模型。Roussel 等（2011）接着使用三维模型进行了模拟，提出造缝阶段引起的应力场变化也应当在应力重分布的研究中考虑。Berchenko 和 Detournay（1997）指出，局部孔隙压力扰动引起的应力场变化下，裂缝倾向于向注入井弯曲。Zhang 和 Mack（2017）通过块体离散元结合微地震模拟加密井裂缝扩展，得出加密井裂缝倾向于往老井开采区域不对称扩展。以上研究充分表明了水平井油藏长期开采过程中会改变水平井周围的应力场并导致主应力转向，而主应力方向也将决定水力压裂裂缝的扩展方向，由此，揭示水平井长期开采导致的地应力场重分布和主应力的转向机理是准确分析重复压裂裂缝扩展的前提条件。

7.1 水力压裂裂缝造缝和开采的应力理论模型

开采后的地应力场扰动主要由初始压裂人工裂缝诱导应力和开采诱导应力组成。

7.1.1 人工裂缝诱导应力理论模型

初始压裂人工裂缝诱导应力场指的是老井裂缝压裂扩张挤压周围岩石引起储层应力场的改变，该问题一般被视为是无限大储层中一条对称双翼的垂直裂缝模型，裂缝面上作用为 P 的均布力（图 7.2）。这在弹性力学理论中为无限大平板 I 型裂纹问题，遵循平面应变问题假设，其应力-应变方程为（赵磊，2008）

$$\varepsilon_x = \frac{1}{E}\left[\left(1-\nu^2\right)\sigma_x - \nu\left(1+\nu\right)\sigma_y\right] \tag{7.1}$$

$$\varepsilon_y = \frac{1}{E}\left[\left(1-\nu^2\right)\sigma_y - \nu\left(1+\nu\right)\sigma_x\right] \tag{7.2}$$

$$\gamma_{xy} = \frac{1+\nu}{E}\tau_{xy} \tag{7.3}$$

式中，E 为岩石弹性模量，MPa；ν 为泊松比。

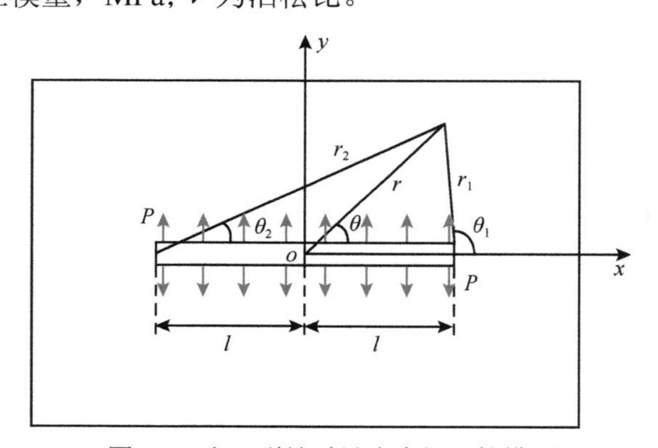

图 7.2　人工裂缝诱导应力场计算模型

由弹性力学理论，平面问题的几何方程为

$$\varepsilon_x = \frac{\partial u}{\partial x},\quad \varepsilon_y = \frac{\partial v}{\partial y},\quad \gamma_{xy} = \frac{\partial v}{\partial x} + \frac{\partial u}{\partial y} \tag{7.4}$$

式中，u 为 x 方向位移，m；v 为 y 方向位移，m。

不计体积力的平衡方程为

$$\frac{\partial \sigma_x}{\partial x}+\frac{\partial \tau_{xy}}{\partial y}=0, \quad \frac{\partial \sigma_y}{\partial y}+\frac{\partial \tau_{xy}}{\partial x}=0 \tag{7.5}$$

边界条件为

$$y=0, |x| \leqslant l \text{ 处：} \sigma_y=-P, \tau_{xy}=0 \tag{7.6}$$

$$y=0, |x| > l \text{ 处：} v=0, \tau_{xy}=0 \tag{7.7}$$

$$\sqrt{x^2+y^2} \to \infty \text{ 处：} \sigma_x \to 0, \sigma_y \to 0, \tau_{xy} \to 0 \tag{7.8}$$

用弹性力学复变函数方法求解，可得裂缝尖端的应力场如下：

$$\sigma_x = P\frac{r}{l}\left(\frac{l^2}{r_1 r_2}\right)^{\frac{3}{2}}\sin\theta\sin\frac{3}{2}(\theta_1+\theta_2)-P\left[\frac{r}{(r_1 r_2)^{\frac{1}{2}}}\cos\left(\theta-\frac{1}{2}\theta_1-\frac{1}{2}\theta_2\right)-1\right]$$

$$\sigma_y = -P\frac{r}{l}\left(\frac{l^2}{r_1 r_2}\right)^{\frac{3}{2}}\sin\theta\sin\frac{3}{2}(\theta_1+\theta_2)-P\left[\frac{r}{(r_1 r_2)^{\frac{1}{2}}}\cos\left(\theta-\frac{1}{2}\theta_1-\frac{1}{2}\theta_2\right)-1\right]$$

$$\tau_{xy} = -P\frac{r}{l}\left(\frac{l^2}{r_1 r_2}\right)^{\frac{3}{2}}\sin\theta\cos\frac{3}{2}(\theta_1+\theta_2) \tag{7.9}$$

z 方向的应力可由胡克定律得到。式（7.9）中的 r 和 θ 满足关系：

$$r=\sqrt{x^2+y^2}, \quad r_1=\sqrt{(x-l)^2+y^2}, \quad r_2=\sqrt{(x+l)^2+y^2} \tag{7.10}$$

$$\theta=\tan^{-1}\left(\frac{y}{x}\right), \quad \theta_1=\tan^{-1}\left(\frac{y}{x-l}\right), \quad \theta_2=\tan^{-1}\left(\frac{y}{x+l}\right) \tag{7.11}$$

其中，角度 θ、θ_1 和 θ_2 应为正值，若计算为负数，则应分别用 $\theta+180°$、$\theta_1+180°$ 和 $\theta_2+180°$ 代替。

7.1.2 开采诱导应力流固耦合理论模型

老井开采过程中，孔隙压力的下降会引起地应力场的变化，原因是多孔介质骨架有效应力随着孔压下降而变化，继而导致如渗透率和孔隙度等油藏物性的变化。假设岩石发生线弹性的小变形，满足弹性力学假设，且岩石介质与流体之间存在界面，没有化学作用和表面吸附作用，不考虑温度变化和压力变化对流体密度的影响，流体为单相。则根据流体的连续方程和动量方程，以及固体的平衡方程可得该流固耦合问题的微分方程组。

7.1.2.1 流体方程

假设流体流动满足达西定律，则单相流体的连续方程为（孔祥言，1999）

$$\nabla \cdot \left[\frac{K}{\mu} \nabla \left(P + \rho g z \right) \right] = \frac{\partial \left(\rho \phi \right)}{\partial t} \tag{7.12}$$

式中，K 为岩石的渗透系数；ϕ 为岩石骨架的孔隙度；$P+\rho gz$ 为流体的总水头。

岩石骨架遵循固体连续方程为（杨桂通，1980）

$$\left(1-\phi\right)\frac{\partial \theta}{\partial t} - \frac{\partial \phi}{\partial t} = 0 \tag{7.13}$$

式中，θ 为岩石骨架的体积应变：

$$\theta = \varepsilon_x + \varepsilon_y + \varepsilon_z \tag{7.14}$$

因为假设流体密度为常数，由式（7.12）和式（7.13）可知：

$$\frac{\partial \left(\rho \phi \right)}{\partial t} = \rho \frac{\partial \phi}{\partial t} + \phi \frac{\partial \rho}{\partial t} = \rho \left(1 - \phi \right) \frac{\partial \theta}{\partial t} \tag{7.15}$$

由此得到流体渗流平衡方程：

$$\nabla \cdot \left[\frac{K}{\mu} \nabla \left(P + \rho g z \right) \right] = \rho \left(1 - \phi \right) \frac{\partial \theta}{\partial t} \tag{7.16}$$

7.1.2.2 岩石骨架方程

将 Biot 固结系数 α 引入有效应力原理（Biot，1955），可得：

$$\nabla \sigma_{ij} = \sigma'_{ij} - \alpha P \delta_{ij} \tag{7.17}$$

根据广义胡克定律，岩石骨架的有效应力与骨架应变存在以下关系：

$$\sigma'_{ij} = 2G\varepsilon_{ij} + \lambda \delta_{ij} \theta \tag{7.18}$$

式中，G 为剪切模量，$G = \dfrac{E}{2\left(1+\nu\right)}$；$\lambda$ 为拉梅常数，$\lambda = \dfrac{E\nu}{\left(1+\nu\right)\left(1-2\nu\right)}$，$\nu$ 为泊松比，从而得到多孔弹性介质的应力-应变关系式：

$$\sigma_{ij} = 2G\varepsilon_{ij} + \lambda \delta_{ij} \theta - \alpha P \delta_{ij} \tag{7.19}$$

式（7.19）两边分别对坐标求导，并代入几何关系 $\varepsilon_{ij} = \dfrac{1}{2}\left(u_{i,j} + u_{j,i}\right)$，可得：

$$\sigma_{ij,j} = G\nabla^2 u_i + \left(\lambda + G\right)\theta_i - \alpha \delta_{ij} P_j \tag{7.20}$$

式中，u_i 为岩石骨架的位移分量；f_i 为体力。将式（7.20）代入固体平衡方程 $\sigma_{ij,j} + f_i = 0$，最后得到用位移表示的岩石骨架平衡微分方程（拉梅方程）（Masanobu，1986）：

$$G\nabla^2 u_i + \left(\lambda + G\right)\theta_i - \alpha \delta_{ij} P_j + f_i = 0 \tag{7.21}$$

上述流体方程（7.16）和岩石骨架平衡方程（7.21），可以在适当的边界条件下联立求解。由此得到了不考虑流体密度变化的单相流流固耦合数学模型。

综上所述，老井重复压裂前地应力场受到初始人工裂缝诱导应力以及开采引起孔隙压力变化的共同影响，时空分布上存在高度的非线性，一般需要使用数值方法进行求解。

7.2 FLAC3D 有限差分理论模型

7.2.1 FLAC3D 有限差分离散算法

FLAC3D 的计算方法具有以下三个特点：①有限差分法（差分格式为时间和空间的一维导数），变量的近似值由有限差分近似，并且在有限的空间和时间上的线性变化；②离散模型方法，将连续介质替换为离散的三维网格，并将所有力分散到三维网格的节点上；③动态解法（运动方程中的惯性项被视为达到平衡的条件）。

通过这些方法，连续体的运动定律在节点处转换为离散形式的牛顿运动定律。然后，使用显式的有限差分法对普通微分方程组进行数值求解。等效介质推导中涉及的空间导数是在速度方面定义应变率。为了定义速度变化率和相应的空间间隔，FLAC3D 将介质离散为四面体形状的网格单元，其顶点是上述网格的节点，在单元内部应变速率恒定，如图 7.3 所示。

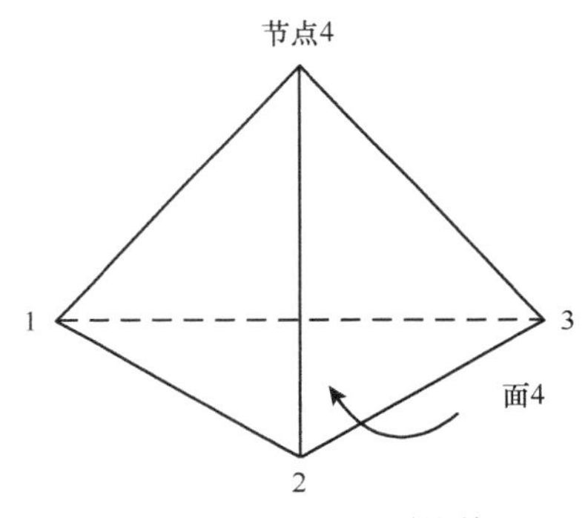

图 7.3 FLAC3D 四面体单元

7.2.2 FLAC3D 流固耦合算法

FLAC3D 通过可渗透固体（如土壤）对流体流动进行建模。流动建模可以独立于 FLAC3D 的常规机械计算本身完成，也可以与机械建模并行进行，以捕获流体/固体相互作用的影响。流体/固体相互作用的一种类型是固结，其中孔隙压力的缓慢散布导致土壤中发生位移。这种行为涉及两个机械效应。首先，孔隙压力的变化会引起有效应力的变化，从而影响固体的响应（如有效应力的降低可能会导致塑性屈服）。其次，区域中的流体通过孔隙压力的变化对机械体积的变化做出反应。基本的流体方案既可以处理完全饱和的流体，又可以处理自由潜水面流体。在这种情况下，在潜水面以上的孔隙压力为零，并且空气相被认为是被动的。当毛细作用可以忽略时，此逻辑适用于粗孔隙材料。为了表示饱和区和非饱和区之间内部过渡的演变，必须对非饱和区中的流体进行建模，以便流体可以从一个区域迁移到另一个区域。使用将表观渗透率与饱和度相关联的简单定律。非饱和区域的瞬态行为仅是近似的（由于使用简单的定律），但是对于稳态潜水面是准确的。FLAC3D 的流固耦合算法具有以下特点：

（1）FLAC3D 分别适用于各向同性和各向异性的渗透率，且能够满足在没有流体的模型中定义不可渗透材料。

（2）不同的单元中可以提供具有不同的流体流动模型（各向同性、各向异性或无流体）。

（3）流体压力，流量、滤失和不可渗透的边界条件可以预先设定。

（4）流体源头能够作为点源或体源插入材料中，这些流体源头可以是注入、抽取或者随时间变化。

（5）对于完全饱和的渗流模型，流体的计算可以是显式的或隐式的。对于非饱和渗流，流体采用显式模型。

（6）流固耦合计算中允许饱和材料的压缩。

（7）固体变形产生的流固耦合计算由 Biot 系数控制。

有些情况可能导致流固耦合计算非常缓慢：①流体的体积模量和固体排水固结弹性模量相差很大；②材料的渗透率或孔隙率相差很大；③网格尺寸变化较大。当流体被视为不可压缩材料时，FLAC3D 提供一种“饱和快速流动”近似计算方法来加速饱和渗流的计算。

7.3 基于 FLAC3D 的长期注采作用下三维地应力演化模型

本节以王窑塞 160 区块的地质力学条件为背景，对该区块某侧钻井的重复压裂前地应力场进行了三维有限差分模拟。

王窑塞 160 区块在长庆油田鄂尔多斯盆地，位于甘肃省境内，该区主要发育长 $6_1^{1\text{-}2}$、长 6_1^2 层，区块平均油层厚度为 13.7m，孔隙度为 16.03%，渗透率为 2.27mD①。目标区块水平最大主应力方向为北东 67°，原始地层压力为 9.75MPa。目标井王加 42-0261 井于 2010 年 12 月投产，属于生产井，生产长 $6_1^{1\text{-}2}$ 层，其油藏发育稳定，试油产量较高，前期生产稳定。经分析认为王加 42-0261 井未发挥应有产能，具备一定潜力。现决定通过对王加 42-0261 井在垂深 1433m 处采用柔性钻井技术向方位 337° 径向钻孔 30m，进行重复压裂形成新裂缝，进一步扩大油井泄油面积，提高单井产能。对王加 42-0261 井等老直井进行侧钻水平井重复压裂，是长庆油田现场压裂改造的先导性试验，缺少相应的理论指导，所以需要建立地质力学模型，拟合该区域多井生产历史，分析长期注采引起地应力重分布的影响。

7.3.1 基于测井深度插值的三维地形模型

首先获得现场的测井深度数据，选择长 $6_1^{1\text{-}2}$ 层作为模拟储层，基于每口井的顶界垂深和底界垂深，确定上隔层和下隔层的地形插值点。以王加 42-0261 井为中心，取周围 4 口注水井和 13 口生产井（图 7.4），建立长宽高为 1600m×1600m×200m 的地质模型，模型中心深度为–1433m，与水平侧钻钻孔深度相同。以上述 18 口井在长 $6_1^{1\text{-}2}$ 储层的顶界垂深和底界垂深作为插值坐标，通过多项式插值生成地形数据，随后导入 FLAC3D

① $1D=0.986\,923\times10^{-12}m^2$。

划分网格，生成包含上隔层、储层和下隔层的几何模型，如图 7.5 所示。

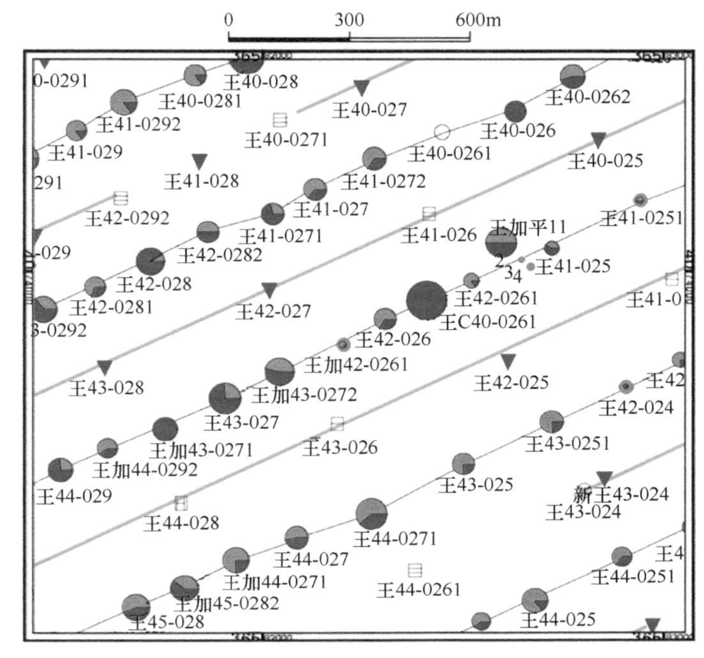

图 7.4 王加 42-0261 井附近井位图

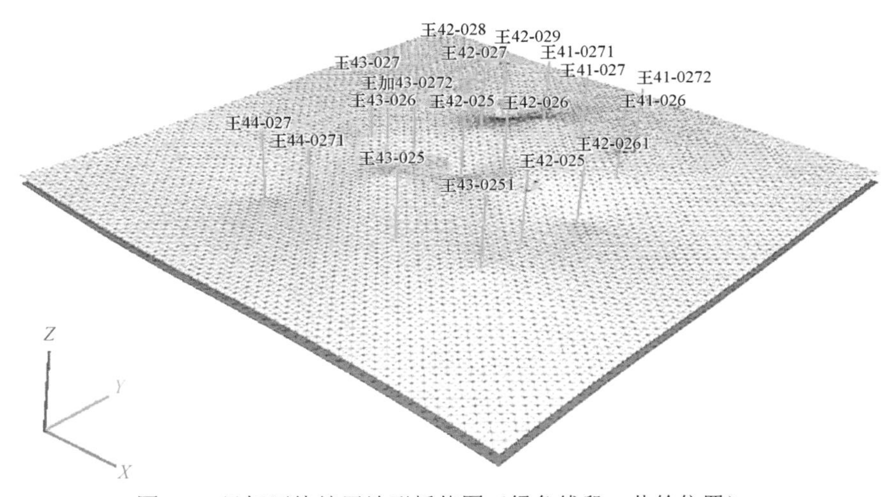

图 7.5 目标区块储层地形插值图（绿色线段：井的位置）

7.3.2 三层地质力学几何模型的建立

将插值生成的几何模型导入 FLAC3D，以王加 42-0261 井为中心（红色线段），生成包含上隔层、储层和下隔层的三层地质力学几何模型，模型的示意图如图 7.6 所示，以王加 42-0261 井为坐标原点（红色线段），周围 4 根白色线段分别表示注水井王 41-026、王 42-025、王 42-027 和王 43-026。黑色线段为附近的 13 口生产井。

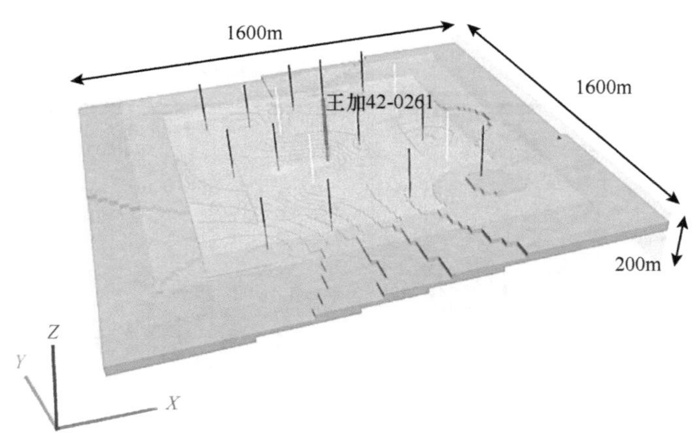

图 7.6 FLAC3D 三层地质力学几何模型

7.3.3 模型参数的选取

为了简化计算，地层岩石采用线弹性模型，流体采用不可压缩的单相流，黏度为100mPa · s。王加 42-0261 井附近初始孔压大小为 9.75MPa，其他模型参数见表 7.1。

表 7.1 FLAC3D 模型参数

岩石参数	上隔层	储层	下隔层
弹性模量/GPa	26.7	11.52	26.7
泊松比	0.18	0.19	0.18
密度/(kg/m^3)	2583	2307	2583
应力参数	上隔层	储层	下隔层
S_{xx} 梯度/(10^4 Pa/m)	1.99	1.86	1.99
S_{yy} 梯度/(10^4 Pa/m)	1.79	1.67	1.79
S_{zz} 梯度/(10^4 Pa/m)	2.26	2.00	2.26
孔压梯度/(10^4 Pa/m)	0.6804	0.6804	0.6804
渗流参数	上隔层	储层	下隔层
渗透率/mD	3×10^{-3}	2.27	3×10^{-3}
Biot 系数	0.464	0.783	0.464
孔隙度	0.02	0.16	0.02

7.3.4 注采历史的拟合

模型以上述流固耦合数学模型为基础，采用固定边界求解，模拟从该区块第一口井投产（2002 年 9 月）到 2020 年 5 月共 215 个月的地层压力变化过程。难点在于需要根据现场实际拟合真实的生产历史和注入历史。解决方法较为直观，即以月为单位，不考虑每个月内真实的流量变化，根据每个月真实流量与模拟流量的差值，按照剩余模拟时间平均分配流量。每计算一步即调整一次剩余液量，再将剩余液量平均分配到之后的模拟中，作为下一个计算步的流量。只要时间步长够小，这种做法的拟合效果就足够令人满意。注采历史拟合流程示意图如图7.7所示。

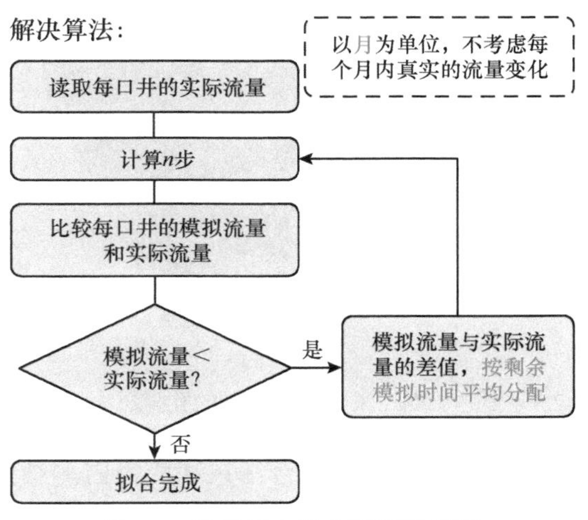

图7.7 注采历史拟合流程示意图

7.4 地应力演化计算结果和讨论

7.4.1 应力重分布结果

模拟拟合了每月的真实产量，并监测了王加42-0261井周围的应力变化情况，第215个月时该井的储层孔隙压力分布如图7.8（a）所示（深度为1433m），该区域最大孔压为16.88MPa，并可见王加42-0261井周围四口注水井提高了该井周围的孔压。图7.8（b）是图7.8（a）中范围为160m×80m×40m侧钻区域的局部孔压分布，黑色线段表示王加42-0261井的位置，可见第215个月时，该井附近的孔压约为7.25MPa，相比初始地层压力9.75MPa下降较大。

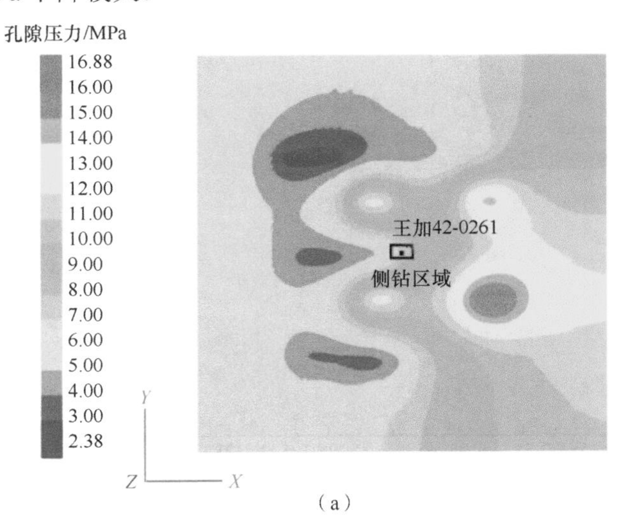

（a）

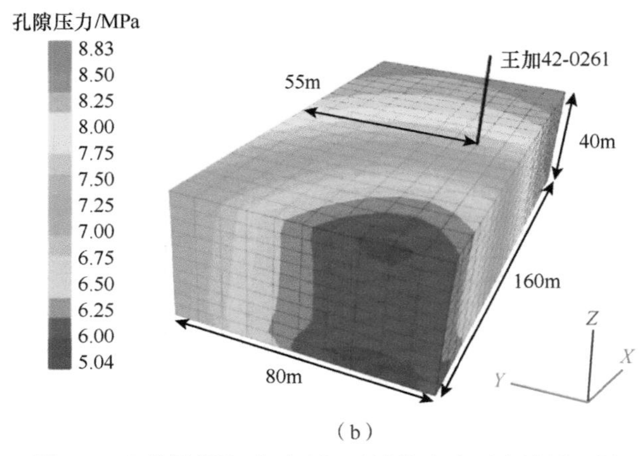

（b）

图 7.8　多井长期注采后目标区域的孔隙压力结果云图

图 7.9 是王加 42-0261 井附近的历史拟合结果和应力监测结果。可见该井采油量的拟合效果较理想，仅第 215 月时有轻微差别，可能是流体时间步长较大的结果，为了权衡计算时间，该误差可以接受。从图 7.9 可知，在第 65 个月之前，该井附近孔压呈现先上升再下降的趋势，表现出周围井同时注采对该井的影响。在第 100 个月左右，该井

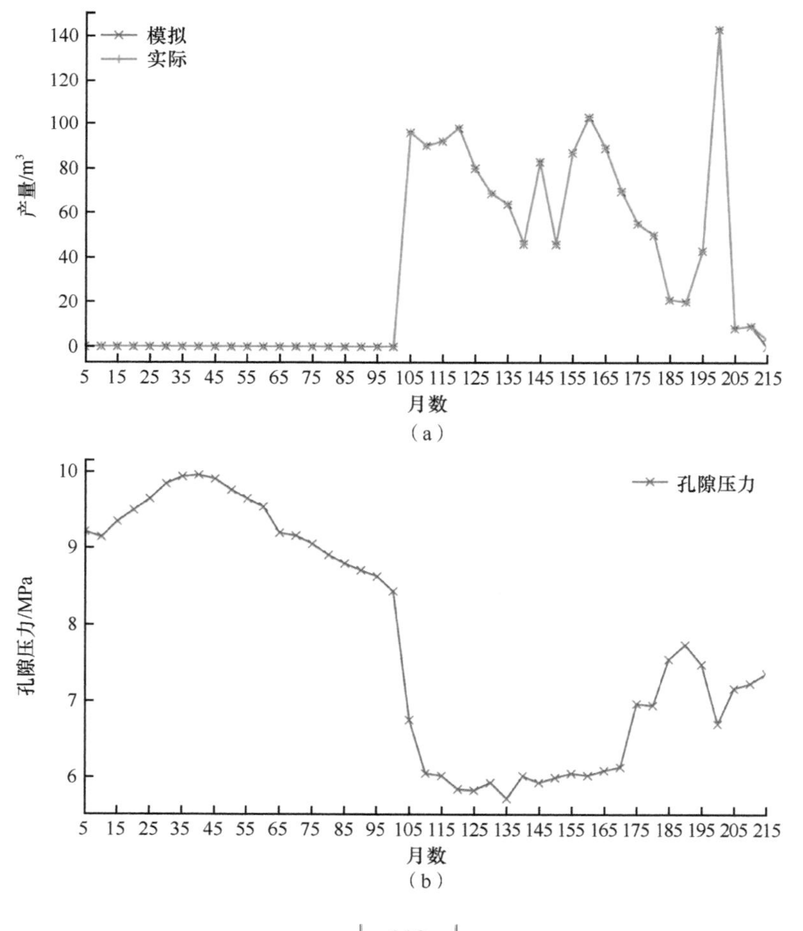

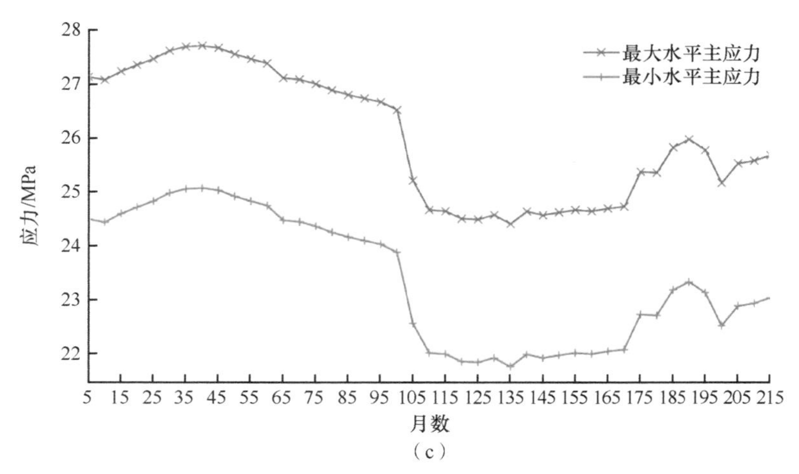

（c）

图 7.9　多井长期注采后王加 42-0261 井附近拟合生产历史、孔隙压力大小和水平主应力大小

（a）拟合生产历史；（b）孔隙压力大小；（c）水平主应力大小

开始生产，由此带来周围孔隙压力的大幅下降（约下降 2.5MPa）。水平主应力大小与孔压同步变化，但变化幅度稍小（约 1.8MPa），反映了孔压衰竭时总应力降低但有效应力增加的现象。水平最大主应力和水平最小主应力变化趋势相同，两者初始应力差过大（约 2.7MPa），因此无法观察到应力偏转现象。

7.4.2　地应力结果讨论

结果表明，随着井组注采的进行，截至 2020 年 5 月底，待压井王加 42-0261 井的孔隙压力低于地层压力约 1.8MPa，地层能力较充足。同时，由于孔隙压力变化较小，最小水平主应力、最大水平主应力变化幅度不大，两向应力差几乎无变化，在 2.7MPa，无法实现缝口新裂缝转向。因此，需要通过加入暂堵剂提高裂缝内净压力，促使储层中天然裂缝张开形成分支缝，提高裂缝的复杂程度及与储层的接触面积，进而达到提高压后单井产量的目的。

7.5　本 章 小 结

长期开采后的地应力场预测是重复压裂与加密井压裂的前提工作，开采后的地应力场扰动主要由初始压裂人工裂缝诱导应力和开采诱导应力组成。本章首先通过理论推导，得到人工裂缝造缝阶段的诱导应力公式，以及基于 Biot 弹性理论的孔隙弹性应力公式。通过理论推导可以得知，人工造缝的诱导应力会使得裂缝周围水平主应力的增加，最小水平主应力增加量大于最大水平主应力增加量，可能导致水平主应力大小发生反转，从而产生应力方向偏转现象。与此同时，长期开采后由于孔压衰竭的影响，两向水平主应力同时减小，但最大水平主应力的下降值较多，也会导致应力偏转现象的发生，两向主应力改变的差值大小大约为 1MPa。因此，当两向主应力相差不大时，无论是初始压裂过程还是开采过程均可能导致应力的偏转，进而在重复压裂时出现裂缝偏转。

本章随后介绍了三维快速拉格朗日差分算法FLAC3D，将方程进行离散求解。最后根据长庆油田王窑塞160区块长6_1^{1-2}储层的地质情况，建立了一个考虑多口直井长期注采的三维渗流-应力耦合地应力演化模型，并通过计算该区块生产井王加42-0261附近经过多井长期注采后的地层压力，得到基于拟合现场生产历史的地应力演化模型。本模型能够考虑多井长期同时注采条件下单相流的地层压力变化，并能够以月为单位精细拟合现场生产历史，得到重复压裂前的地应力场变化，对现场重复压裂前地应力的预测具有理论指导作用。

第 8 章

基于地质力学和微地震全耦合模型的重复压裂

重复压裂作为低渗油藏增产的一项关键技术，已经在中石油的大庆、吉林、长庆等油田有着广泛的应用（张海龙等，2003；Li et al.，2006；Wang et al.，2009）。重复压裂的目的在于通过对已经压裂改造的储层进行新的压裂，建立井筒与高孔隙压裂储层区之间的良好渗流通道，从而使得原来产能很低的油气井重新恢复高的产率，进一步提高采收率（Elbel and Mack，1993）。尽管重复压裂在应用上可行，但是实际的压裂操作过程仍然主要依赖的是经验，如何通过理论指导重复压裂的设计和施工仍然是一个尚未解决的技术难题。重复压裂在应用上的挑战主要有以下几个方面（胡永全等，2004；李阳等，2005）。首先，在储层评估方面，如何寻找有足够剩余储量和地层能量的增产潜能井需要根据地质工程一体化进行综合的压前产能评估，但这是一个复杂的系统工程。其次，重复压裂前储层的应力预测也是一个难点。地应力场的变化取决于初次压裂的效果、开采时间、原始水平主应力差和渗透率的各向异性等多个因素，需要一个系统的精细化研究。再次，重复压裂水力压裂裂缝的扩展也是一个复杂的力学问题。水平井多段压裂的裂缝扩展一直以来是国际前沿研究的难点和热点。裂缝的传播过程中涉及储层非均质性、天然裂缝、应力各向异性等各个因素的影响，其中，天然裂缝或者不连续面的存在是页岩和致密砂岩等非常规低渗储层中进行水力压裂的一个重要的复杂因素，也是将页岩水力压裂和传统的水力压裂区别开来的主要原因。与第一次压裂相比较，重复压裂时应力的不均匀性和暂堵转向剂的使用则极大地增强了问题的复杂程度。最后，多变量和多目标的重复压裂的优化设计和新型压力技术包括转向材料的使用也是未来值得研究的方向。

8.1 重复压裂研究综述

低渗油藏中的重复压裂是一个非常复杂的物理过程。近年来，暂堵转向剂广泛应用于致密砂岩油气等非常规油气藏水平井的重复压裂改造中，它能够对已压裂井段的射孔孔眼、射孔孔道和近井压裂裂缝进行有效桥堵，从而实现裂缝转向和储层改造，提高全井段的油气增产效果，目前该技术已经成功应用到多个低渗油藏的储层改造中（杨亚东等，2014；张胜利，2016）。从 20 世纪 50 ～ 60 年代开始，诸多学者不断探索如何利用转向剂来更好地提高油气井的产量，在这方面已有较多的实验研究和数值模拟成果发表。

在实验研究方面，Smith 等（1969）对传统的转向剂材料进行了综述，其中包括油溶/水溶性转向剂、萘、岩盐、多聚甲醛、泡沫和石蜡聚合物等材料，同时根据实验和现场实测数据指出油溶/水溶性转向剂相对于其他类型的转向剂适应性更强；Jennings 和 Stowe（1990）提出了在重复压裂过程中采用粉陶土作为暂堵转向剂，并且在现场应用中取得了较好的效果，但是这些传统材料存在可降解性差、对地层的损害大、受到地层温度的限制大等方面的缺点，因而实际应用范围受到了较大的限制。国内一些学者针对新型转向剂进行了研发，胡永全等（2000）提出一种由高分子量低水解度聚丙烯酰胺与预成胶剂及成胶剂组成的混合体系用于封堵射孔孔眼，并证明了该种转向剂可以用于层间裂缝转向；杨宝泉（2003）研发了 ZD-1 暂堵剂，该暂堵剂由主剂、增强剂和调速剂组成，室内实验表明该暂堵转向剂在地层温度条件下可承压 20MPa 以上，24h 的水溶率达 98% 以上；郑力会和翁定为（2015）采用绒囊工作液迫使裂缝发生转向，并通过室内试验证明绒囊暂堵液能够使人造岩心裂缝的流动阻力增加至 25MPa。为了实现转向剂的降解从而降低对地层的损害，一些学者开始致力于可降解暂堵转向剂的研究，Zhou 等（2009）采用可自动降解纤维来封堵已经张开的裂缝，同时强制裂缝在新的方向扩展，该纤维转向剂在现场应用中取得了较为优异的效果。Potapenk 等（2009）将可降解纤维暂堵转向剂应用到 Barnett 页岩水平井的重复压裂施工中，现场监测结果表明加入可降解纤维暂堵转向剂后施工过程中的压力明显增加（图 8.1）。Allison 等（2011）研发了一种可生物降解的颗粒用于页岩水平井的重复压裂施工中，该颗粒最大的特点是当压力上升到某一临界值时，颗粒发生变形并且渗透率降低，从而对老缝形成暂堵；汪道兵等（2016）对颗粒和纤维两种类型转向剂的性能进行了对比评价，评价结果表明纤维转向剂在液体及温度作用下易软化、聚集，更容易架桥而形成屏蔽暂堵。为了评价纤维转向剂的可靠性，Wang 等（2015a）和周福建等（2014）分别采用地层条件动滤失分析仪来评价纤维转向剂对人工裂缝的暂堵转向作用和采用真三轴物理压裂模型试验来模拟纤维转向剂下重复压裂裂缝的转向轨迹，试验结果证明纤维转向剂在一定的流速和裂缝宽度下具有明显的暂堵作用，重复压裂过程中裂缝的转向轨迹主要由水平应力差值所控制，并且水平应力差值越小，两次压裂过程中形成裂缝的夹角越大。

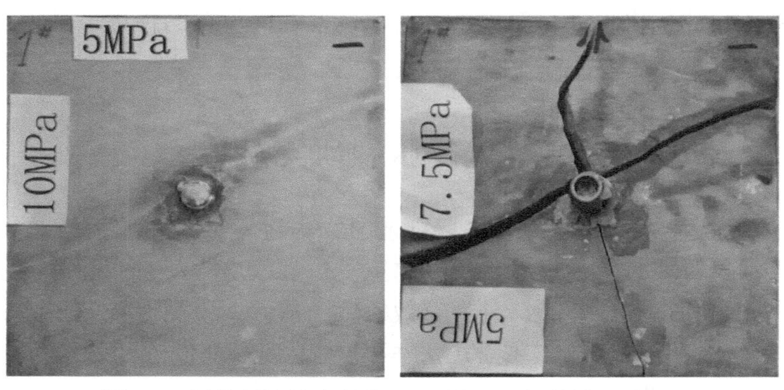

图 8.1　纤维暂堵转向剂作用下重复压裂裂缝扩展轨迹

垂向应力为 10MPa，水平向应力差为 2.5MPa

在数值模拟方面，有限元法是研究转向剂作用下水力压裂裂缝的起裂与扩展中采用较多的方法。俞然刚和闫相祯（2007）研究了油溶性转向剂形成人工应力遮挡的效果，并采用非线性有限元法对裂缝尖端的应力进行计算；类似地，任文明（2007）借助有限元软件 Ansys10.0 对裂缝处人工应力遮挡效果进行了研究。闫治涛等（2012）对一种新型的高效缝内暂堵剂暂堵后裂缝延伸及压后返排对气井生产的影响进行了非线性有限元数值分析，其采用的暂堵剂材料为无机物。在纤维暂堵转向剂方面，李玮和纪照生（2016）采用有限元分析方法研究了纤维暂堵转向压裂机理，数值结果显示纤维暂堵转向裂缝起裂点受最小水平应力的影响较大，并且破裂压力存在一个区间，当岩石破裂压力处于此区间时，转向裂缝从初始裂缝中部起裂，当岩石破裂压力不在此区间时，转向裂缝从井筒处起裂；Wang等（2015b）采用数值模拟结合理论分析的方法对可降解纤维转向剂的转向轨迹进行了分析，模拟结果表明水平向应力差、压裂液黏度和注射时间对重复压裂裂缝转向半径的影响较大。

随着页岩气等非常规油气资源的大规模开发，裂隙岩体中的水力压裂裂缝扩展逐渐成为当前研究的热点问题。伴随着油气井增产的需要，国内的学者对重复压裂裂缝的扩展和转向也开展了一系列的研究，张广清和陈勉（2006）建立了水平井筒附近水力压裂裂缝空间转向模型并把该模型用于分析三向地应力和井筒内压作用下水平井筒水力压裂裂缝的起裂位置和扩展形状，该模型的最大特点在于结合了最大拉伸应力准则和拉格朗日极值法。赵金洲等（2012）基于水力裂缝相交天然裂缝转向延伸路径的等效平面裂缝思想，建立了水力压裂裂缝非平面转向延伸的数学模型和相应的数值求解方法，分析了裂缝型地层水力裂缝沿天然裂缝非平面转向延伸的裂缝几何形态变化规律。张士诚等（2014）针对露头岩心，开展了大尺寸真三轴水力压裂模拟试验，并对压后岩心内部微裂缝进行了高能CT扫描观测，探究了水平地应力差、水平应力差系数、排量和压裂液黏度等因素对页岩水平井压裂裂缝扩展形态的影响。

虽然关于裂隙岩体中水力压裂的基础性研究已经非常多，但是这些已有的成果都不能简单地照搬到重复压裂的研究中，其主要原因在于重复压裂时应力不均匀分布和暂堵转向剂的使用增加了问题的复杂性，并影响水力压裂裂缝的起裂和扩展，从而形成更为复杂的缝网，如图8.2所示。重复压裂裂缝在非均匀地应力场条件下的起裂、扩展和复杂缝网形成的研究是一个很有挑战性的难题，国内外诸多学者相继提出了很多模型和方法来解释非均匀地应力场条件下重复压裂裂缝的扩展和复杂缝网的形成。Elbel和Mack（1993）、Siebrits（1998）等采用有限差分程序FLAC3D模拟了重复压裂裂缝，提出调整注采关系和压裂区内井的位置可以调整局部应力场，从而改变重复压裂裂缝的扩展方向。Aghighi等（2012）利用考虑孔隙弹性的全耦合有限元数值模拟方法研究了致密砂岩中产生的诱导应力场对重复压裂裂缝起裂与扩展的影响，并证明了诱导应力场可以改变重复压裂裂缝的扩展方向。但是这些研究主要是从应力的角度来分析重复压裂裂缝的可能扩展方向，总体来说还缺乏有效的手段可以真正模拟裂缝的扩展过程。

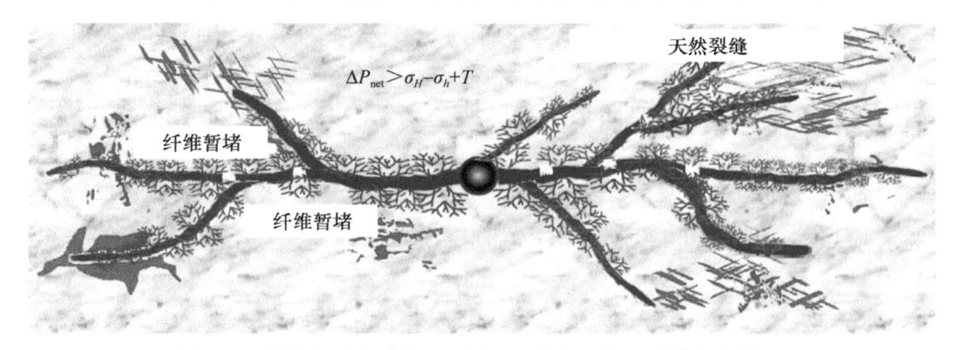

图8.2 非均匀地应力场下重复压裂过程中形成的复杂缝网

非均匀地应力场条件下重复压裂裂缝的扩展和复杂缝网的形成是当前国际上研究的热点问题，但是复杂应力场条件和转向剂的加入都会给研究带来不小的挑战，同时如何对重复压裂后复杂缝网的导流能力进行评估及重复压裂的施工参数进行优化都是值得深入探究的问题。目前的模型大多对裂缝起裂和扩展的过程有所近似和简化，因此不能准确地模拟重复压裂裂缝的扩展及裂缝相互作用形成的缝网，关于非均匀地应力场条件下重复压裂裂缝扩展机制和复杂缝网形成及导流能力评估的研究等问题都需要进一步推进。

从以上分析可以看出，重复压裂是非常规油气藏增产的一项关键技术，尽管重复压裂技术在应用上取得了一定的成功，裂隙岩体中水力压裂问题本身的复杂性，加上非均匀应力场和暂堵转向剂的使用，致使重复压裂在机理上还有很多力学问题未能很好地理解。目前基于我国劣质低渗油藏重复压裂的基础性研究还比较少见，施工的时候对重复压裂裂缝的有效扩展及其工艺控制还没有太多的理论依据，对于重复压裂的物理过程及如何对油藏进行改造还缺乏深刻的认识，大部分的现场压裂作业都还是停留在经验基础上，因而急需在理论上寻求突破。

8.2 3DEC 裂缝扩展模型的建立

本节提出了一种将地质力学建模和微地震分析完全耦合的研究方法，研究了暂堵和射孔摩擦对位于美国鹰福特（Eagle Ford）致密油层典型油井重复压裂的影响。微地震数据通常被用作推断水力裂缝几何形状的工具，现场施工人员能根据微地震分析结果采取相关增产措施。通过鹰福特的案例，本节向读者演示了使用微地震分析手段研究重复压裂的工作流程和建模方法，并指出这种假设微地震活动与流体流动和增产有关的方法不适用于重复压裂问题的分析。

8.2.1 几何模型的建立

图 8.3（a）表示一个植入离散裂缝网络（DFN）模型的三维透视图，该模型模拟了一个多段水平井在初始压裂的两段间进行重复压裂的过程。图 8.3（b）显示了水平井的示意图。模型的长度（沿 x 轴）、宽度（沿 y 轴）、高度（沿 z 轴）分别为 1000m、480m、320m。模型共有三个压裂段，包括两边的初始压裂段和中间的重复压裂段，每个压裂段有三个簇。图中的红色实线和蓝色虚线分别代表初始压裂段和重复压裂段的压裂簇。初始压裂阶段和重复压裂阶段的簇间距均为 18.288m。该模型的关键假设如下：

（1）在每个簇中，水力裂缝的轨迹由垂直于最小主应力（$S_{h\min}$）方向（即沿着 y 轴）的平面预先确定。即裂缝只能沿着这些平面进行扩展，无法进行弯曲。这些预定的平面最初都是未张开的，但可以根据注入流体引起的应力变化而张开。

（2）模型没有直接模拟初始压裂段后的孔压衰竭。假设初始压裂处理后的裂缝网络，包括形成的水力裂缝和激活的天然裂缝具有相同的井底压力。利用井底压力和原始储层压力，通过线性插值的方法确定孔压衰竭带内的储层压力（孔隙压力）。

（3）支撑剂的输送以及流体在基质中的扩散计算不包括在本模型的研究中。

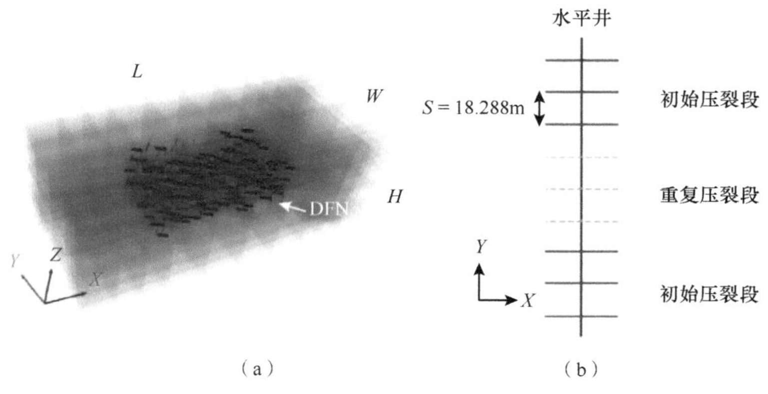

图 8.3　3DEC 几何模型设置

（a）植入离散裂缝网络（DFN）的三维地质力学模型；（b）水平井压裂布置图

图 8.4 表示离散裂缝网络的主视图和俯视图。离散裂缝网络区域的长、宽和高分别为 450m、240m 和 160m。离散裂缝网络区域的大小小于模型尺寸，因为水力裂缝只会在模型的核心区域传播。核心之外的区域就像一个缓冲区，防止边界效应的干扰。在由两个离散裂缝组组成的模型中，共有 389 条天然裂缝，其中一组离散裂缝的倾向为 90°，倾角为 30°，另一组离散裂缝是倾向为 130°，倾角为 90°。两个离散裂缝组分别用蓝色和红色标记。

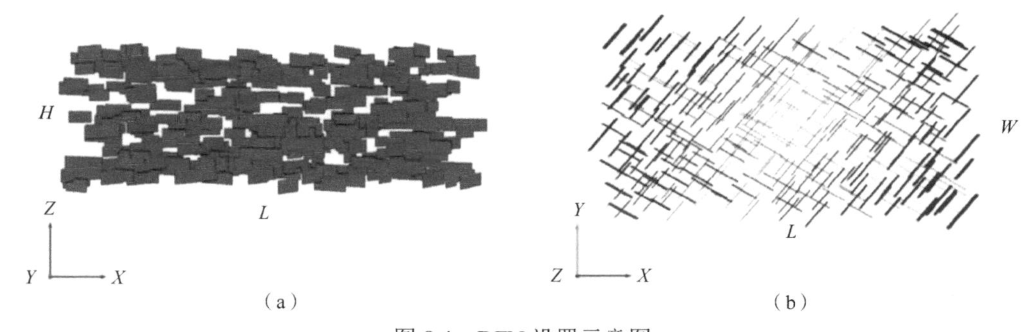

图 8.4　DFN 设置示意图

（a）DFN 区域主视图；（b）DFN 区域俯视图

图 8.5 为模型中使用的简化应力剖面。该模型包括四个地层：页岩 A、下奥斯汀白垩、鹰福特和布达。鹰福特储层厚度为 80m（深度为 3400 ～ 3480m），最小主应力随深度变化的剖面图显示了鹰福特的应力分布与上地层（下奥斯汀白垩）和下地层（布达）具有显著差异。各地层中最大水平应力比最小水平应力大约大 5%。每个地层的力学性质遵循一个类似的简化岩性，如表 8.1 所示，地层中的应力和力学参数会根据深度变化。水平井压裂的注入点位于 3440m 的深度，位于鹰福特储层的中部。模型模拟的顺序如下：首先，在给定地质条件和注入参数的条件下，模拟两个阶段的初始压裂过程，然后允许裂缝闭合，同时耗散裂缝内流体。随后，用简化的方法模拟了初始完井后的孔压衰竭过程。最后，根据衰竭后的应力和储层压力变化，在 4 种不同情景下进行重复压裂模拟。

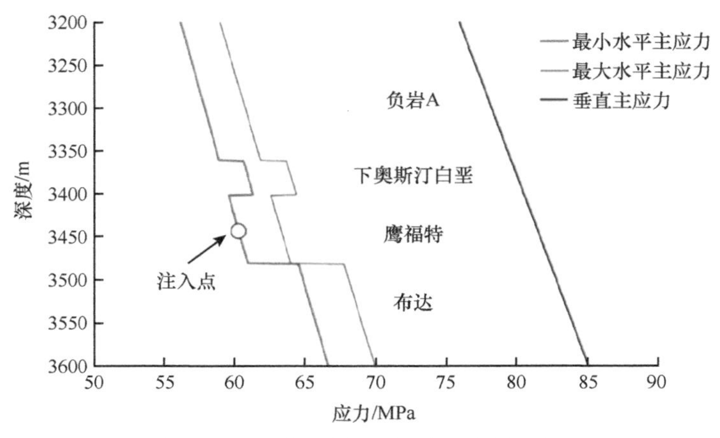

图 8.5　模型中使用的简化应力剖面图

表 8.1　模型地层的力学属性

地层名称	深度范围/m	杨氏模量/GPa	泊松比
页岩 A	小于 3360	35.0	0.20
下奥斯汀白垩	3360 ～ 3400	50.0	0.25
鹰福特	3400 ～ 3480	40.0	0.22
布达	大于 3480	66.0	0.28

8.2.2　初次压裂和孔压衰竭模拟

初次压裂指在初始压裂的两个阶段分别进行 40min 的注入。注入速率为每段 $0.159m^3/s$（即每段 $0.159m^3/s$，每簇 $0.053m^3/s$，一共 3 段），流体黏度为 0.1Pa · s。模型假设所有簇具有相同的流体压力，即同一个井筒内的流体压力相同。模型中考虑了射孔摩擦，由下式计算：

$$\Delta P_{\text{perf}} = 0.2369\frac{\rho_{\text{f}}Q^2}{C_{\text{D}}^2 n^2 d^4} \tag{8.1}$$

式中，ρ_{f} 为流体密度；Q 为注入速率；C_{D}=0.56，为流量系数；n=10，为射孔孔数；d=0.01016，为射孔直径。对于每个簇，在每个流体时间步长，会根据该步长内注入的流量更新相应的射孔摩擦。图 8.6 为不同时间初始压裂阶段的原始裂缝形态透视图，黑色实线表示井筒，所有 6 条水力裂缝都从注入点处开始延伸。可以看出，由于射孔摩擦，6 个簇的流量基本平均分配。

本模型使用了一个简化的过程来模拟孔压衰竭。假设在衰竭过程中，水力裂缝和天然裂缝具有相同的井底压力（这里的井底压力是指重复压裂前的孔隙压力），而孔压降低 10MPa。模型选择与裂缝网络的距离为 20m 范围内的储层为衰竭带（衰竭区）。由于衰竭带厚度仅为模型中储层尺寸的 3 倍左右，因此可以假设从裂缝到地层具有简单线性

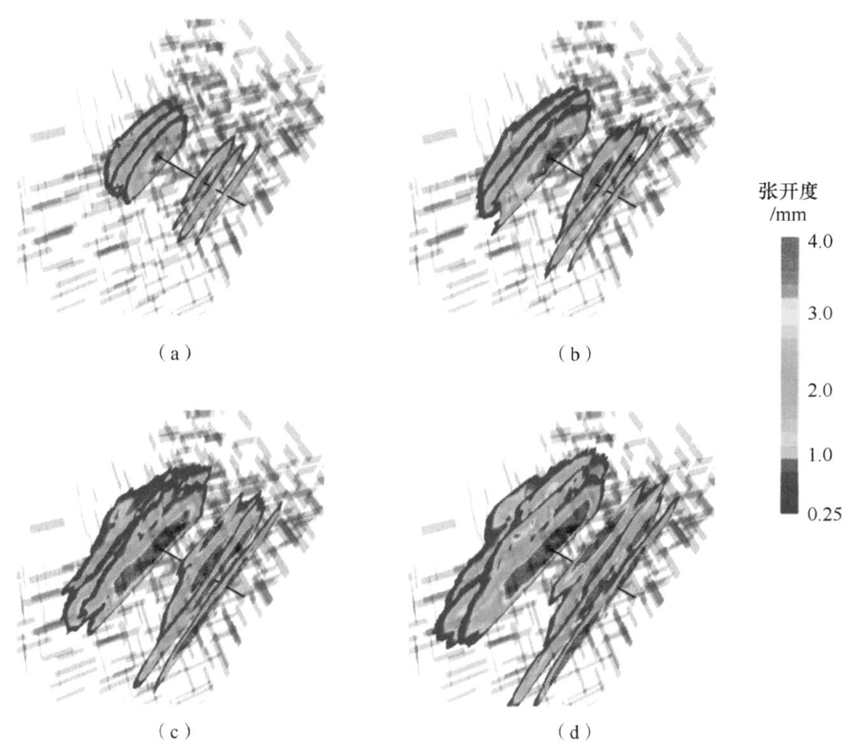

图 8.6 初始压裂在不同时刻的裂缝扩展模拟结果

黑色线段表示井筒

压降规律。衰竭方式为将衰竭带内的三个主应力都施加等于孔压衰竭引起压力变化的减量。由于远场应力没有变化，模型被迫达到新的力学平衡。图 8.7 为衰竭后孔隙压力剖面图，剖面位于鹰福特储层的中心。在预进行重复压裂的区域，储层压力没有衰竭。对应模型的最小水平主应力场如图 8.8 所示。

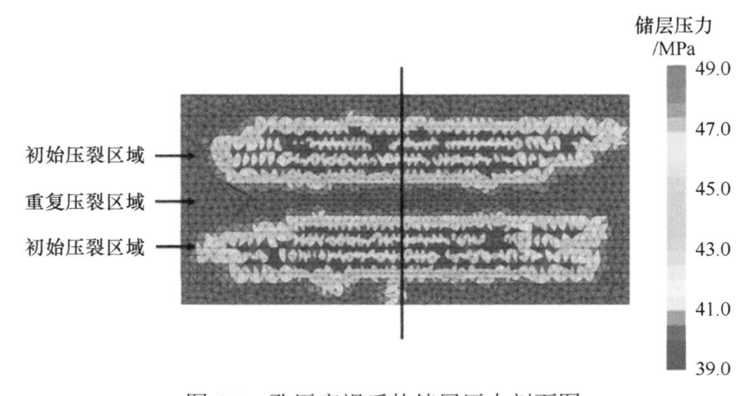

图 8.7 孔压衰竭后的储层压力剖面图

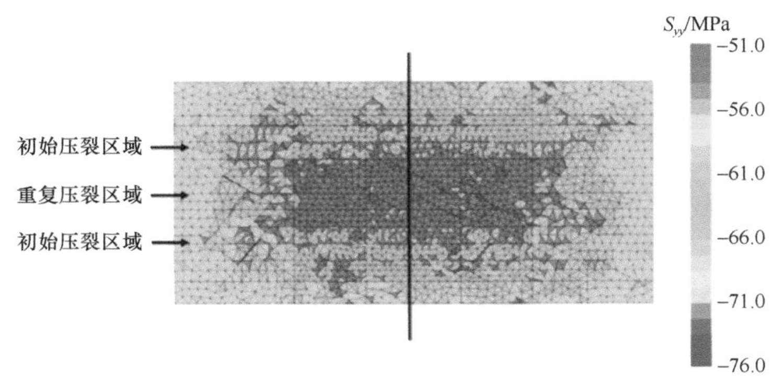

图 8.8　孔压衰竭后的最小水平主应力剖面图

图 8.9 绘制了衰竭后沿井筒的最小水平应力（红色）和储层压力（蓝色）的分布趋势。在初始压裂阶段，未衰竭区域的最小水平主应力比衰竭区域更低，然而储层压力的分布趋势相反。最小水平主应力和储层压力趋势图显示有效应力在衰竭区域远比在未衰竭区域高。此外，较低的总应力意味着高储层压力区域的裂缝比低储层压力区域的裂缝更容易张开，意味着在某些情况下，即使不使用暂堵剂，重复压裂也可能在未衰竭地区起裂和扩展新的裂缝。

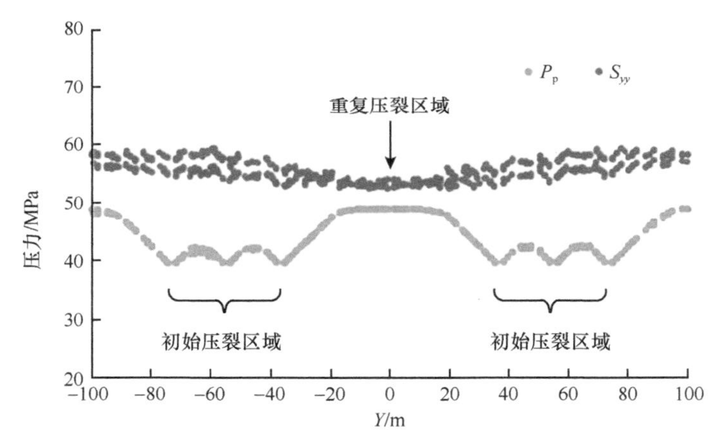

图 8.9　孔压衰竭后最小水平主应力与储层压力沿着井筒的变化

8.2.3　重复压裂模拟

重复压裂的暂堵模拟可以通过关闭不同射孔簇中的部分或全部射孔来实现。本模型模拟了四种不同的重复压裂方案，方案一：不暂堵，所有初始和重复压裂的射孔都打开。在这种情况下，尽管初始压裂阶段和重复压裂阶段的应力和孔隙压力因衰竭而不同，但由于没有暂堵，所有 9 个簇都具有相同的井筒压力。方案二：部分暂堵，一半初始裂缝的射孔关闭。在这种情况下，所有 9 个簇都具有相同的井筒压力。然而，由于重复压裂段的射孔比初始压裂段更多，因此重复压裂段射孔簇的射孔摩擦较小。方案三：无限射孔的全部暂堵，在这种情况下，由于暂堵剂的使用，所有初始射孔都将关闭。流体被迫进入重复压裂段。假设每个射孔簇中有多个射孔，则可以忽略射孔摩擦。方案四：有限射孔的全部暂堵，在重复压裂段，用有限的射孔数量实现全部导流。由于射孔数量有限，在这种情况下考虑了射孔摩擦。在所有四种重复压裂方案中，注入时间均设为80min，注入速率设为$0.159m^3/s$。

8.3 3DEC裂缝扩展模型的结果与讨论

不暂堵（方案一）的裂缝扩展结果如图8.10所示，在不使用暂堵剂的情况下，10min后新裂缝的扩展开始占主导地位，新裂缝的扩展比旧裂缝重新张开的部分宽得多。然而随着时间的推移，老裂缝开始吸收更多的流体，到重复压裂结束时，9条裂缝的大小都差不多，说明重复压裂的流体很大一部分用于老裂缝张开。该模型最有用的结果之一是预测新老裂缝之间的流体分布。从图8.11可以看出，流体在很早的时候大部分进入了老裂缝。这并没有在裂缝宽度云图中显示出来（图8.10），因为流体对旧裂缝进行再加压，而裂缝宽度没有明显增加。新裂缝中的流体比例在10min之后快速增加，新的裂缝吸收了60%的注入流体。在大约12min后达到峰值，随后新裂缝中的流体增加量开始减少，老裂缝开始快速张开。

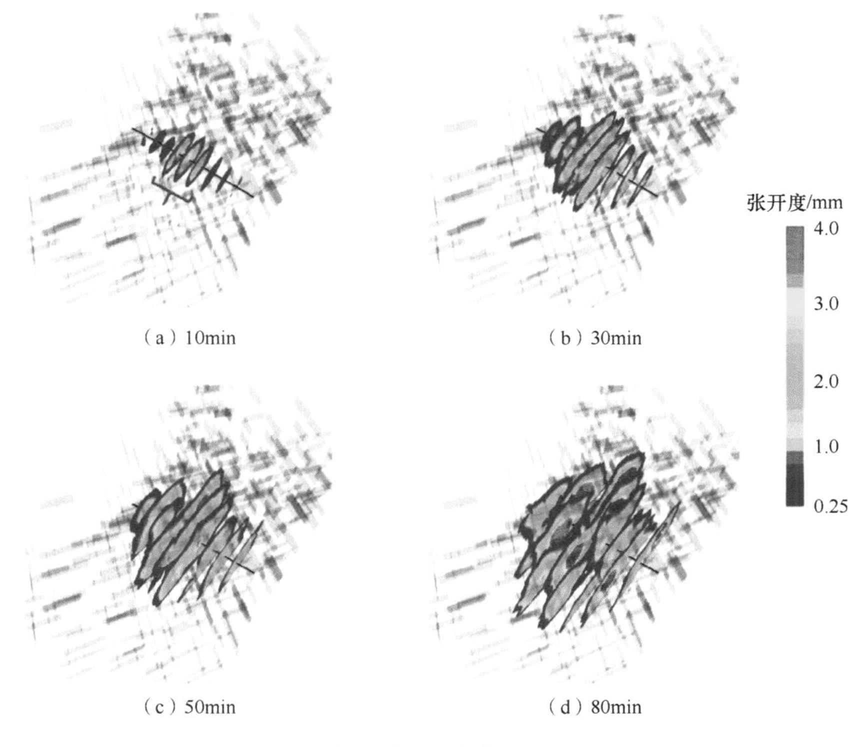

图8.10 重复压裂裂缝宽度云图（方案一）

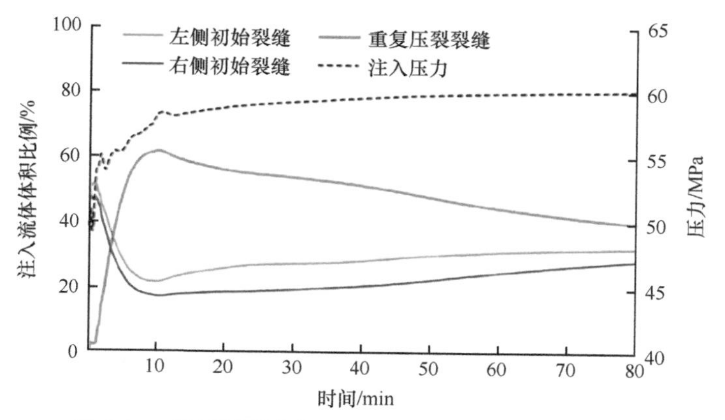

图 8.11　重复压裂流体分布和压力分布情况（方案一）

图 8.11 中随着老裂缝开始吸收更多的流体，压力曲线也显示了一个明显的特征。流体的分布可以用流体压力和初始应力状态来解释。新裂缝附近的最小主应力约为 52MPa，如图 8.9 所示。在重复压裂初期，流体压力过低，无法在该区域破裂和扩展新裂缝，导致旧裂缝再增压而张开。然而，一旦压力超过 52MPa，新的裂缝开始形成，它们会优先张开扩展。大约 8min 后，压力超过了老裂缝附近的应力（约 57MPa），这些裂缝再次开始吸收流体。此外，由于应力阴影效应的增强，中部的新裂缝受到挤压。在几分钟内，这些老的裂缝将吸收大部分的流体，新裂缝中流体的比例将减少。上述结果还表明，在重复压裂阶段，较低的注入压力可能有助于防止老裂缝重新张开。

除了水力裂缝的形态，本模型还通过井筒周围离散裂缝网络产生的微地震事件来监测重复压裂的过程，微地震事件通过估计塑性滑动的大小来确定，计算公式如下：

$$M_0 = G \times l_{\text{slip}} \times A_{\text{slip}} \tag{8.2}$$

式中，M_0 为地震矩；G 为剪切模量；l_{slip} 为滑动长度；A_{slip} 为滑动区域的面积。震级可以由下式确定：

$$M_s = \frac{2}{3}\lg M_0 - 6.0 \tag{8.3}$$

式中，M_s 为矩震级。

以最小正应力为 20MPa，最小滑移距离为 10^{-5}m 为阈值，低于此阈值则认为滑移事件为地震事件。根据摩擦稳定定律，有效正应力需要大于临界值才能实现不稳定滑动。然而，在本书中很难准确地识别临界正应力。因此，所有方案均选择 20MPa 作为临界值。法向应力和滑移距离阈值的选择虽然是任意的，但应该能够对微地震的计算提供一些限制。

图 8.12 显示了本方案离散裂缝网络的合成（模型）微地震事件。黑色虚线代表初始压裂和重复压裂之间的边界，红色实线代表簇。球体的颜色表示事件的时间，球体的大小表示矩震级。中部（重复压裂区域）表现出裂缝扩展的典型特征，随着裂缝的增长，微地震事件从井筒向外扩展。旧压裂裂缝周围天然离散裂缝的滑动活动较少。

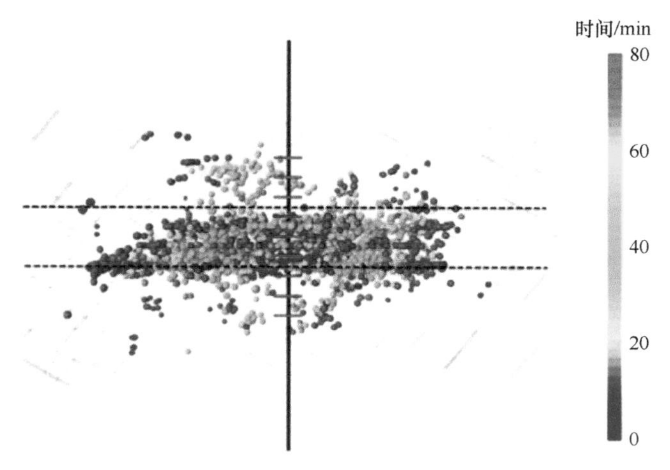

图 8.12　合成（模型）微地震事件（方案一）

黑色虚线代表初次压裂和重复压裂之间的边界，红色实线代表簇。球体的颜色表示事件的时间，球体的大小表示矩震级

图 8.13 总结了所有四种重复压裂方案下最终裂缝的几何形状。部分暂堵没有对最终的裂缝形态产生显著的影响。在两种全部暂堵的情况下（一个考虑射孔摩擦，一个不考虑），尽管由于应力阴影效应，中间裂缝有被挤压的趋势，吸收的流体更少，但两者总体裂缝几何形状看起来非常相似。图 8.14 为方案二（部分暂堵）下的压力和流体分

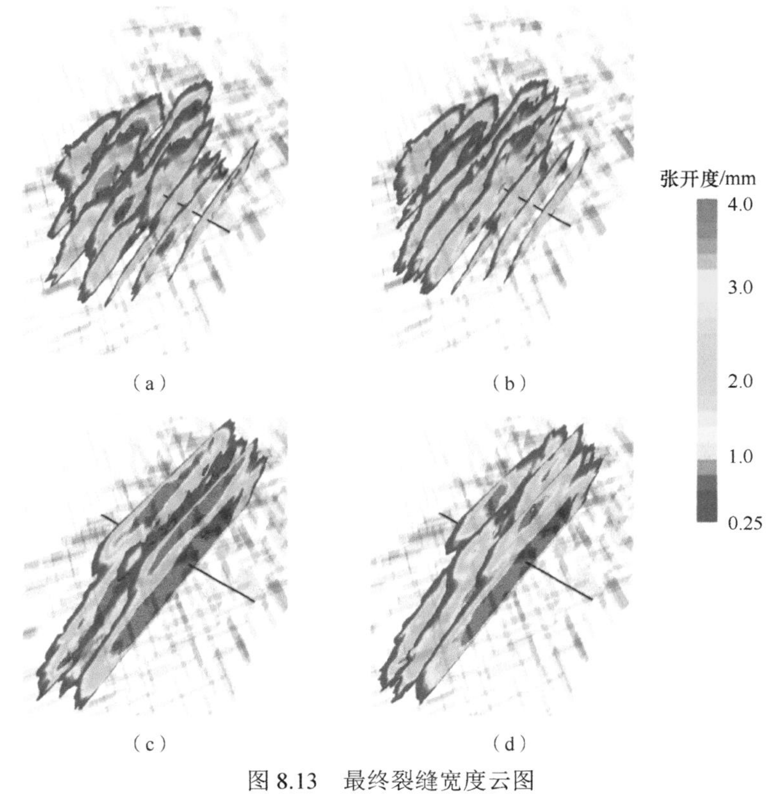

图 8.13　最终裂缝宽度云图

(a) 方案一；(b) 方案二；(c) 方案三；(d) 方案四

布。压力分布曲线和流体分布曲线的形状与图 8.11 非常相似。在 57MPa 时，流体分布的转变发生得较晚。在压裂结束时，重复压裂区域裂缝内的流体占注入量的 50% 以上，而使用不暂堵的方案下，这一比例仅为 40%。图 8.15 所示的微地震数据与方案一非常相似。在这两种情况下，老裂缝周围区域的微地震活动比重复压裂裂缝区域的要少得多。

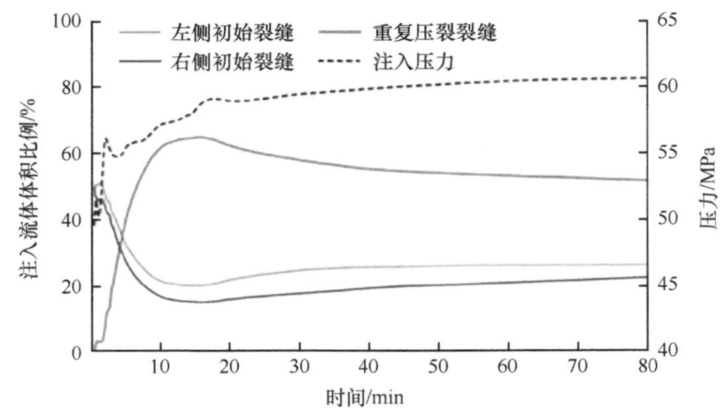

图 8.14　重复压裂流体分布和压力分布情况（方案二）

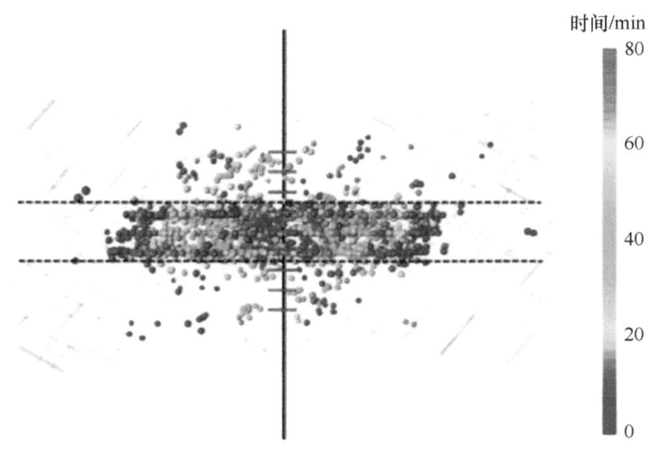

图 8.15　合成（模型）微地震事件（方案二）

无限射孔全部暂堵的情况下（方案三）的流体分布和压力如图 8.16 所示。在这种情况下，流体分布在三个重复压裂簇之间（没有流体进入老裂缝）。三个簇最初分布的流体体积相似，但由于 DFN 的影响略有变化。然而，大约 30min 后，应力阴影效应出现，中心簇裂缝内的流体被挤出，裂缝扩展受到抑制。在大约 20min 后，当压力比不暂堵情况（方案一）高 2 ～ 3MPa 时，井筒压力出现下降。这是重复压裂的新裂缝在高度方向的快速增长引起的。在无限射孔全部暂堵的情况下，尽管有少量流体通过天然裂缝网络到达老裂缝，但老裂缝根本不张开，并且微地震事件发生在附近的天然裂缝上，如图 8.17 所示。

图 8.18 显示了由于有限射孔全部暂堵情况下的结果（方案四），即考虑了射孔摩擦。由于射孔摩擦比应力阴影效应大得多，使得流体在射孔簇间的分布更加均匀。中央裂

缝的长度与周围裂缝差别不大。方案四的微震事件图与方案三的微震事件图也非常相似（图 8.19）。在初始压裂区域，只有少量的流体到达天然裂缝，产生少量的微地震事件。

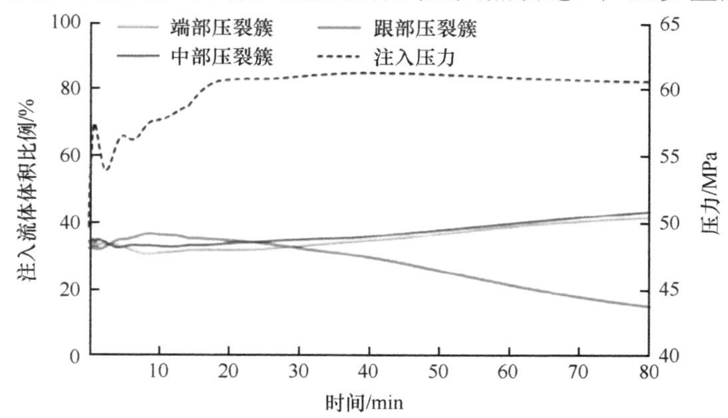

图 8.16　重复压裂流体分布和压力分布情况（方案三）

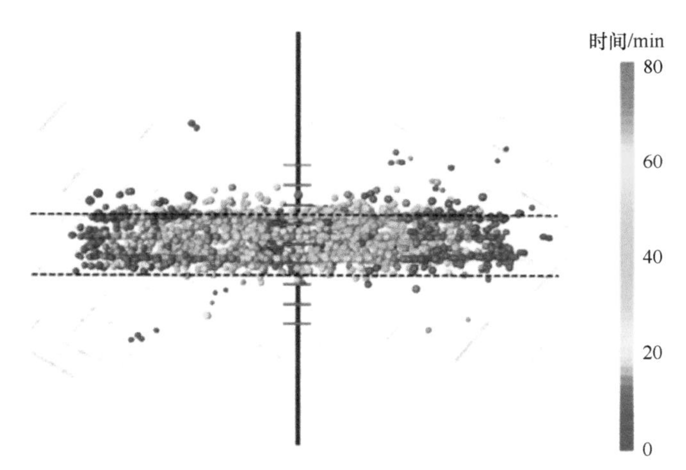

图 8.17　合成（模型）微地震事件（方案三）

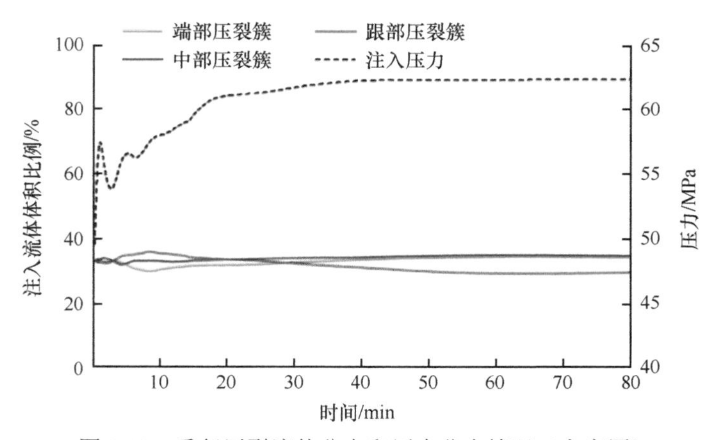

图 8.18　重复压裂流体分布和压力分布情况（方案四）

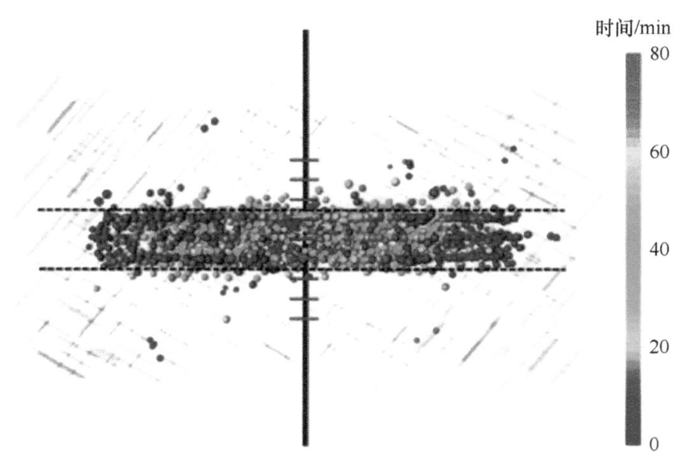

图 8.19　合成（模型）微地震事件（方案四）

图 8.20 和图 8.21 分别绘制了方案一和方案三中微地震随时间与距离分布的散点图。在无限射孔全部暂堵的情况下，微地震事件从井筒延伸得稍微远一些。然而，即使只有 3 条裂缝发育，全部暂堵并不会产生比不暂堵更大的微地震云。在扩展的裂缝尖端，事

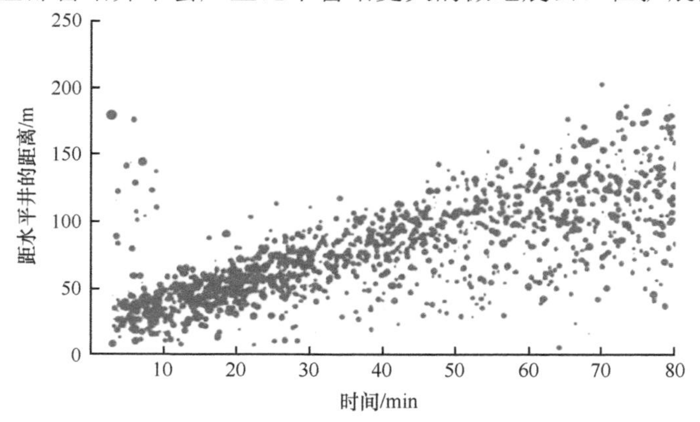

图 8.20　时间-距离的微地震图（方案一）

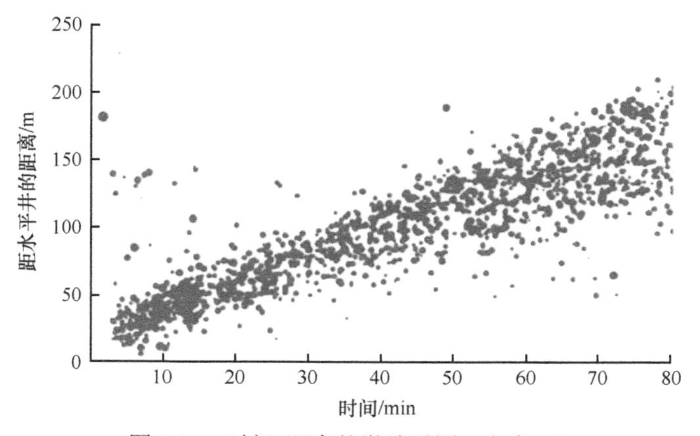

图 8.21　时间-距离的微地震图（方案三）

件通常也不太分散。这与流体流动分布随时间变化的事实相一致，即老裂缝中的流体尖端滞后于新裂缝的尖端。这些图可以帮助发现暂堵失败的现象，但现场不能仅仅使用这种分析确定是否暂堵成功。微地震事件可以分为两类，即位于与新裂缝相关的区域（在两条黑色虚线之间），以及该区域之外的区域。图 8.22 和图 8.23 分别显示了不暂堵（方案一）和全部暂堵（方案三）情况下重复压裂裂缝区域以外的情况。这两种情况之间的区别更加明显。然而，从现场数据中判断是否成功暂堵仍然比较困难。

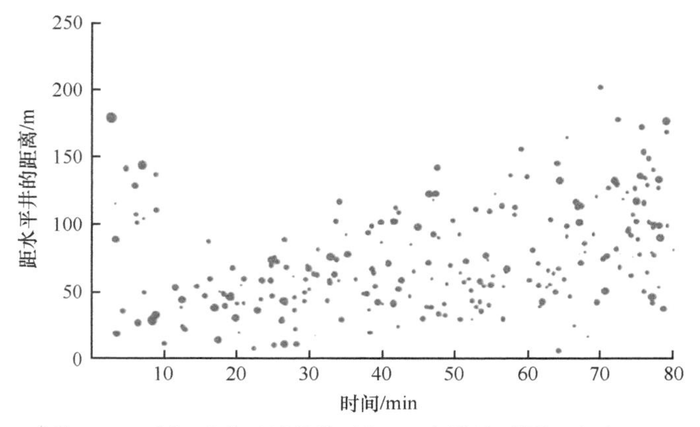

图 8.22　重复压裂区域外的时间-距离微地震图（方案一）

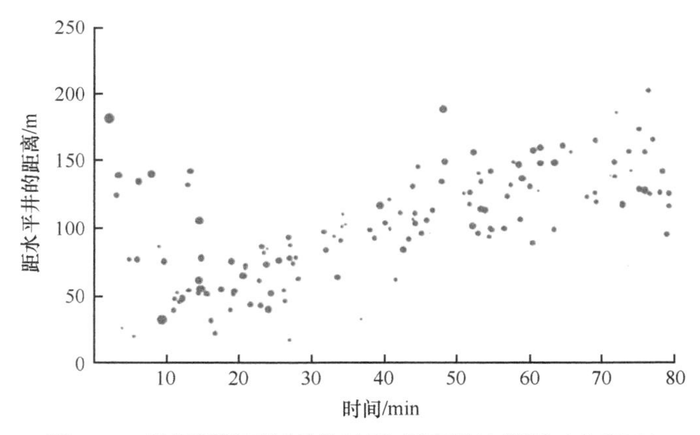

图 8.23　重复压裂区域外的时间-距离微地震图（方案三）

微震事件也可以从研究模型不同区域累积地震矩的角度进行分析。无论是不暂堵还是全部暂堵，大约 80% 的地震矩发生在重复压裂裂缝区域。然而，重复压裂裂缝区域累积地震矩占比的时间演化曲线图可以很好地判断暂堵效果。在这种情况下，仅考虑前 10min 注入后发生的微震事件，就可以观察出全部暂堵和不暂堵的区别。从图 8.24 可以看出，当暂堵效果较差时，在重复压裂裂缝区域的累积微震矩逐渐减少，而在全部暂堵的情况下则逐渐增大。

模拟结果显示，哪怕暂堵效果较差，重复压裂过程中也可能有新裂缝的起裂和扩展。该模型还表明，老裂缝的重新张开伴随着明显的压力特征。然而，如果没有微地震特征

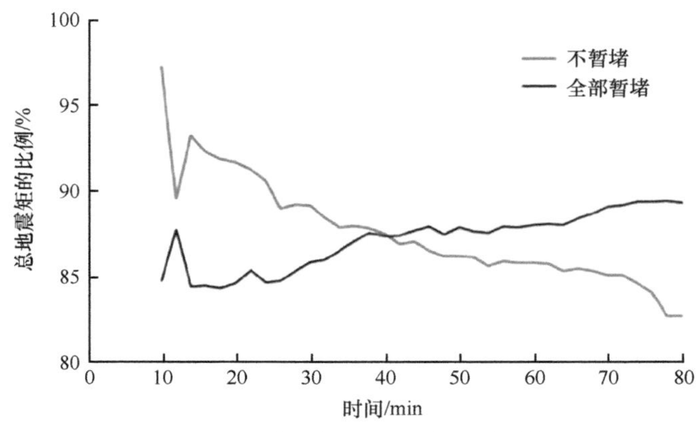

图 8.24 重复压裂区域的累积地震矩

在暂堵效果较差的情况下，重复压裂裂缝附近累积微地震矩占总微地震矩的比例减小，而在全部暂堵的情况下，重复压裂裂缝附近累积微地震矩占总微地震矩的比例增大

分析，这种压力信号可能会被误解为裂缝高度快速增长的迹象。利用微地震数据作为可视化工具，定性地推断裂缝扩展的几何形状，对于理解初次水力压裂有一定的好处。但由于微地震响应受地质力学因素控制，这种简单的方法在重复压裂中很容易引起误解。初始水力裂缝张开和储层压力衰竭引起的地质力学变化对孔压衰竭区和重复压裂裂缝扩展区的微震模式有很大的影响。即使在暂堵效果较差的情况下，大部分微地震活动也发生在重复压裂裂缝周围，因此很容易错误地推断出暂堵成功。即使对现场数据进行更深入的分析（如时间与距离图），在缺乏其他判断依据时也不够准确。本节模拟的结果可以让读者从微地震的角度更好地理解暂堵。例如，在重复压裂段之外，如图 8.12 所示的一系列事件可能表明老裂缝正在吸收流体。对重复压裂的地质力学模拟可以更好地理解重复压裂过程中潜在的力学原理。

此外，本模型的模拟结果显示了流体压力信号、微地震数据及流体分布特征之间的关系。这既可以解释现场结果，也可以作为优化完井工艺的工具。例如，如果重复压裂的目标是起裂和扩展新的裂缝，那么在某些情况下，最好的方法是采用较低的压力进行注入，以防止老裂缝重新张开，或者在老裂缝重新张开之前将注入压力降低。

8.4 本章小结

重复压裂是非常规油气藏增产的一项关键技术，尽管重复压裂技术在应用上取得了一定的成功，裂隙岩体中水力压裂问题本身的复杂性，加上非均匀应力场和暂堵转向剂的使用，致使重复压裂在机理上还有很多力学问题未能很好地理解。本章首先对前人在重复压裂和暂堵剂使用方面的研究进行了综述和总结，接着就美国鹰福特致密油层某水平井的重复压裂施工进行了三维数值模拟研究，并做了施工参数分析。模型将地质力学建模和微地震分析完全耦合起来，研究了暂堵和射孔摩擦对该油井重复压裂的影响。

模型共测试了四种不同的重复压裂方案。模型研究表明：

（1）衰竭引起的应力变化会加强裂缝的转向。由于未衰竭区的总应力较小，而地层压力较高，更有利于裂缝的扩展，即使不使用暂堵剂，裂缝也有可能在未衰竭区起裂并扩展。重复压裂过程中，衰竭区和未衰竭区裂缝之间的流体分布比例也会发生变化。

（2）传统的微地震分析不足以让人确定是新裂缝扩展还是老裂缝重新张开，本章提出了一种结合微地震模式判断暂堵有效性的方法，即基于地震矩分布特征判断流体是否进入老裂缝，结合流体压力特征信号可以更准确地判断出现场情况。本章的研究为致密油气田现场重复压裂方案提供了思路，并提出了一些完井优化方案，为现场重复压裂施工提供理论指导。

第 9 章

致密油极限射孔优化设计研究

极限分簇射孔技术是在限流射孔技术上发展而来的。常规限流射孔技术是通过严格控制各层的射孔密度和射孔孔径，以尽可能大的注入排量进行施工。利用最先压开层吸收大量压裂液所产生的炮眼摩阻，大幅度提高井底压力，迫使注入的压裂液分流，相继压开破裂压力接近的邻近层，能一次压裂同时处理几个目的层（陆仁桓和王继成，1987）。在此基础上极限分簇射孔技术通过大幅度减少每个射孔簇的射孔数量和孔眼尺寸以最大限度增加射孔摩阻，使每簇裂缝都起裂延伸，能够增加有效簇数和更好地实现压裂液均匀地流动到每簇中进行均衡改造（Rassenfoss，2018；Somanchi et al.，2018；Carpenter，2018；Weddle et al.，2018；Barba and Villareal，2019；Cramer et al.，2020；Zhang et al，2021）。极限分簇射孔技术由于较大的射孔摩阻，可以最大限度地降低多簇裂缝之间的应力阴影干扰，能够促进水平井单段压裂时能尽可能多地保证每个射孔簇都起裂，起裂效率达到 80% 以上。为此，极限分簇射孔技术可以有效地提高长水平井分段压裂的裂缝数量，显著提高压裂改造效果，目前已受到国内外学者的关注和研究，并且已在美国、加拿大、中国等国家开展了现场应用实践，效果显著。目前，国内长庆油田也开始针对致密储层进行了极限射孔先导性试验，结果表明极限射孔能够大幅度提高储层改造效果。但是，长庆油田致密储层水平井段非均质性较强，簇间应力差为 1 ～ 5MPa，导致部分压裂段出现多簇裂缝起裂及扩展不均衡的难题。所以开展簇间应力差影响下的极限分簇射孔技术的相关研究是十分必要的。

9.1　极限射孔数值模型

为探究极限分簇射孔技术在长庆油田致密储层中促进多簇裂缝有效起裂的适用性和压裂施工参数优化及改进，以华 6-8 井第 11 段极限分簇射孔施工参数及地质条件为例，采用三维离散格子方法建立了极限分簇射孔压裂现场尺度数值模型，据此探究极限分簇射孔压裂起裂效率和各簇裂缝扩展均匀程度规律，优化极限分簇射孔关键参数和射孔工艺，绘制压裂施工指导图版，可进一步提升多簇起裂有效性，增强极限射孔技术在长庆油田致密储层的适用性，进一步增强整体改造效果。

9.1.1　华 6-8 井第 11 段介绍

华 6-8 井第 11 段测井数据见图 9.1。从图可知，整个压裂段中部区域的最小水平主应力较均匀，其中布置 12 簇射孔簇，每簇 2 孔，相位角 180°，孔径为 12mm，施工排量为 14m^3/min。其簇间距分布见图 9.2，从图可知平均簇间距约为 7m。

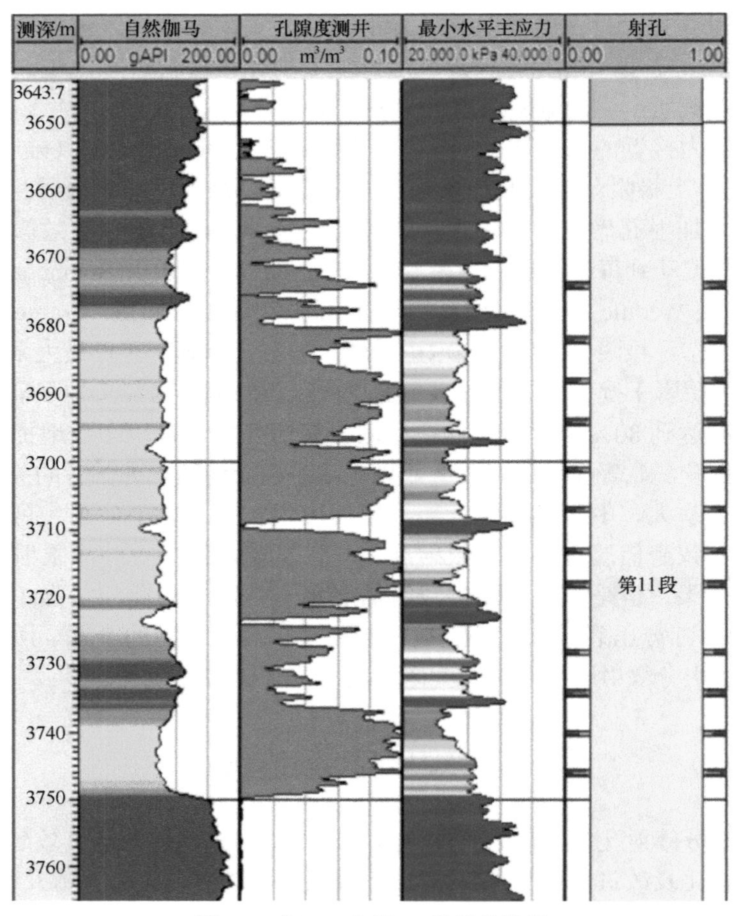

图 9.1　华 6-8 井第 11 段测井数据

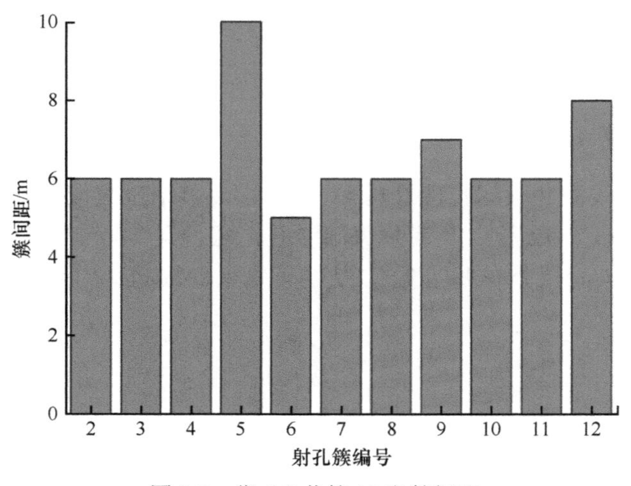

图 9.2　华 6-8 井第 11 段簇间距

9.1.2 极限射孔压裂数值模型建立

基于华 6-8 井第 11 段的地质参数和极限分簇射孔压裂施工参数，建立图 9.3 所示的大尺度极限分簇射孔压裂数值模型，图中 S_v、$S_{H\max}$ 和 $S_{h\min}$ 分别为垂向应力、最大和最小水平主应力。数值模型的总尺寸为 180m×120m×30m，其中中部储层和上、下隔层厚度分别为 10m，水平井筒沿着最小水平主应力方位布置。水平井筒上设置有 12 个射孔簇，簇间距为 7m。每个射孔簇的裂缝弯曲摩阻为 2MPa，根据式（9.1）可计算得到每个射孔簇的射孔摩阻为 4.87MPa，最终由式（9.2）可知每个射孔簇的近井筒摩阻为 6.87MPa。中部储层和隔层物性、地应力参数、岩石力学参数，以及极限分簇射孔压裂施工参数见表 9.1 和表 9.2。

$$p_{\text{pf}} = \frac{2.2326 \times 10^{-4} \times Q^2 \times \rho}{n^2 d^4 C^2} \tag{9.1}$$

式中，p_{pf} 为射孔摩阻，Pa；Q 为排量，m^3/min；ρ 为压裂液密度，kg/m^3；n 为射孔数量，无量纲；d 为射孔直径，m；C 为流量系数。

$$p_{\text{nw}} = p_{\text{pf}} + p_{\text{ft}} \tag{9.2}$$

式中，p_{nw} 为近井筒摩阻，MPa；p_{pf} 为射孔摩阻，MPa；p_{ft} 为裂缝弯曲摩阻，MPa。

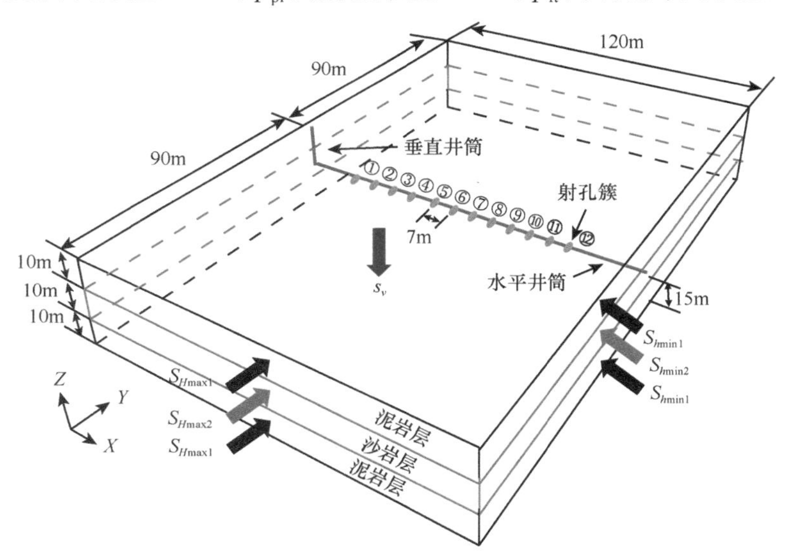

图 9.3 极限分簇射孔压裂数值模型

表 9.1 极限分簇射孔压裂数值模型输入参数

参数	数值
排量/(m^3/min)	14
储层 $S_v/S_{H\max}/S_{h\min}$/MPa	46/36/27
隔层 $S_v/S_{H\max}/S_{h\min}$/MPa	47/43/35
簇数/簇	12
簇间距/m	7

续表

参数	数值
压裂液黏度/(mPa · s)	5
压裂液密度/(kg/m³)	1000
$P_{孔眼}$/MPa	4.87
$P_{裂缝弯曲}$/MPa	2
ΔP_{NW}/MPa	6.87
射孔孔径/mm	12
射孔孔数/孔	24（每簇 2 孔）
流量系数	0.87
滤失系数/(m/s$^{0.5}$)	1.2×10^{-4}

表 9.2　储层和隔层物性、地应力及岩石力学参数

参数	弹性模量/GPa	泊松比	抗压强度/MPa	抗拉强度/MPa	断裂韧性/(MPa · m$^{0.5}$)	孔隙度/%	渗透率/mD
隔层	27	0.31	120	8.0	5	5.0	0.013
储层	20	0.25	75	4.5	3	9.3	0.130

9.1.3　极限射孔压裂数值模拟结果

华 6-8 井第 11 段注入 10min 后的模拟裂缝形态见图 9.4。从图中可知，压裂后 12 个射孔簇中都有沿着垂直于最小水平主应力方向的水力裂缝形成，裂缝形态多为平面裂缝。水力裂缝主要限制在中部储层中扩展，最大缝长为 52m，最大缝宽为 3.49cm。此外，

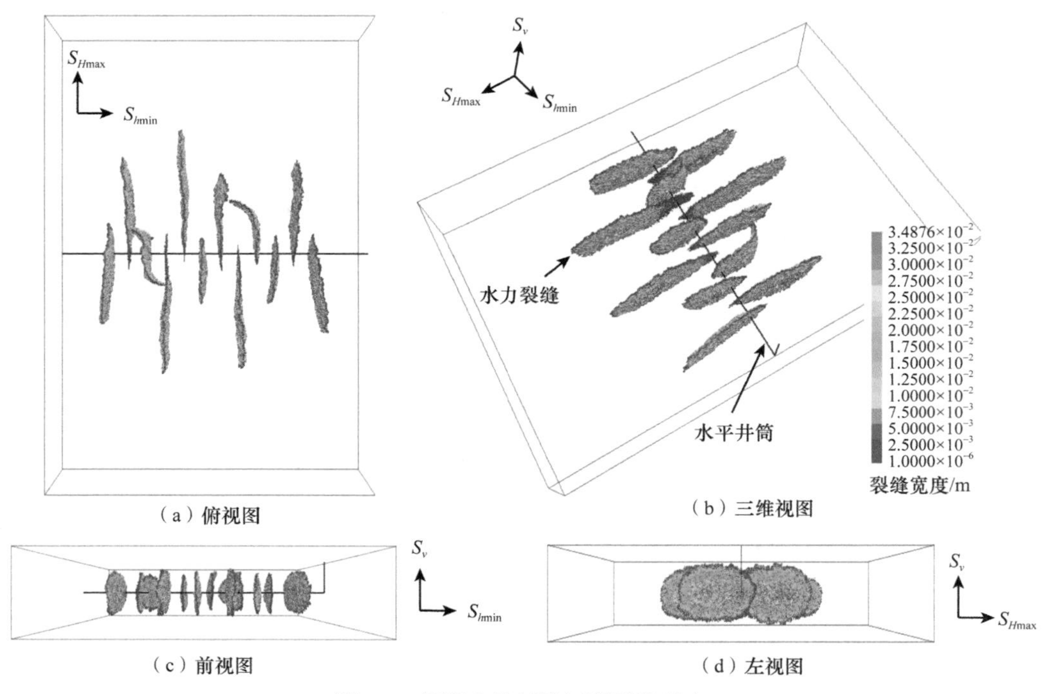

图 9.4　极限分簇射孔压裂裂缝形态

单条水力裂缝在缝长方向的扩展存在非均质性，即水力裂缝主要在井筒其中一侧优势扩展，而另一侧扩展严重受限。所以，整段多簇裂缝扩展的最终形态呈现为相互交错扩展分布，这是相邻裂缝簇间存在应力阴影导致的。

9.1.4 极限射孔压裂数值模型验证

为验证三维数值模型的可靠性，将模拟注入压力和现场井下注入压力进行对比，结果见图 9.5。从图 9.5 可知，模拟中的破裂压力（63.02MPa）与现场地下破裂压力（62.01MPa）几乎相等。同时在前 10min 内模拟注入压力曲线与现场注入压力曲线变化趋势大致吻合，主要差异为现场压力在前期压力积聚更缓慢，这与地下复杂情况有关，如可能存在裂缝等。

当一簇裂缝的裂缝体积达到该压裂段每簇平均裂缝体积（即该段所有簇裂缝体积之和除以簇数）的 70% 时［式（9.3)］，该裂缝簇是有效的，即为有效裂缝簇。采用标准差来评价各簇裂缝扩展均匀程度，见式（9.4）。其中，需要将各簇裂缝体积无因次化，以保证分析结果更具普适性，见式（9.5）。各簇水力裂缝的体积标准差值越小，则表明彼此间的差异越小，即各簇水力裂缝发育越均匀。为此可知数值模拟中 12 簇有效起裂簇数为 11 簇，裂缝簇起裂效率为 91.7%，这与现场阶梯降排量测试得到的裂缝起裂效率为 92%（图 9.7）是完全一致的。以上充分说明建立的三维极限射孔数值模型是可靠的。

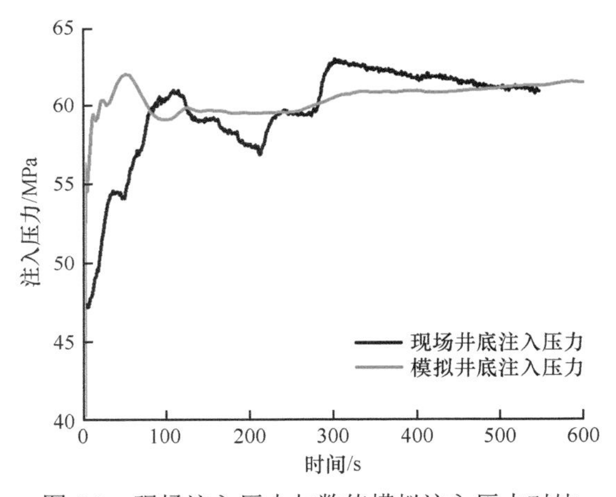

图 9.5 现场注入压力与数值模拟注入压力对比

$$V_{\mathrm{f}}^{i} \geqslant \frac{\sum_{j=1}^{N} V_{\mathrm{f}}^{i}}{N} \times 70\% \tag{9.3}$$

式中，V_{f}^{i} 为第 i 簇裂缝的裂缝体积，m^3；$\sum_{j=1}^{N} V_{\mathrm{f}}^{i}$ 为所有簇裂缝体积之和，m^3；N 为射孔簇数量，无量纲。

$$S_{v} = \sqrt{\frac{\sum_{j=1}^{N}\left(\xi_{v}^{i} - \overline{\xi}_{v}\right)^{2}}{N}} \tag{9.4}$$

$$\xi_v^i = \frac{V_f^i}{\sum_{j=1}^{N} V_f^i} \tag{9.5}$$

式中，S_v 为裂缝体积归一化后的标准差，无量纲；ξ_v^i 为第 i 簇裂缝的归一化裂缝体积，无量纲；$\overline{\xi}_v$ 为整个压裂段平均的归一化裂缝体积，无量纲。

9.2 极限射孔多簇裂缝起裂与扩展规律

在极限射孔压裂过程中同一段内多簇裂缝同时延伸，裂缝之间存在很强的应力阴影效应以及储层物性存在各向异性，将导致段内各簇裂缝的起裂和扩展呈现很强的非均质性。极限射孔完井效果依赖于簇的起裂效率和各簇裂缝扩展的均匀程度。为有效指导长庆油田致密储层极限射孔压裂优化设计和现场施工，弄清工程因素对簇起裂效率和裂缝扩展均匀程度影响十分重要。为此，采用前面基于华 6-8 井第 11 段的地质参数和极限分簇射孔压裂施工参数建立的三维现场尺度的极限分簇射孔压裂数值模型开展不同因素影响下的极限分簇射孔多裂缝的起裂和扩展规律研究。

9.2.1 注入排量

基于三维极限射孔压裂数值模型，计算了排量分别为 8m³/min、12m³/min 和 14m³/min 情况下的模拟结果。其中，为保证每种情况下注入液量相等，三种排量下的注入时间分别为 10min、6.67min 和 5.71min，结果见图 9.6。图 9.6 中可直观地发现随着排量增加，单段有效起裂的簇数增加，并且各簇裂缝扩展得更加均匀。低排量下各簇裂缝呈现间隔起裂扩展，即相邻裂缝簇一个扩展，一个不扩展［图 9.6（a)］，说明低排量下中部裂缝簇难以克服裂缝之间的应力阴影。

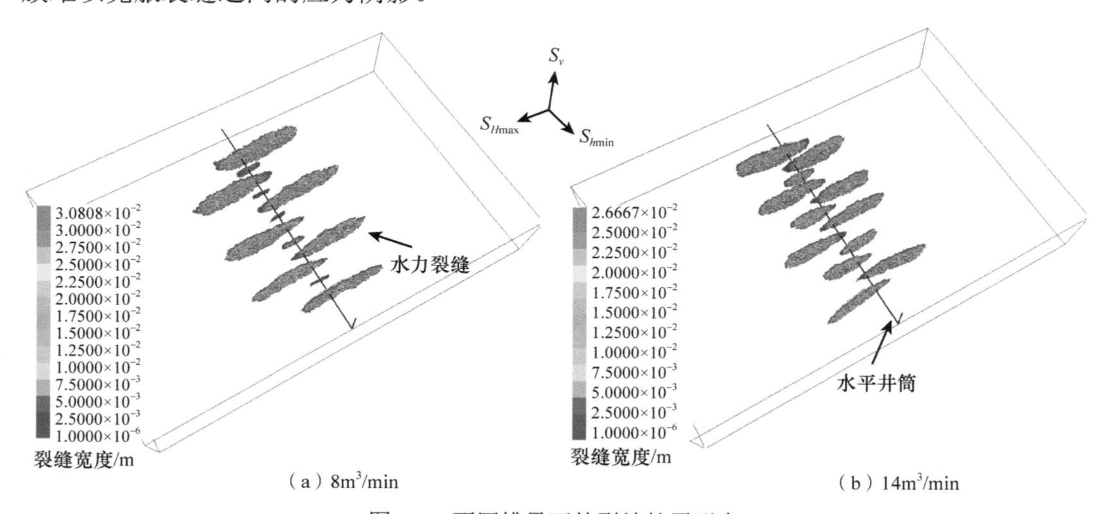

（a）8m³/min　　（b）14m³/min

图 9.6　不同排量下的裂缝扩展形态

图 9.7 为不同排量下的 1 ～ 12 簇的裂缝体积归一化后的无因次裂缝体积，并可以确定有效射孔簇，图中实心三角形代表对应的无效裂缝簇。不同排量下的射孔簇起裂效率和表征裂缝扩展均匀程度的无因次裂缝体积标准差见图 9.8。

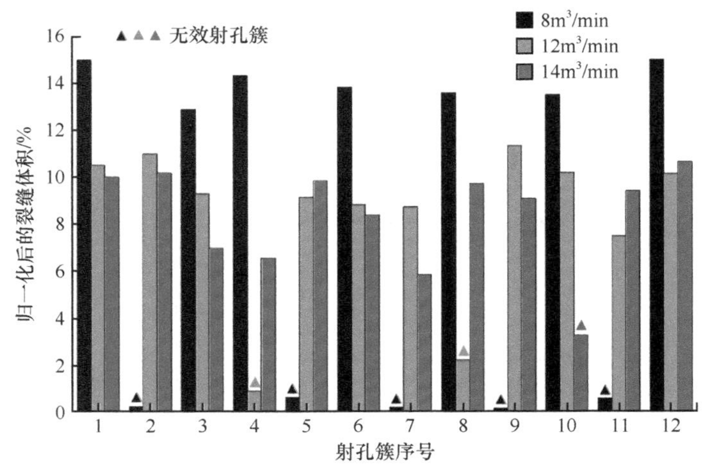

图 9.7　不同排量下的无因次裂缝体积

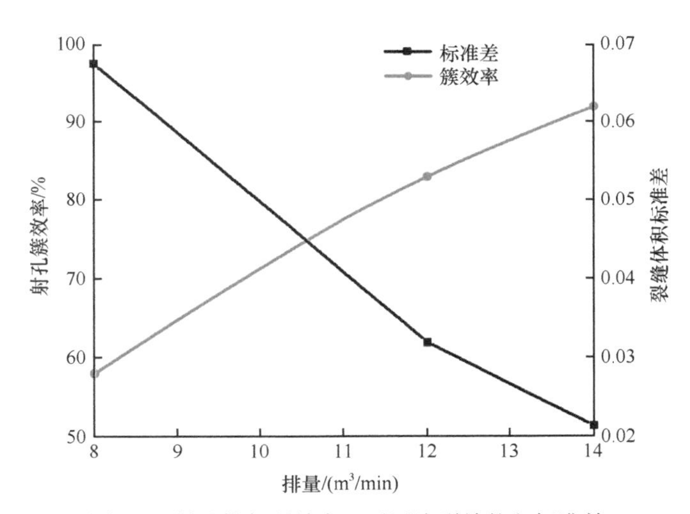

图 9.8　射孔簇起裂效率及无因次裂缝体积标准差

从图 9.7 和图 9.8 可知，随着排量的增加，有效射孔簇的数量明显增加，起裂效率近似呈线性增加，而无因次裂缝体积标准差呈现近线性降低，说明高排量能够显著提高极限射孔完井射孔簇起裂效率（可达 92%），并且能够促进各簇裂缝的均衡扩展。所以，排量是影响极限射孔完井质量的关键因素，在现场过程中应最大限度地提高压裂液注入排量。

图 9.9 为不同排量下的注入压力曲线。在 $14m^3/min$ 极限射孔压裂过程中地层破裂（62MPa）之后压力曲线降低较小（最大降落 2.9MPa），之后延伸压力始终稳定维持在

较高值（60 ～ 61MPa），这不同于传统限流射孔压力曲线急剧下降的特点，这能够最大限度地增加射孔摩阻，促进射孔簇起裂效率。同时可知压裂液排量越高，压裂过程中的破裂压力和延伸压力越大，说明高排量能够维持较大的泵注压力，有利于各簇均衡扩展。

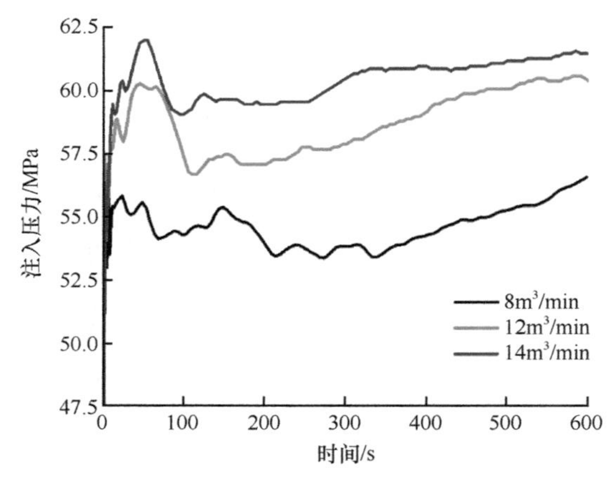

图 9.9　不同排量下的注入压力曲线

9.2.2　簇间距

簇间距分别设置为 5m、7m 和 9m，模拟结果见图 9.10。从图中可以看出当簇间距过小时，相邻射孔簇裂缝会在扩展初期出现转向扩展和合并行为，一方面导致部分射孔簇无法有效扩展甚至不扩展，显著降低射孔簇起裂效率；另一方面导致近井筒裂缝发生大角度转向扩展，裂缝形态复杂，影响后期支撑剂运移困难。当簇间距增加时，由于簇间应力阴影的降低，各簇裂缝扩展时的相互作用减小，促进了各裂缝的独立生长。

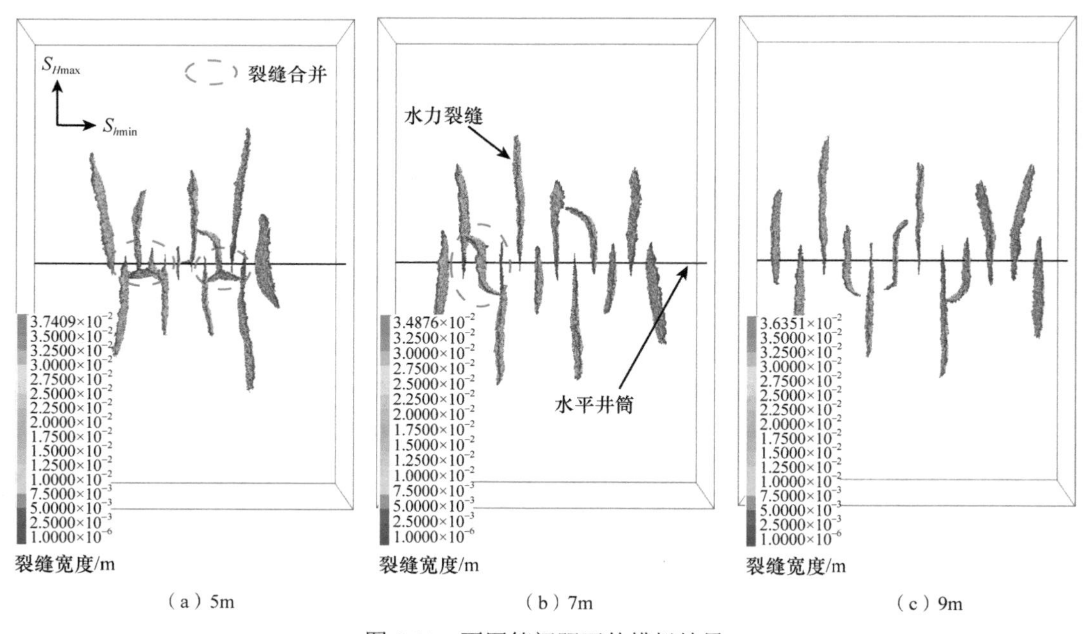

图 9.10　不同簇间距下的模拟结果

图9.11为不同簇间距下的射孔簇起裂效率和无因次裂缝体积标准差。从图9.6可知，射孔簇起裂效率与簇间距呈现线性正相关。当簇间距增加为9m时，射孔簇起裂效率可达100%。此外，随着簇间距增加，无因次裂缝体积标准差呈现先急剧减小，后缓慢降低的趋势。这表明存在一个较优的簇间距，当簇间距小于该值时，各簇裂缝扩展存在很强的非均质性；而当簇间距超过该值时，裂缝均匀扩展程度增加较小，簇间距过大，不利于对储层进行密切割改造。所以，确定合理的簇间距有助于最大限度地提高极限射孔压裂效果，在压裂设计过程中需要重点考虑。

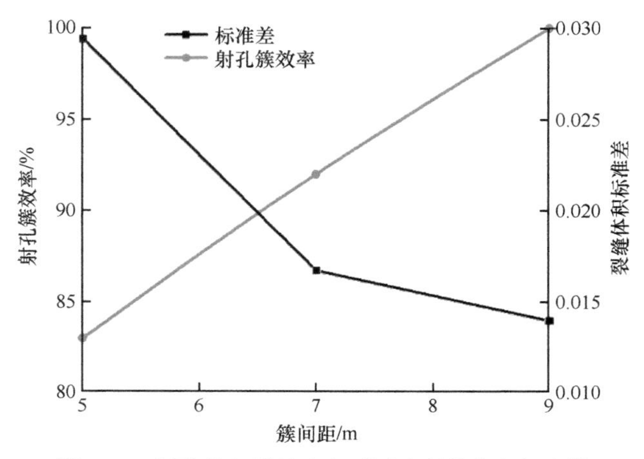

图9.11 射孔簇起裂效率和无因次裂缝体积标准差

图9.12为不同簇间距下的注入压力曲线。从图9.7可知，随着簇间距增加，注入压力降低，但降低的幅度减小。分析认为当簇间距增加时，裂缝之间的应力干扰减弱，裂缝内推动裂缝扩展的流体压力需要克服的阻力降低，所以注入压力降低。

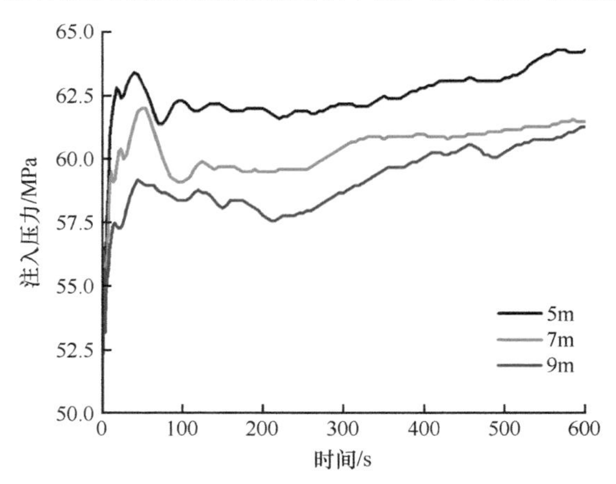

图9.12 不同簇间距下的注入压力曲线

9.2.3 单段簇数

簇数量分别为8簇、12簇和16簇，模拟结果见图9.13。从图9.13可以直观地看到当单段簇数较小（8 簇）时，各簇水力裂缝扩展十分充分，并且各簇裂缝均匀发育程度较高，平均每簇裂缝缝长为 49.6m。当簇数增加 1 倍到 16 簇时，至少有 4 簇裂缝在扩展初期便停止扩展，各簇裂缝扩展极不均衡；并且各簇裂缝扩展受到抑制，平均缝长仅为 31.3m。

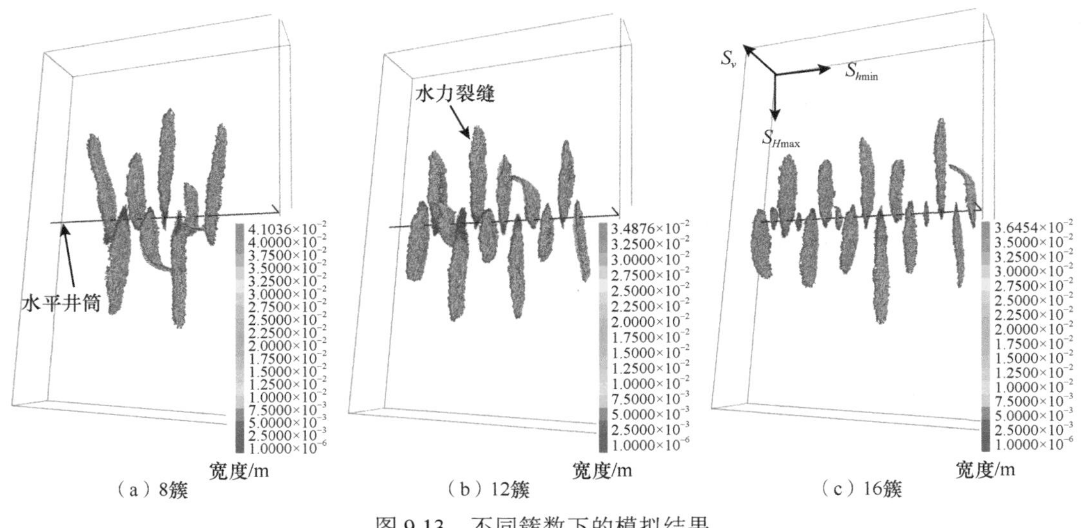

（a）8簇　（b）12簇　（c）16簇

图 9.13　不同簇数下的模拟结果

图 9.14 为不同簇数下的射孔簇效率和无因次裂缝体积标准差。从图 9.14 可知，随着单段簇数的增加，射孔簇效率先缓慢降低，而后显著快速降低，而无因次裂缝体积标准差在后期出现显著增加，即各簇裂缝扩展不均匀性显著增强。这说明单段簇数过多不利于均衡扩展。但簇数过少不利于极限射孔完井对储层实现最大限度的密切割改造。

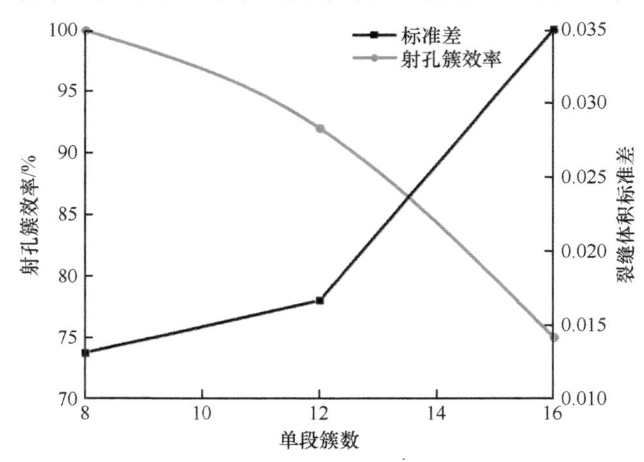

图 9.14　射孔簇效率和无因次裂缝体积标准差

图 9.15 为不同簇数情况下的注入压力。从图 9.15 可知，当簇数从 8 簇增加到 12 簇时，注入压力急剧降低，最大降低幅度达 11MPa。而簇数从 12 簇增加到 16 簇时，注入压力降低幅度较小，最大为 3.6MPa。

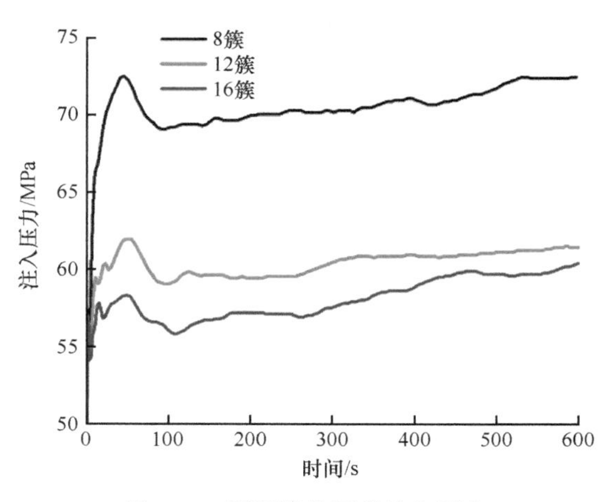

图 9.15 不同簇数下的注入压力

9.2.4 簇间应力差

簇间应力差分别设置为 0MPa 和 5MPa，研究了两种不同簇间应力差情况下的排量、簇间距和单段簇数量对极限射孔完井多簇裂缝起裂效率和裂缝扩展均匀程度的影响，结果见图 9.16。

从图 9.16（a）可知，随着排量增加，5MPa 的簇间应力差情况下的射孔簇起裂效率越来越接近没有簇间应力差情况下的射孔簇效率，当排量增加到 $12m^3/min$ 后，两者完全一样；但无因次裂缝体积标准差差距增大，即两者之间的各簇裂缝扩展的不均匀程度增加。这说明在储层存在簇间应力差时，增大排量有助于提高射孔簇起裂效率，但过大排量会导致各簇裂缝非均衡扩展，所以应该优选适当的排量。从图 9.16（b）可知，随着簇间距增加，存在 5MPa 的簇间应力差情况下的射孔簇起裂效率和无因次裂缝体积标准差与没有簇间应力差情况下的射孔簇效率和无因次裂缝体积标准差之间的差距逐渐减小。说明在存在簇间应力差情况下，更应该增大簇间距，这样有助于提高射孔簇效率和促进各簇裂缝均衡扩展。从图 9.16（c）可知，随着单段簇数增加，存在 5MPa 的簇

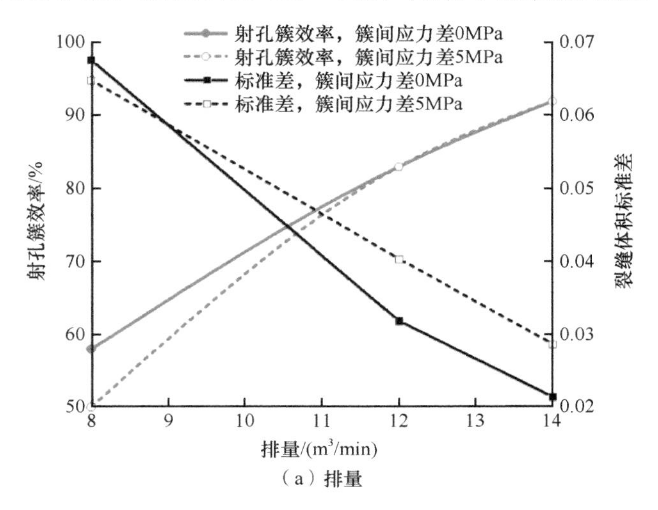

（a）排量

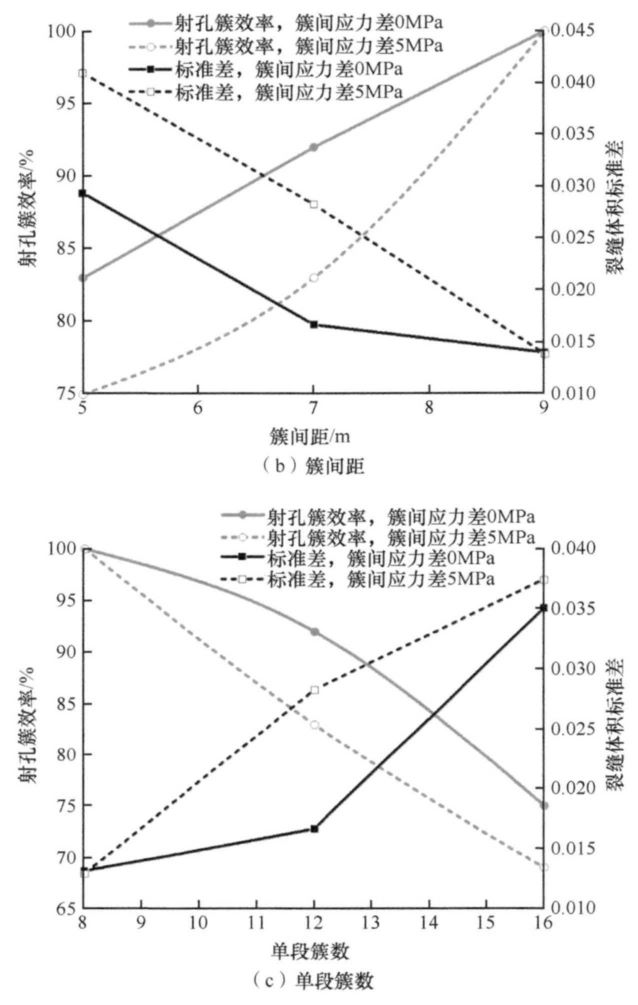

（b）簇间距

（c）单段簇数

图 9.16　0MPa 和 5MPa 簇间应力下的射孔簇起裂效率和裂缝扩展均匀程度

间应力差情况下的射孔簇起裂效率和无因次裂缝体积标准差与没有簇间应力差情况下的射孔簇起裂效率和无因次裂缝体积标准差之间的差值先增大后减小。说明单段簇数较少时，此时每簇裂缝压裂液排量较大，能够较好克服簇间应力差影响，促进裂缝有效起裂和均衡扩展［图 9.17（a）］。随着簇数增大，每簇裂缝排量减小，裂缝难以从位于高地应力位置的射孔簇起裂，会导致裂缝均衡扩展降低［图 9.17（b）］。随着簇数进一步增大，每簇裂缝排量急剧降低，导致不管是否存在簇间应力差的压裂段的大部分裂缝簇无法有效起裂扩展，所以 0MPa 与 5MPa 簇间应力差情况下的裂缝均衡程度差距缩小。

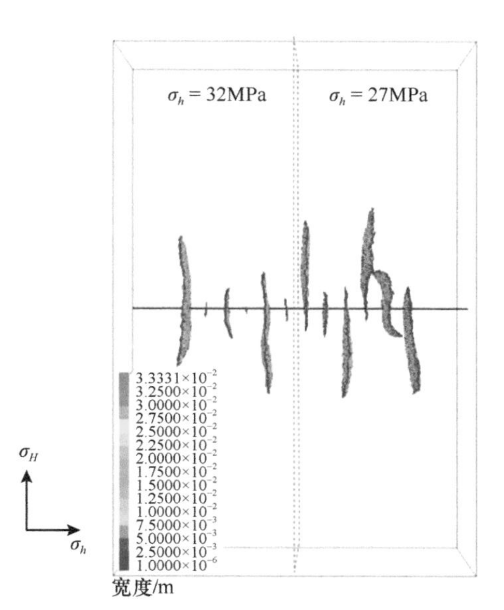

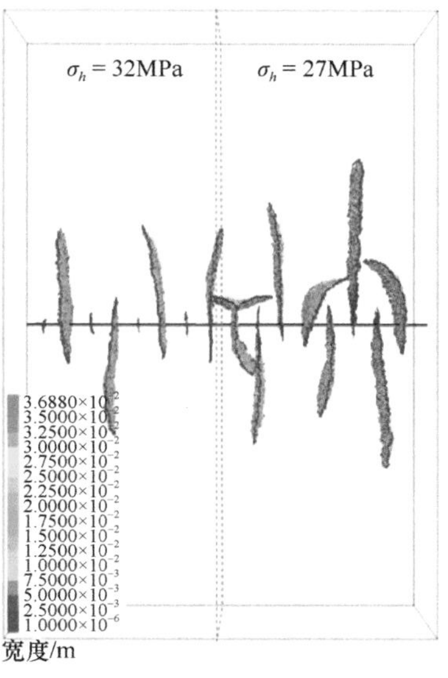

（a）14簇，8m³/min情况　　（b）16簇，14m³/min情况

图 9.17　5MPa 簇间应力差下不同簇数的模拟结果

图 9.18 为考虑 5MPa 簇间应力差情况下的注入压力曲线。从图 9.18 可知，存在 5MPa 簇间应力差情况下的注入压力明显高于没有簇间应力差情况下的注入压力，最大差值为 6 ～ 7.7MPa，平均高 10.47% ～ 12.42%。并且随着排量增加，两者之间的压力差值越大。这是因为流体需要积聚更大压力才能促进高应力区射孔簇的起裂和扩展。同时可发现存在 5MPa 簇间应力差情况下的压力曲线更加波动，这与模拟过程中发现存在簇间应力差情况下的裂缝更容易出现近井筒弯曲扩展和高应力区裂缝宽度很小的现象是符合的。

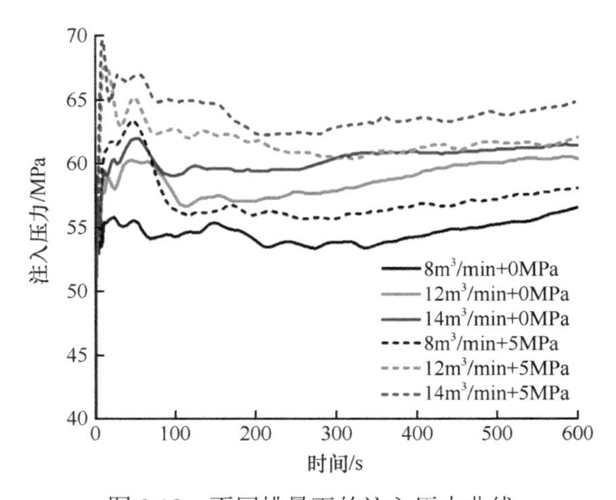

图 9.18　不同排量下的注入压力曲线

9.3 本章小结

通过建立现场尺度三维全耦合极限分簇射孔压裂模型研究了排量、簇间距、单段簇数和簇间应力差对极限射孔效果的影响。研究结果主要包括：

（1）极限射孔压裂过程中，注入压力始终维持在较高值，不同于传统限流射孔地层破裂之后压力曲线急剧下降的特点，这能够最大限度地促进各簇裂缝进液均匀，有利于均衡扩展。

（2）随着排量增加，射孔簇效率近似呈线性增加，并且各簇裂缝扩展更加均衡。所以，在现场过程中应最大限度地提高压裂液注入排量。

（3）存在一个较优的簇间距，当簇间距小于该值时，各簇裂缝扩展存在很强的非均质性；而当簇间距超过该值时，裂缝均匀扩展程度增加较小，但过大簇间距，不利于对储层进行密切割改造。

（4）随着单段簇数的增加，射孔簇效率显著快速降低，各簇裂缝扩展不均匀性显著增强，说明单段簇数过多不利于均衡扩展。但簇数过少不利于极限射孔完井对储层实现最大限度地密切割改造。

（5）当目标储层中各簇射孔存在簇间应力差时，压裂过程中容易出现多条裂缝不均匀扩展的现象。在这种情况下，增加簇间距、适当增加排量和减少单段簇数有助于提高射孔簇效率，促进多裂缝的均衡扩展。

第 10 章

裂隙岩体的超临界二氧化碳压裂

传统水力压裂采用水基压裂液，水资源耗费较大，钻井液与压裂液使用对土地与地下水资源造成污染，而我国页岩气资源分布区水资源相对匮乏，成为页岩气勘探开发的瓶颈之一（王玉满等，2012；邹才能等，2016）。另外，页岩气储层孔隙类型丰富，富含有机质和黏土矿物，而有机质和黏土矿物遇水容易发生膨胀最终导致堵塞气体渗流通道伤害储层（Lu et al.，2016；Annevelink et al.，2016）。传统水力压裂应用的诸多限制因素促进了以超临界二氧化碳（SC-CO_2）压裂为代表的无水压裂技术的兴起（Middleton et al.，2015）。当温度高于31.1℃、压强高于7.38MPa时，CO_2进入超临界状态，此时的CO_2的密度接近液体状态，黏性接近气体状态，扩散系数为液体状态时的100倍，具有很好的流动性和传输性。此外，页岩对CO_2的吸附能力是页岩气的4～20倍，SC-CO_2能够更好地置换出页岩气藏，并且同时实现CO_2的封存。因此，SC-CO_2优良的物理性质可以避免水基压裂的一些缺点，具有广泛的应用前景。然而，目前国内外对于SC-CO_2压裂的相关研究还比较少，SC-CO_2压裂裂缝的扩展规律尚不明确，复杂缝网的有效模拟方法比较欠缺，导致深部裂隙岩体SC-CO_2压裂还暂时无法应用到页岩气开发生产中。本章基于SC-CO_2压裂的特点，建立起计算效率相对较高的简化算法，探究SC-CO_2压裂裂缝扩展机理。

10.1 基于离散元的超临界二氧化碳压裂算法

10.1.1 断裂韧性控制区域简化算法

断裂韧性控制机制下水力压裂的新算法如图10.1所示（Li et al.，2020）。在断裂韧性控制机制中，能量主要用于产生裂缝，流体流动过程中由于黏性耗散的能量可以忽略不计，裂缝中压力梯度几乎为零。因此，本算法假定整个裂缝中的流体压力是均匀的。裂缝内部的流体可以看作是一个整体，其目的是将当前打开裂缝体积V_f与注入流体体积V_c相匹配。如式（10.1）所示，流体压力的变化与体积差成正比。随着作用在周围

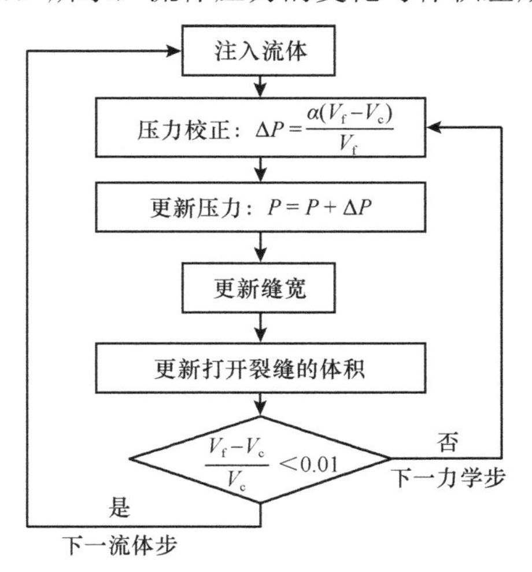

图10.1　断裂韧性控制压裂简化算法流程图

颗粒上流体压力的增大，缝宽和裂缝体积也随之增大。当流体体积和裂缝体积平衡，或者计算 10 个机械时间步长，就会进入下一个流体时间步。

$$\Delta P = \alpha(V_t - V_c)/V_t \tag{10.1}$$

$$V_c = \sum l_p (w - w_0) \tag{10.2}$$

$$V_t = \sum l_p w \tag{10.3}$$

式中，ΔP 为每个机械时间步长的压力增量；α 为与岩石刚度相关的系数；V_t 为裂缝总体积；w 为裂缝缝宽；w_0 为假定的剩余孔径；l_p 为相邻两个封闭中心间的距离，也即流体流动通道长度。

10.1.2 与传统压裂算法比较

对于传统的水力压裂算法，在每个流体时间步长 d_t 后都会计算裂缝内的流体流动，其中每个封闭域对应一个流体压力。传统水力压裂算法详见第 2 章 2.1 节。在传统压裂算法中，流体时间步长与缝宽和流体黏度相关：

$$d_t \propto \frac{\mu}{K_f w^2} \tag{10.4}$$

因此，对于 SC-CO_2 等低黏度流体，流体时间步长会很小。相比之下，断裂韧性控制压裂算法的流体时间步长与缝宽和流体黏度无关，可以比传统压裂算法大两个数量级。因此，运用断裂韧性控制机制的水力压裂新算法可以大大提高计算效率。

10.1.3 简化算法验证

为了验证断裂韧性控制压裂新算法，我们首先采用立方体排列的颗粒试样（图 10.2）进行 SC-CO_2 压裂模拟。颗粒半径为 5mm，杨氏模量为 35.1GPa。x 方向压力为 10MPa，y 方向压力为 15MPa，其他输入参数见表 10.1。

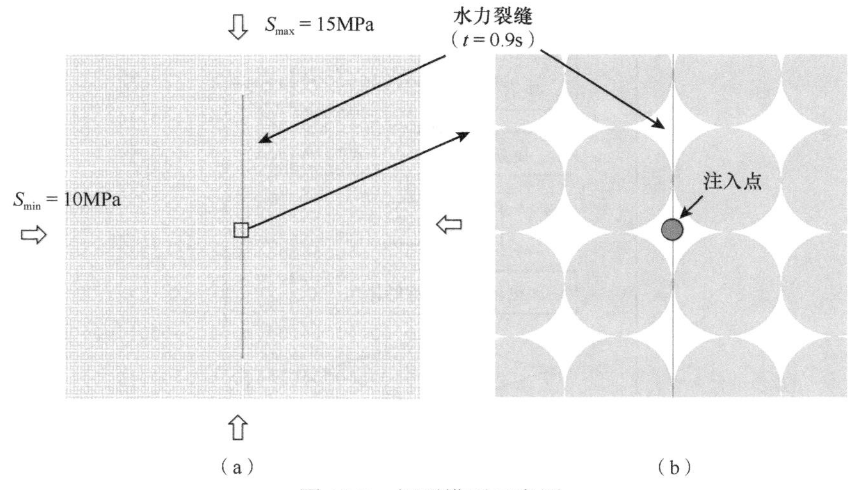

图 10.2 规则模型示意图

（a）t=0.9s 时水力压裂验证模型的示意图；（b）规则排列的颗粒试样局部图

表 10.1 数值模型的输入参数

参数	取值
尺寸/m	1.0×1.0
岩石体积模量 K/GPa	8.3
比例系数 α/MPa	0.2
假定的剩余孔径 w_0/m	6×10^{-6}
假定的节理的剩余孔径 w_{0j}/m	1×10^{-4}
流体注入速率 Q/（m^2/s）	5×10^{-5}
流体黏性 μ/cP	0.06，100

图 10.3 比较了数值模型和 KGD 模型在 t=0.9s 时裂缝宽度和裂缝长度的演变。在 KGD 模型中，为了匹配数值解，KGD 模型的 Ⅰ 型断裂韧度输入值为 1.88Pa · $m^{0.5}$。立方体排列颗粒试样的裂缝长度是两个裂缝尖端在 y 方向上的距离。KGD 模型中裂缝长度和注入点处的裂缝宽度分别为：$l(0.9)$=0.763m 和 $w(0,0.9)=7.52\times10^{-5}$m，而数值模型中相应的值分别为 0.770m 和 7.24×10^{-5}m。相比 KGD 解，模拟结果的裂缝宽度偏低 3.9%，裂缝长度偏高 1.1%。在离散元模型中，裂缝的张开导致岩石模量逐渐增大，造成了这种微小的差异。所以，图 10.3 中的结果表明断裂韧性控制压裂新算法是相对准确的。

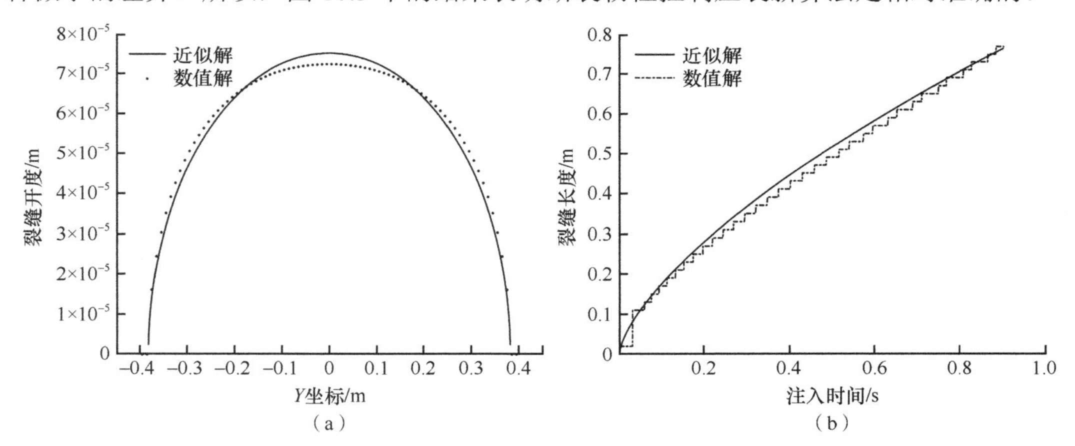

图 10.3 规则排列颗粒试样水力压裂验证模型的模拟结果

（a）裂缝宽度的近似解与数值解的比较；（b）裂缝长度的近似解和数值解的比较

10.2 完整岩石中的超临界二氧化碳压裂

本节描述并比较了断裂韧性控制区域的 SC-CO_2 压裂和接近黏性控制区域的 100cP 流体压裂的裂缝扩展情况。所有的计算情况（表 10.2）都使用随机试样来更好地模拟岩石材料，颗粒半径为 3 ～ 5mm。对于 SC-CO_2（黏度为 0.06cP）压裂采用断裂韧性控制压裂算法，对于断裂韧度为 100cP 的高黏度流体压裂采用传统压裂算法。

表 10.2 水力压裂案例汇总

案例	压裂流体	S_{min}	S_{max}
1-S1	100cP	10	12
1-S2	100cP	10	15
2-S1	SC-CO_2	10	12
2-S2	SC-CO_2	10	15

在完整岩样中，两种压裂诱导的裂缝均沿着最大主应力方向扩展，如图 10.4 所示。水力压裂裂缝是曲折的，因此可以用曲折度来评价裂缝的扩展路径（Chen et al.，2015）。在参考区域内，将裂缝总长度（L_0）与两端的直线距离（L）的比值定义为曲折度。其中，裂缝总长度为模型中产生的微裂缝的长度总和。当应力差为 2MPa 时，SC-CO_2 和 100cP 流体的压裂裂缝的曲折度分别为 1.63 和 1.19，趋势与采用花岗岩和页岩的室内实验相同，但数值上有所差别（Chen et al.，2015；Ishida et al.，2016）。在使用花岗岩的压裂实验中，SC-CO_2 压裂裂缝的曲折度为 1.109，而黏性油（～ 320cP）压裂裂缝的曲折度为 1.062。在使用页岩的压裂实验中（Bennour et al.，2018），测量的总裂缝长度包含分支裂缝，L-CO_2（液态二氧化碳）压裂裂缝的曲折度为 5.602，黏性油（～ 270cP）压裂裂缝的曲折度为 1.090。应力差为 5MPa 的案例也有类似的结果。因此，SC-CO_2 有可能诱导形成更复杂的裂缝网络，这有利于提高现场作业的油气产量。

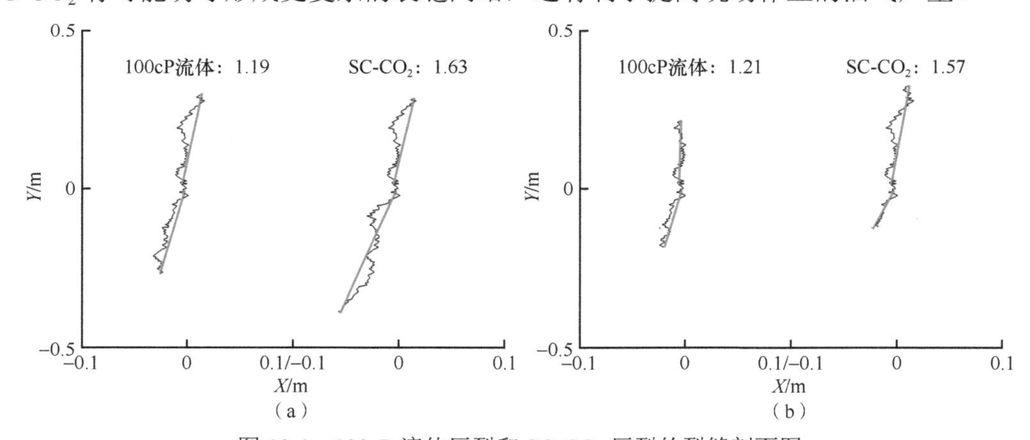

图 10.4 100cP 流体压裂和 SC-CO_2 压裂的裂缝剖面图

（a）t=1.5s 时，案例 1-S1 和 2-S1；（b）t=0.9s 时，案例 1-S2 和 2-S2。黑线表示水力裂缝，红线表示两端点之间的连线。图中的数字为裂缝在两个方向的平均曲折度

图 10.5 和图 10.6 表示沿水力裂缝的净压力和缝宽。在流体注入量相同的情况下，相比于 SC-CO_2，高黏性流体更容易诱导出短而宽的裂缝。裂缝形态的差异可以通过裂缝中的流体压力的分布情况解释。在 SC-CO_2 压裂中，均匀的流体压力作用在裂缝表面；而在高黏性流体压裂中，裂缝中存在较大的压力梯度，并且越靠近尖端，压力梯度越大。

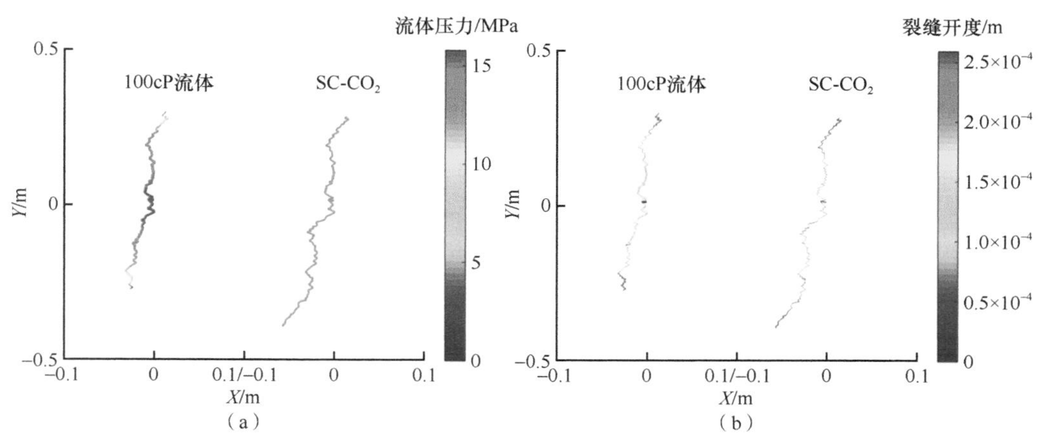

图 10.5 水力压裂裂缝扩展结果（t=1.5s）

（a）t=1.5s 时，1-S1 和 2-S1 中的水力裂缝中的净压力；（b）t=1.5s 时，1-S1 和 2-S1 中的水力裂缝的宽度

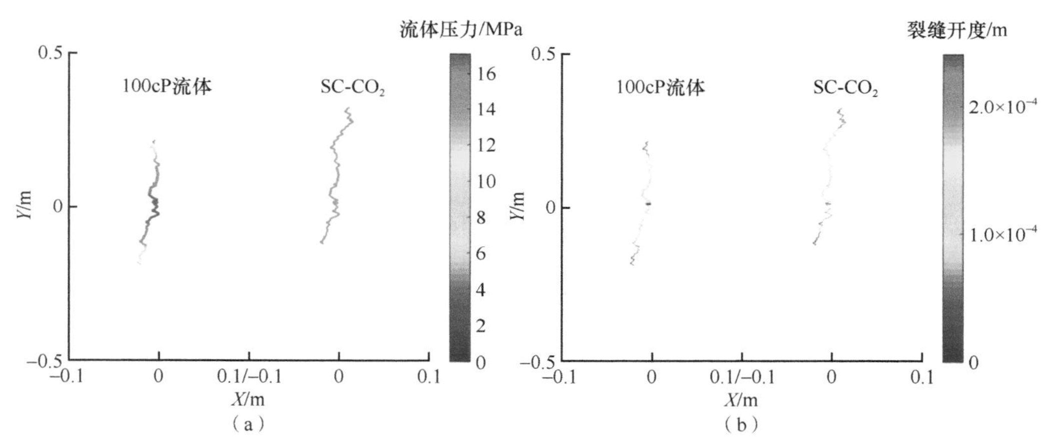

图 10.6 水力压裂裂缝扩展结果（t=0.9s）

（a）t=0.9s 时，1-S2 和 2-S2 中的水力裂缝的净压力；（b）t=0.9s 时，1-S2 和 2-S2 中的水力裂缝的宽度

图 10.7 和图 10.8 比较了两种压裂流体的注入压力和 y 轴上的尖端位置的演化。在使用 SC-CO_2 进行压裂时，可以观察到裂缝的跳跃性扩展，在初始阶段，裂缝的跳跃性扩展导致了流体注入压力的立即下降。此外，由 SC-CO_2 压裂产生的裂缝的不对称性更明显。裂缝长度增长的“平台”表明，由于试样局部固有的非均质性，一侧的裂缝增长可能会暂时停止，这可能会导致最大裂缝宽度位置偏移注入点。相比而言，100cP 流体压裂裂缝随着注入时间的扩展更为平稳、连续、对称。在压裂过程中，随着裂缝的扩展，颗粒尺寸与裂缝长度的比值越来越小，导致流体注入压力逐渐稳定。此外，SC-CO_2 压裂的扩展压力远低于高黏度流体，前者略大于最小主应力（10MPa）。研究还发现，SC-CO_2 压裂的破裂压力（2-S1 中为 22.3MPa，2-S2 中为 22.1MPa）低于高黏性流体压裂（1-S1 中为 24.1MPa，1-S2 中为 23.7MPa）。然而，两者破裂压力的差异比以往实验研究中得到的要小得多（Ishida et al.，2012，2016）。造成这种差异的原因可能有两点：一是本模型中没有圆形注入孔，二是本模型中没有考虑试样的渗透性。

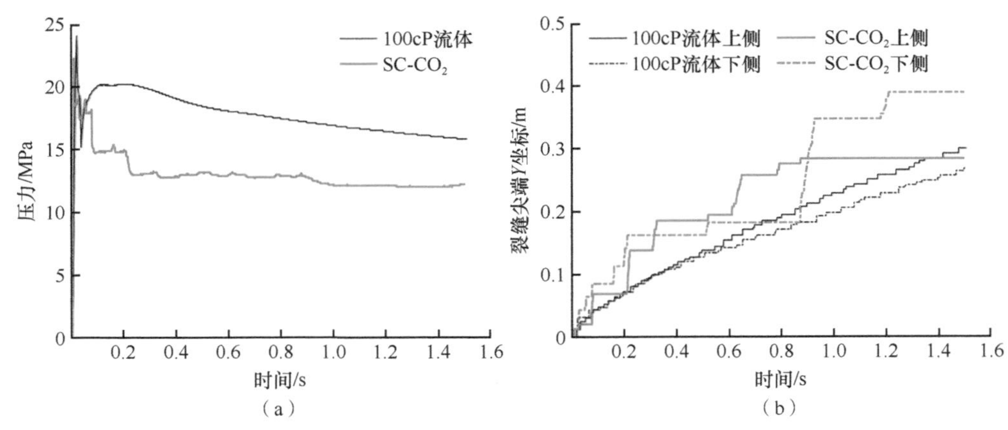

图 10.7 流体压力和裂缝尖端位置演化结果（t=1.5s）

（a）t=1.5s 时，1-S1 和 2-S1 中注入流体压力历史；（b）t=1.5s 时，1-S1 和 2-S1 中注入点两侧的裂缝演化

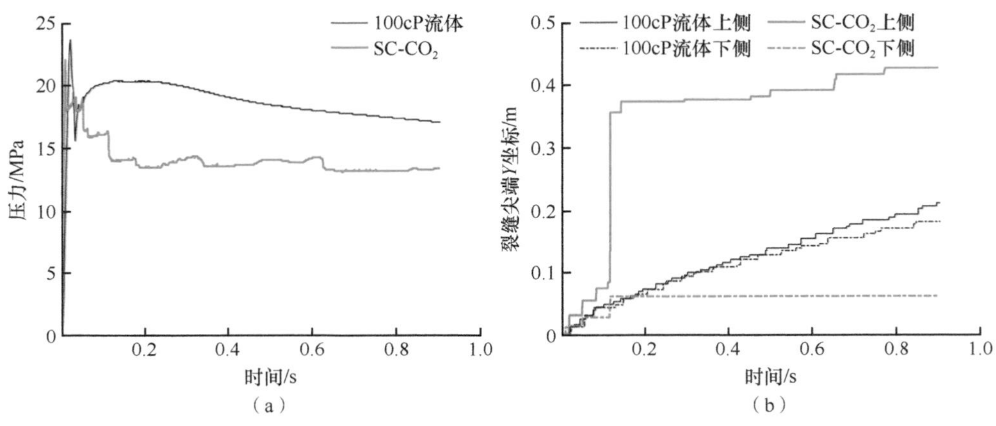

图 10.8 流体压力和裂缝尖端位置演化结果（t=0.9s）

（a）t=0.9s 时，1-S2 和 2-S2 中注入流体压力历史；（b）t=0.9s 时，1-S2 和 2-S2 中注入点两侧的裂缝演化

图 10.9 展示了注入时间 t=1.5s 时 2-S1 的数值结果和 KGD 模型的近似解。在 KGD 解中，注入点处缝宽为 $w(0,1.5)=10.40\times10^{-5}$m，$y$ 方向裂缝两尖端间距为 $l(1.5)=0.919$m，而数值模拟计算得到的结果分别为 10.64×10^{-5}m 和 0.683m。数值解在注入点处的缝宽偏高 2.3%，而两尖端在 y 方向上的距离偏低 25.7%。虽然尝试输入的 Ⅰ 型断裂韧度（2.66Pa · $m^{0.5}$）已经尽可能地与数值解相匹配，但计算结果仍存在较大的差异。2-S1 的 Ⅰ 型断裂韧度大于规则模型（1.88Pa · $m^{0.5}$）。这可能是因为断裂韧性控制区域的裂缝扩展对试样固有的局部非均质性更敏感，从而导致裂缝扩展更为不平滑、不对称和曲折。在实际岩样中，颗粒间的接触可能与最大或最小主应力的方向不一致，最大水平应力会对沿裂缝路径上的接触力有所贡献。因此，随机试样的裂缝扩展更为困难，裂缝扩展路径更为曲折。随机试样的有效韧性增加，裂缝的直线长度减小（Huang et al.，2019）。如果考虑曲折度，2-S1 的裂缝总长度为 1.099m。因此，数值解中的裂缝比 KGD 理论解预测的裂缝更长、更细、更曲折。

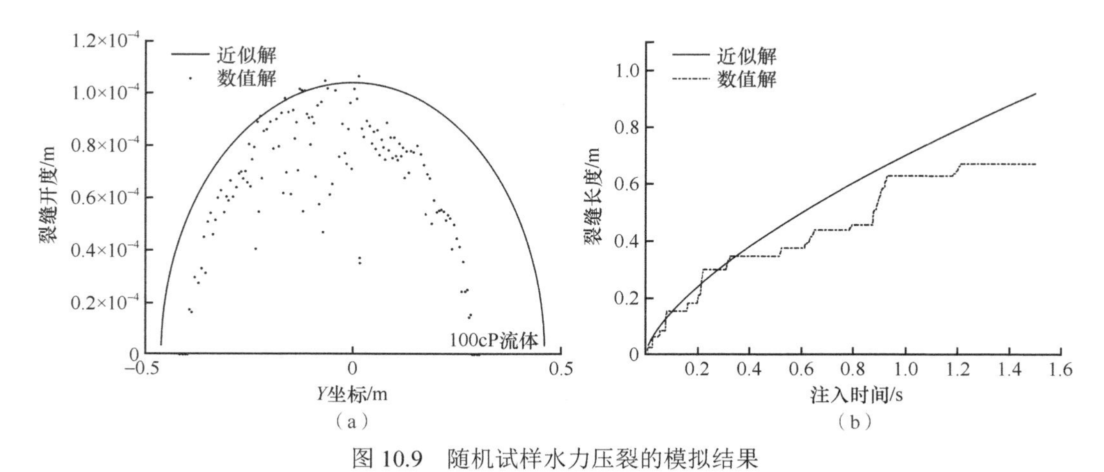

图 10.9 随机试样水力压裂的模拟结果

（a）水力裂缝宽度的近似解和数值解的比较；（b）*y* 方向上裂缝尖端的距离的近似解和数值解的比较

10.3 裂隙岩体中的超临界二氧化碳压裂

人们普遍认为岩体中存在天然裂缝，其对水力压裂裂缝的扩展有很大影响（Zhang et al.，2019；Hou et al.，2019）。当压裂裂缝接近预先存在的裂缝时，裂缝尖端周围的应力状态会受到干扰，并可能导致裂缝间复杂的相互作用行为（Renshaw and Pollard，1995；Zhang，et al.，2019）。本节进行了四个水力压裂模拟来探究裂隙岩体中的压裂裂缝扩展行为（表 10.3）。

表 10.3 水力压裂案例汇总

案例	压裂流体	S_{min}	S_{max}
N1-S1	100cP	10	12
N1-S2	100cP	10	15
N2-S1	SC-CO_2	10	12
N2-S2	SC-CO_2	10	15

图 10.10 表示了在不同水平应力差下使用不同压裂液时流体注入压力的演变。与高黏性流体压裂相比，SC-CO_2 压裂中的破裂压力和扩展压力更低，这与完整岩样中的压裂结果一致。然而，与完整岩样压裂结果相比，天然裂缝的存在导致破裂压力的增大。图 10.11 和图 10.12 显示了注入体积相同的两种压裂液时压裂裂缝形态。由于存在与天然裂缝的相互作用，当应力差较低时，裂缝扩展偏离最大主应力方向。当应力差较大时，一旦裂缝抵达天然裂缝，高黏性流体压裂裂缝倾向于沿天然裂缝扩展，而 SC-CO_2 压裂裂缝首先沿着天然裂缝扩展，然后分叉并转向最大主应力方向，并且裂缝扩展具有明显的不对称性。

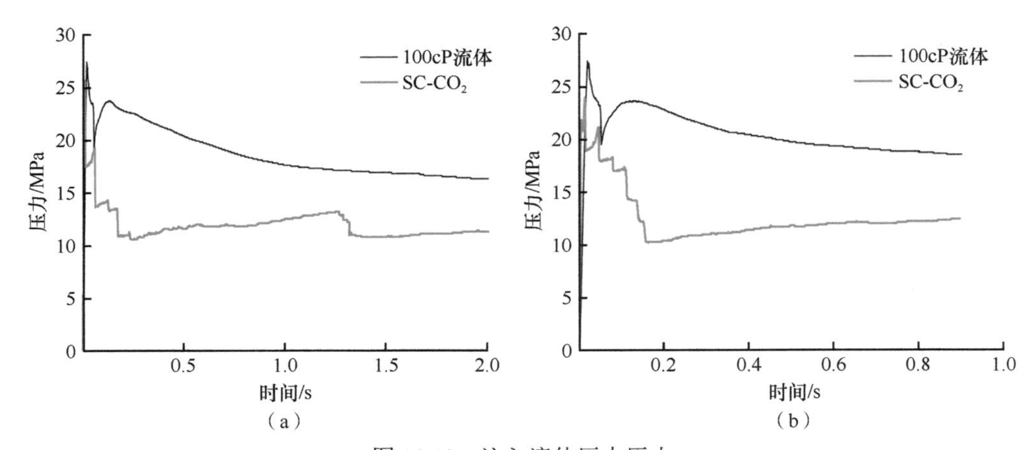

图 10.10　注入流体压力历史

(a) N1-S1 和 N2-S1；(b) N1-S2 和 N2-S2

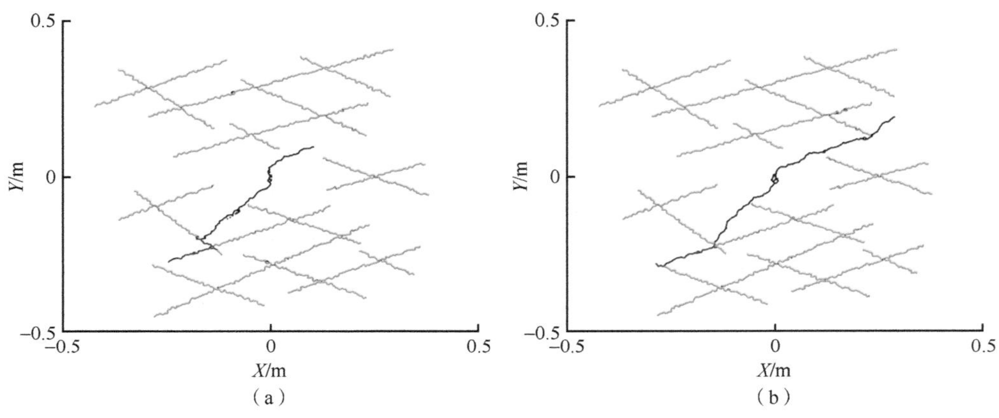

图 10.11　t=2.0s 时的裂缝剖面图

(a) N1-S1；(b) N2-S1。黑线和绿线分别表示水力裂缝和天然裂缝。蓝线和红线分别表示与水力裂缝连接和未连接的微裂缝（即激活的天然裂缝）

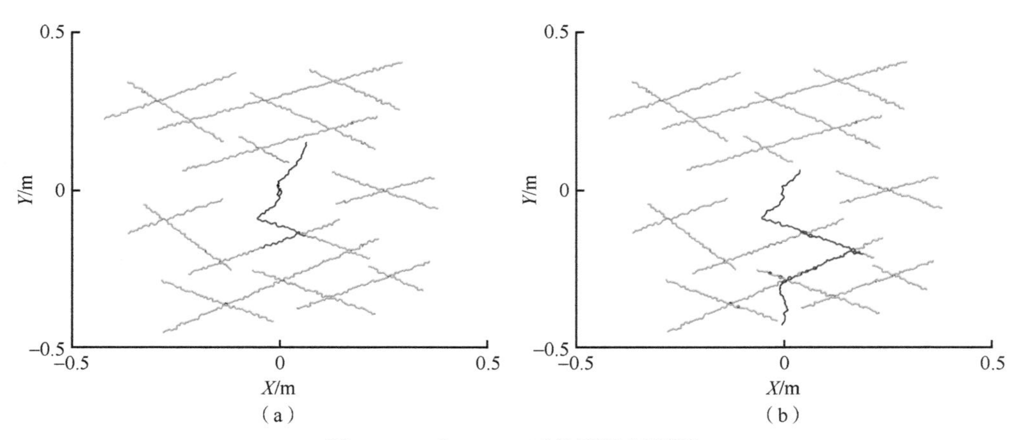

图 10.12　在 t=0.9s 时的裂缝剖面图

(a) N1-S2；(b) N2-S2

相比于高黏性流体压裂，SC-CO_2 压裂裂缝明显更长。为了评估激活天然裂缝的能力，表 10.4 中列出了累积的微裂缝数量。与高黏性流体相比，SC-CO_2 在低应力差和高应力差下均产生更多的与 PB 键断裂相对应的微裂纹。当应力差较高时，SC-CO_2 压裂在天然裂缝中产生 168 个微裂缝，其中 117 个与水力压裂主裂缝相连；而高黏性流体压裂在天然裂缝中产生 109 个微裂纹，其中 57 个与水力压裂主裂缝相连。结果表明，相比高黏性流体压裂，SC-CO_2 压裂倾向于产生更复杂高产的裂缝网络，这与实验结果一致（Zhang and Mack，2017；Zou et al.，2018）。

表 10.4　在裂隙岩体中的累计微裂缝数

微裂缝数	10/12MPa（t=2.0s）		10/15MPa（t=0.9s）	
	N1-S1	N2-S1	N1-S2	N2-S2
断裂的 PB 键	104	154	62	87
与主裂缝相连的断裂的 SJ 键	41	32	57	117
未与主裂缝相连的断裂的 SJ 键	51	55	52	51
断裂的 SJ 键	92	87	109	168
总和	196	241	171	255

10.4　本章小结

在页岩气等非常规油气资源的开发过程中，传统水力压裂存在诸多限制因素，促进了 SC-CO_2 压裂等无水压裂技术的兴起。本章基于 SC-CO_2 压裂的特点，提出断裂韧性控制区域压裂简化算法，提高了 SC-CO_2 压裂等低黏性流体压裂计算效率，研究了 SC-CO_2 压裂裂缝扩展的微观行为。通过本章的数值研究工作，得到如下成果和主要结论：

（1）针对断裂韧性控制区域裂缝内几乎不存在压力梯度的特点，基于流体和裂缝体积平衡，本章提出了基于离散元的断裂韧性控制区域压裂简化算法。与传统压裂算法相比，本章提出的算法具有更高的计算效率，同时具有较高的计算精度，可用于探究 SC-CO_2 等低黏性流体压裂。

（2）在完整岩体中，与高黏性流体压裂相比，SC-CO_2 压裂产生的裂缝长度更长、裂缝开度更小，且曲折度更高，裂缝扩展过程更为不光滑、不连续和不对称。

（3）在裂隙岩体中，SC-CO_2 压裂更容易产生复杂的裂缝网络，包括岩石基质中更长的主裂缝和已有的天然裂缝中更多激活微裂缝。这些表明 SC-CO_2 压裂在油气储层中的造缝能力更强，并且产生较为复杂的裂缝网络，提高现场作业的油气产量。

第 11 章

离散材料中的水力压裂

本章采用 PFC2D 离散元法，结合孔隙网络流体方法，对致密颗粒介质注入流体的耦合驱替过程进行了数值研究。对流体注入密集颗粒介质的力学机理的研究有助于更好理解松散地层中油气迁移以及水力裂隙的发展特征。数值分析采用离散元法进行力学计算，采用网络模型求解颗粒链和接触链包围的孔隙间的 Hagen-Poiseuille 方程。流体-力学耦合是通过在预定的时间步骤进行数据交换。数值结果表明，注入速率和增加入侵流体黏度，降低模量和渗透率的介质导致流体流动行为显示从渗流机制过渡到渗流限制和颗粒介质响应从刚性多孔介质的局部损伤到明显的裂隙的发展。流体流动和颗粒介质特性的转变取决于流体注入特征时间与流体力学耦合特征时间的比值。在泄漏量有限的情况下，大注入速率下的峰值压力与文献中三轴注入实验的峰值压力比较良好。数值分析还揭示了流体通道发育的尖端力学场的演变，这可能对砂岩中顶端倒锥形特征的发生和松散地层中的岩浆侵入提供线索。

11.1　模拟背景与试验介绍

当流体侵入颗粒介质时，由于参数不同会有不同的侵入模式。大量文献（Saffman and Taylor，1958；Bear，1972；Homsy，1987；Lenormand，1989）讨论了颗粒介质表现为刚性多孔介质，或在浸入流体中表现为稀释悬浮液的两种极限非耦合情况。当颗粒位移与流体流动耦合时，在 Hele-Shaw 腔（Damme et al.，1993；Johnsen et al.，2006；Johnsen et al.，2008；Cheng et al.，2008；Sandnes et al.，2011）中向颗粒介质注入空气的实验中观察到“颗粒指指”（Saffman-Taylor 型的不稳定性）。流体-颗粒耦合驱替过程不仅具有重要的科学意义，而且与地基改良、环境修复、油藏增产等工程应用密切相关。

黄海英等的试验研究了径向 Hele-Shaw 腔中甘油水溶液侵入干燥致密颗粒介质时的流体-颗粒耦合置换过程（Huang et al.，2012）。证明了在致密颗粒介质的响应中存在由固态向液态的转变。通过改变入侵流体黏度和调整注入速率以及腔的间隙尺寸，我们观察到四个不同流体及颗粒位移模式：①一个简单的径向流态；②渗流控制的模式；③位移控制模式；④一个黏性指进控制模式。

图 11.1 汇总了流体前缘到达腔体边界前 A1-C4 试验的图像。表 11.1 汇总了在 A1-C4 测试中侵入流体的黏度 η 和归一化注入速率 v。通过 Hele-Shaw 腔的注入速率 Q 和间隙大小 b 来调节注入速率 v。测试 A1-C1：Q=5mL/min，b=3.175mm；试验 A2-C2：Q=25mL/min，b=1.575mm；测试 A3-C3：Q=50mL/min，b=1.575mm；测试 A4-C4：Q=125mL/min，b=0.787mm。

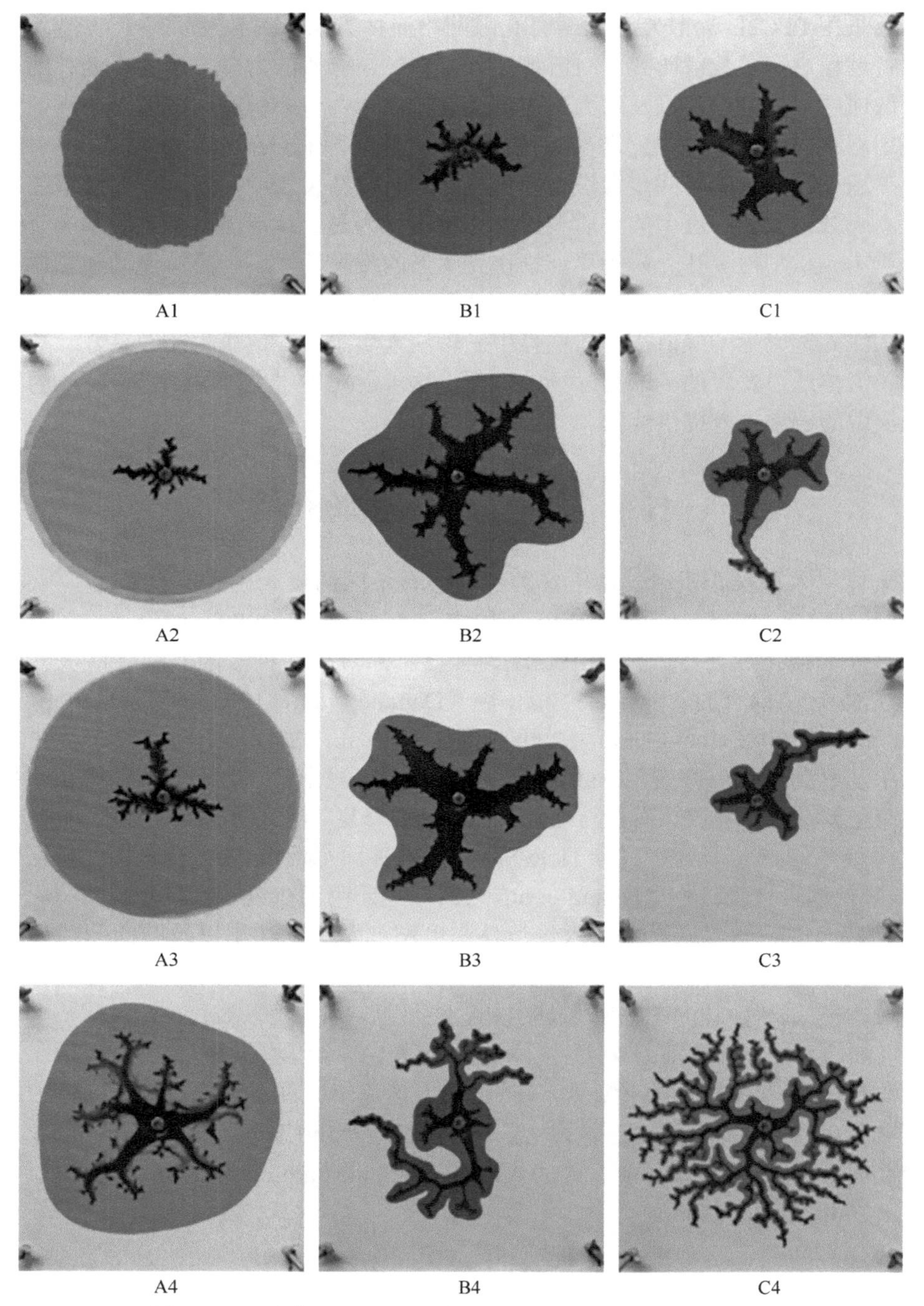

图 11.1 渥太华 F110 干砂和甘油水溶液注入实验的驱替模式

表 11.1 A1-C4 试验中注入流体的黏度 η 和归一化注入速率 v

参数	η=5cP	η=176cP	η=942cP
v=8.22mm/s	A1	B1	C1
v=82.90mm/s	A2	B2	C2
v=165.80mm/s	A3	B3	C3
v=829.52mm/s	A4	B4	C4

浅色区域只被干沙占据。黑色区域表示只含液体的区域，棕色区域表示液体渗入的区域。虽然在试验 A1 中流体以近乎圆形的前沿渗透在颗粒介质中，并且没有产生流体通道，但在所有其他试验中，流体流动导致了显著的颗粒位移，而这些位移反过来又产生了仅由流体占据的通道。我们可以从广义上解释“粒状指”这个术语，在这里用它来描述流体通道。从 A1 试验到 C4 试验，随着侵入流体黏度和注入速率的增加，流体流动行为呈现出由渗透主导向渗透受限的转变。同时，研究了颗粒介质的响应也从测试 A1 中的刚性多孔介质变为测试 C4 中的类流体，其分叉指状形态类似于黏性流体-流体的驱替模式。在试验 A2、A3 和 B1 中，渗透前沿几乎是圆形的，受颗粒指的发展影响很小。在试验 A4、B2、B3、C1 和 C2 中，渗透前沿反映的是颗粒指的传播，而不是单个颗粒指的发展。手指比 A2、A3 和 B1 的指进裂隙长得更宽。在流体黏度和注入速率最大的地方，渗透前缘紧跟着单个颗粒指状。

基于图 11.1，可以将上面的测试分为四个位移机制：①一个简单的径向流态（测试 A1）；②一个渗流控制的（测试 A2、A3 和 B1）；③位移控制（测试 A4、B2、B3、C1 和 C2）；④黏性控制（测试 C4）。试验 B4 和 C3 表现为由颗粒位移主导向黏性主导过渡。

11.2 离散材料中水力压裂数值模型研究

11.2.1 颗粒材料中流体注入模型设置

在研究中采用了离散元软件 PFC2D 进行建模。PFC2D 用显式有限差分法计算牛顿第二运动定律和接触点的力-位移定律。用离散元法进行数值分析的前提是建立微尺度参数与宏观现象之间的联系。本书采用弹性与摩擦相结合的微观力学接触模型。

生成致密的颗粒集合后，通过将闭合的颗粒链形成的域识别为孔隙空间（通过连接接触的颗粒中心线）来建立孔隙网络［图 11.2（a）］。流道的数目等于域内的接触点的数目。流体在两个相邻的孔隙空间或区域之间通过接触处的流道或孔喉流动。采用 Hagen-Poiseuille 方程来描述流体通过流道的流动。

$$q = \frac{a^3}{12\mu}\frac{p_2 - p_1}{L_p} \tag{11.1}$$

式中，a 为流管的孔径；p_1 和 p_2 为相邻两个孔隙中的流体压力；L_p 为流管的长度。

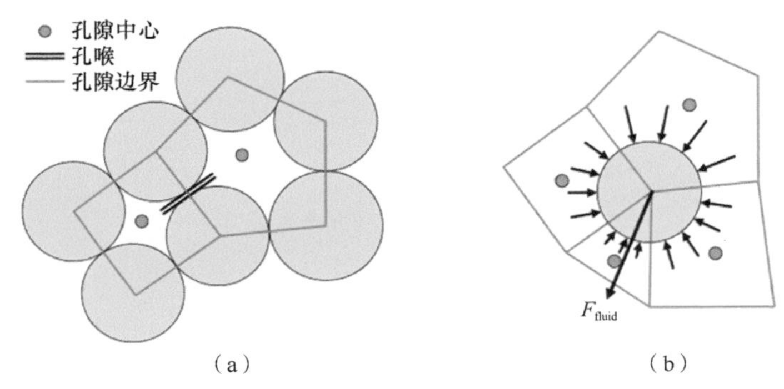

（a）　　　　（b）

图 11.2　基于孔隙网格法的离散元流固耦合计算模型

经过流体时间步长 t_f 后，每个孔隙的体积变化 V_p 可以通过计算该孔隙周围管道流量的变化来计算。假设流入为正，则每个孔隙的压力增量 Δp 可表示为

$$\Delta V_p = \Delta t_f \sum_{i=1}^{N} q_p^{(i)}, \ \Delta p = K_f \frac{\Delta V_p}{V_p} \tag{11.2}$$

式中，N 为连通孔隙空间的流动路径数；K_f 为流体体积模量；V_p 为当前孔隙体积。由式（11.2）可以看出，为了节省计算时间，这里不考虑变形引起的孔隙体积变化。这种近似对于初始干介质中流体注入的建模是合理的。

根据压力增量必须小于原压力扰动的准则，得到流体计算的局部临界时间步长为

$$\Delta t_f = \frac{24\eta \bar{R} V_p}{N K_f a^3} \tag{11.3}$$

因此，可以从局部时间步长最小值和安全系数中得到全局时间步长。

流体力学耦合是通过在预定时间步长的数据交换来实现的。对于每个颗粒，综合颗粒表面的孔隙压力得到的合力 F_{fluid}，如图 11.2（b）所示，从流体计算传递到力学计算。除了由力学接触力引起的不平衡力外，合成的拖曳力 $F_{\text{fluid}i}$ 再加到每个颗粒上。通过求解牛顿第二运动定律，可以确定一个新的粒子位置。孔隙结构可以相应地更新。流体-力学耦合反映在由于变形和对颗粒的拖曳力的增加而引起的孔径 a 的变化上。然而，由于颗粒位移引起的孔隙体积变化并不影响孔隙压力，因此耦合是符合 Biot（Biot，1941）耦合的一种方式。

模型采用外径 D_o=160mm、内径 D_i=8mm 的空心圆形区域进行了注射模拟。添加孔隙网络后，井筒附近的颗粒结构和数值域的概况如图 11.3 所示。该模型由 15605 个半径为 0.5 ～ 0.7mm 的颗粒组成，注射试验中指定的颗粒的默认微尺度参数为：k_n=k_s=83.3MN/m^2，μ=0.577 和 ρ=2650kg/m^3。在内外边界处设置两个无摩擦的圆形墙体。壁的刚度设置为与颗粒相同。装配是在初始径向围压应力 σ_0=0.5MPa。在这种级别的限制，有效的材料属性如下：E'_{50}=34.13MPa，v'_{50}=0.222，ψ=25.7°，k=0.849×10^{-9}m^2。

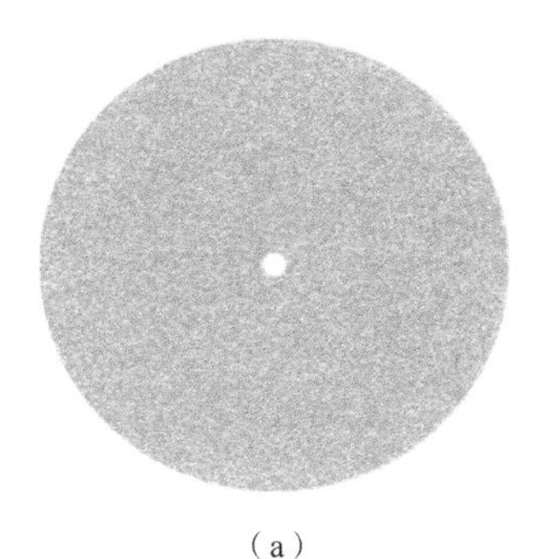

（a）

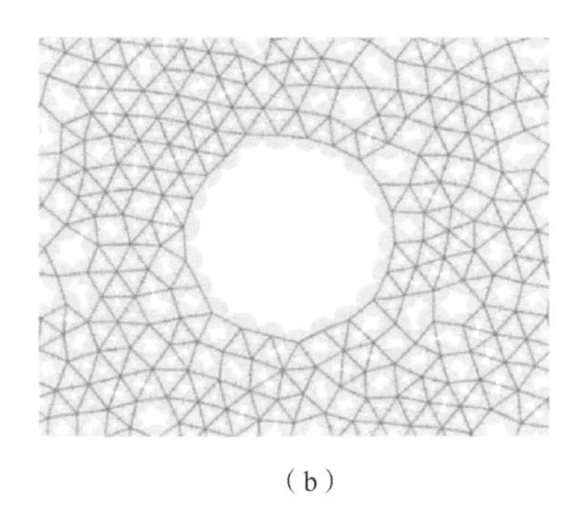

（b）

图 11.3 模型设置

（a）离散元模拟区域；（b）增加孔隙网络后的井筒附近区域

11.2.2 注入速率的影响

将注入速率从 Q=0.01m^2/s 增加到 0.16m^2/s，进行了 8 个系列的试验，ach 试验的试验数和参数见表 11.2。归一化注入速率的对应范围为 $v=Q/\pi D_i$=0.398 ～ 6.366m/s。为了保持数值稳定性，流体时间步长随着注入速率的增加而减小。流体的黏滞性 η=1Pa · s 和远场应力 σ_0=0.5MPa 是为本系列试验所采用的。

表 11.2 试验 I 中注入速率、流体时间步长和总模拟时间

编号	注入速率/(m^2/s)	流体时间步长/s	总模拟时间
I1	0.01	1.2×10^{-7}	0.048
I2	0.02	1×10^{-7}	0.04
I3	0.04	5×10^{-8}	0.024
I4	0.05	4×10^{-8}	0.0144
I5	0.08	2×10^{-8}	0.008
I6	0.10	2×10^{-8}	0.0056
I7	0.12	1.5×10^{-8}	0.0036
I8	0.16	1×10^{-8}	0.0012

8 次试验模拟时间结束时的位移模式如图 11.4 所示。黑色圆圈表示初始井眼位置。灰色空心圆代表与干燥孔隙空间相关的颗粒，填充圆代表与饱和孔隙空间相关的颗粒。填充的颜色表示颗粒所在位置局部平均孔隙压力的大小。从红色到蓝色，孔隙流体压力减小。因此，蓝色圆盘和灰色空心圆圈之间的界面可以解释为渗透锋。图 11.6 所示的颗粒位移和流体入渗规律与图 11.1 的实验结果一致。随着注入速率的增加，流体流动从受渗透控制过渡到受渗透限制，而颗粒介质的响应则从固定向局部破坏演化，从而导致流体通道的增长。

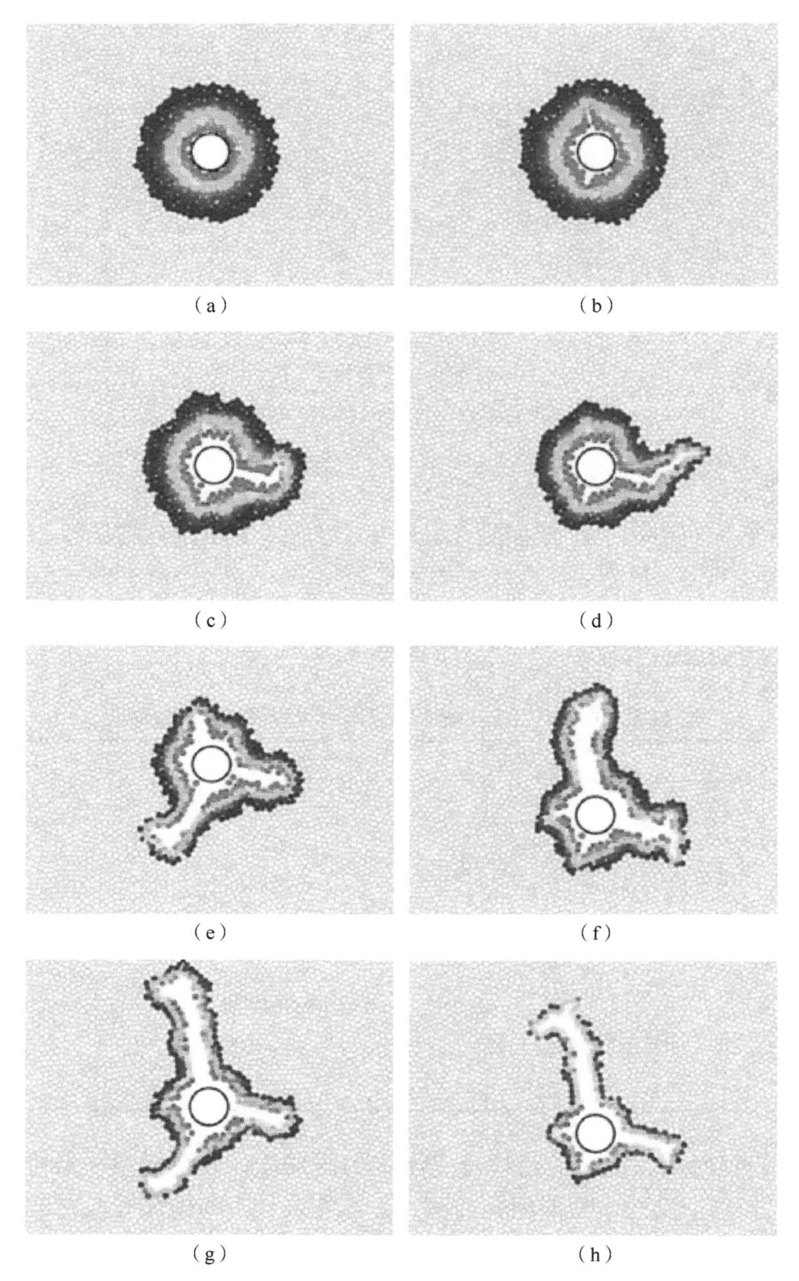

图 11.4　在模拟结束时试验 I 系列位移模式

(a) 测试 I1: Q=0.01m²/s; (b) 测试 I2: Q=0.02m²/s; (c) 测试 I3: Q=0.04m²/s; (d) 测试 I4: Q=0.05m²/s; (e) 测试 I5: Q=0.08m²/s; (f) 测试 I6: Q=0.10m²/s; (g) 测试 I7: Q=0.12m²/s; (h) 测试 I8: Q=0.16m²/s。黑色圆圈表示初始井眼位置。灰色空心圆代表与干燥孔隙空间相关的颗粒，填充圆代表与饱和孔隙空间相关的颗粒。填充的颜色表示颗粒所在位置局部平均孔隙压力的大小。从红色到蓝色，孔隙流体压力减小

在较低的注入速率 Q=0.01m²/s 时（试验 I1），颗粒位移基本可以忽略不计，压力分布近似轴对称，为径向流型。因此，井眼压力随时间不断增大，如图 11.4 所示。轴对

称流体流动也导致颗粒接触力链在近井筒区域呈径向排列。因此，这种情况与图 11.1（a）中的测试 A1 在简单径向流型中的情况类似。

当 Q=0.04m^2/s 时（试验 I3），渗透锋的形状受流体通道增长的影响较小。压力曲线上的局部突然下降和随后的逐渐上升是流体通道突然增长事件和位移的特征。流体通道的扩展确实是喷射式的。有趣的是，在平均意义上，压力曲线和面积比 $Qt/\pi D_i^2>1$（$Qt/\pi D_i^2$ 可以解释为缩放注射时间或标准化注射体积），见图 11.5 和图 11.6。

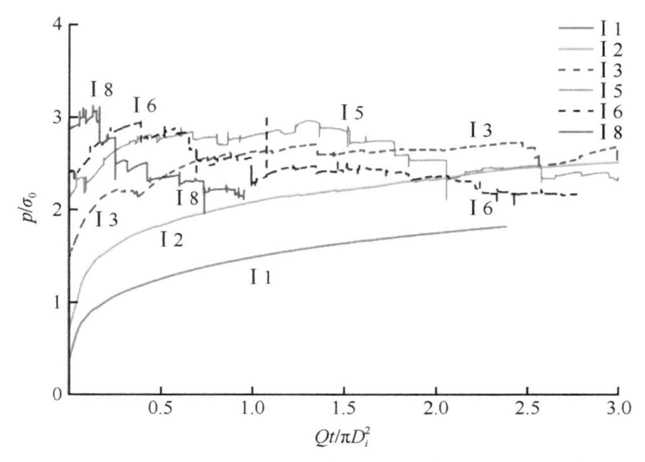

图 11.5　在注入速率 Q=0.01m^2/s、0.02m^2/s、0.04m^2/s、0.08m^2/s、0.10m^2/s 和 0.16m^2/s 时的井眼压力历史记录

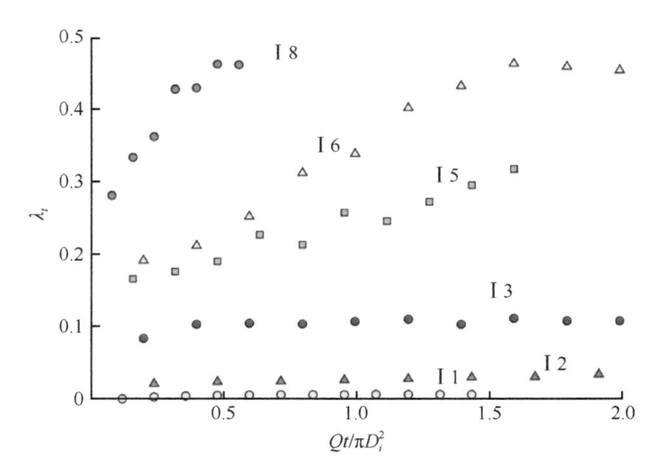

图 11.6　颗粒位移和流体入渗规律与实验结果一致

随着注入速率的增加，流体流动表现出由入渗控制向入渗限制的转变，颗粒介质响应由固定向局部破坏演变，导致流体通道的增长

随着注入速率的进一步增加，渗透前缘与通道剖面密切相关。渗透深度随注入速率的增加而减小。当 Q=0.12m^2/s（试验 I7）和 0.16m^2/s（试验 I8）时，渗透深度限制在 2 ～ 3 个颗粒直径。现在，井筒压力的历史记录显示出一个全局趋势：在 $p/\sigma_{0\sim3}$ 左右。当 Q=0.08m^2/s（试验 I5）和 0.10m^2/s（测试 I6）时，压力下降相对平缓，但当

Q=0.16m^2/s 时，压力下降相对陡峭。与峰值压力对应的缩尺时间随着注入速率的增加而减小。在这些情况下，面积比随时间增加。当注入速率为 0.1m^2/s，面积比似乎达到了 50% 左右的平稳水平。模拟结束，由于介质假定为弹性摩擦（尽管在稳定性的数值计算中存在阻尼），这些模拟并不期望处于黏性指进控制状态。

11.2.3 无量纲时间因子

试验证据表明，致密颗粒介质的注入过程受无量纲时间 $\tau_1=\eta v_1/E_k$ 限制。取井筒直径为特征长度，即 $l=D_i$，$\tau_1=Q\eta/\pi E_k$。通过改变流体的黏度、模量和介质的渗透率，同时保持无量纲时间 τ_1 为常数来验证材料的性质。在离散元中，在颗粒尺度上，介质的有效模量可以通过颗粒刚度 K_n 进行比例调节，同时保持刚度比 K_s/K_n 和 σ_0/K_n 为常数。后者确保了颗粒结构，孔隙率和渗透率的组合保持不变。同时，颗粒组合的渗透率可以通过颗粒平均半径 R 和孔隙度来计算。

另外四个系列的测试（测试Ⅱ—Ⅳ），在注入速率 Q=0.08m^2/s 下进行。表 11.2 总结了这些测试中的变量。系列Ⅱ设置了不同的流体黏度，系列Ⅲ和Ⅳ则是颗粒刚度（或弹性模量）和粒子大小（或渗透率）不同。粒子组装串联Ⅱ和Ⅲ是相同的基线配置测试系列。为了揭示颗粒分布是否会对结果产生影响，另一个系列（系列Ⅲ）测试了相同的微尺度参数的试样，但是装配配置不同。系列Ⅳ中，颗粒半径在 0.4 ～ 0.6mm（试验Ⅳ1）和 0.9 ～ 1.1mm（试验Ⅳ2）范围内均匀分布。由于 $(R_{max}-R_{min})/R$（因此孔隙度）在这些情况下不是恒定的，因此有效渗透率不仅受平均粒子半径的变化影响，而且受组合孔隙度的影响。测试系列Ⅳ的渗透率值为 k=0.604×10^{-9}m^2，R=0.5mm 和 k=2.779×10^{-9}m，R=1.0mm。粒径和分布的变化对有效模量也有轻微影响。

对比了图 11.7 中试验 I3（Q=0.04m^2/s）和试验 I8（Q=0.16m^2/s）的井筒压力历史。在相同的 $Q\eta$ 情况下，在相同归一化时间 $Qt/\pi D_i^2$ 的情况下，压力历史曲线几乎是相同的。在相同的 Q/E 值下，比较Ⅲ、Ⅲb 和试验 I3 和 I8 也获得了很好的一致性。尽管试

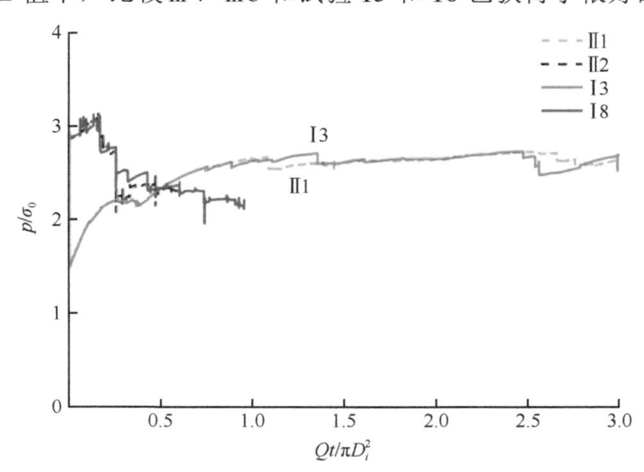

图 11.7 系列 I 和系列Ⅱ试验中井筒压力历史比较

测试Ⅱ1：Q=0.08m^2/s，η=0.5Pa · s；测试Ⅱ2：Q=0.08m^2/s，η=2Pa · s；测试 I3：Q=0.04m^2/s，η=1Pa · s；测试 I8：Q=0.16m^2/s，η=1Pa · s

验系列Ⅳ和 Q/k 不相同，试验系列Ⅳ的压力历史曲线与试验 Ⅰ2（Q=0.02m²/s）和试验 Ⅰ6（Q=0.10m²/s）大致相同。

测试系列Ⅱ和系列Ⅲ的颗粒位移和流体流动模式也显示出几乎相同的形态，具有相同的 $Q\eta$ 或系列Ⅰ中的 Q/E，见图 11.8 中测试Ⅱ1、Ⅲ2 和Ⅲ2b 的比较。正如预期的那样，由于颗粒分布不同，系列Ⅲb 中的流体通道位置与系列Ⅰ—Ⅲ中的流体通道位置不同。系列Ⅳ的位移模式如图 11.9 所示。有趣的是，试验Ⅳ1 的平均粒子半径更小，实际上产生了一个类似于双翼平面断裂的开口。

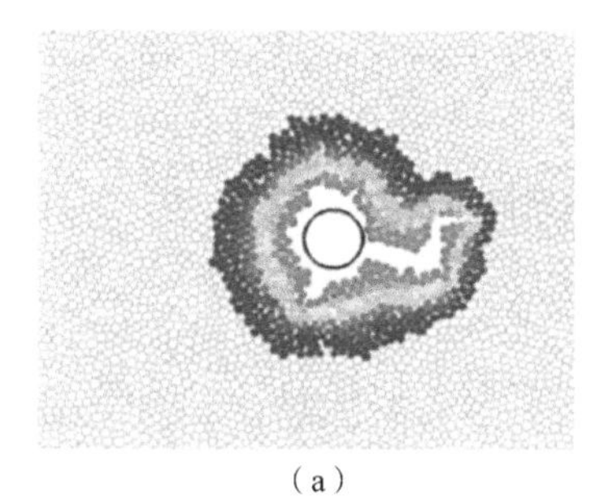
（a）

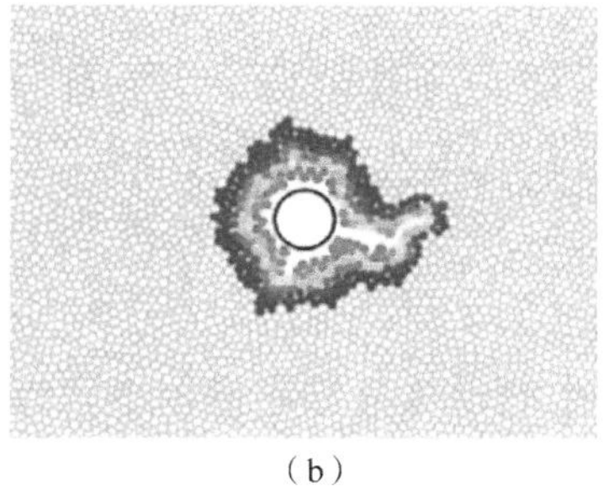
（b）

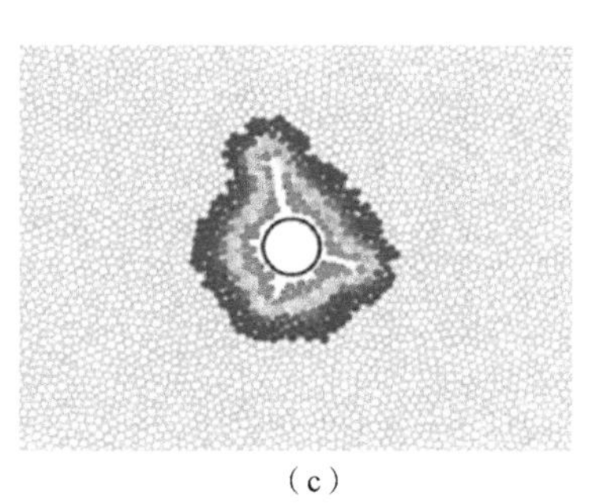
（c）

图 11.8　在 $Qt/\pi D_i^2$=4.77 试验

（a）Ⅱ1，（b）Ⅲ2 和（c）Ⅲ2b 的位移模式。与试验 Ⅰ3 不同的参数如下：[图 11.8（a）] Ⅱ1：Q=0.08m²/s，η=0.5Pa · s，[图 11.8（b）Ⅲ2：Q=0.08m²/s，E'_{50}=68.37MPa，[图 11.8（c）] Ⅲ2b：Q=0.08m²/s，E'_{50}=68.37MPa，不同的颗粒构型。黑色圆圈表示初始井眼位置。灰色空心圆代表与干燥孔隙空间相关的颗粒，填充圆代表与饱和孔隙空间相关的颗粒。填充的颜色表示颗粒所在位置局部平均孔隙压力的大小。从红色到蓝色，孔隙流体压力减小

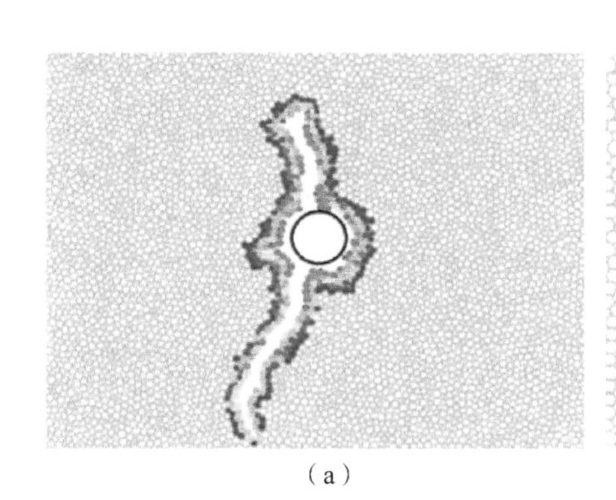
（a）

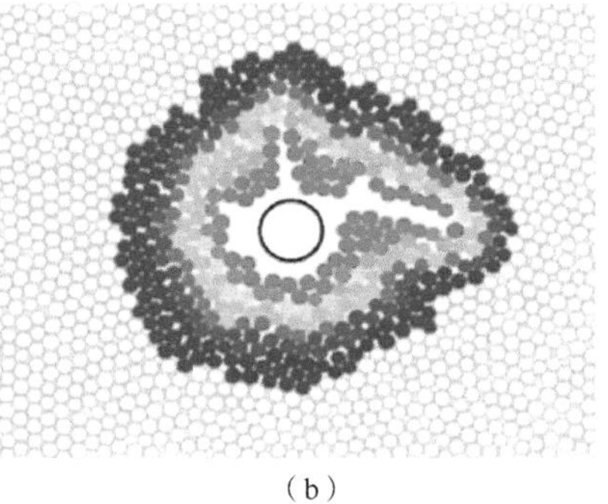
（b）

图 11.9　系列Ⅳ的驱替模式

（a）Ⅳ1：t=0.0032s 时，R=0.5mm；（b）Ⅳ2：t=0.025s 时，R=1mm。黑色圆圈表示初始井眼位置。灰色空心圆代表与干燥孔隙空间相关的颗粒，填充圆代表与饱和孔隙空间相关的颗粒。填充的颜色表示颗粒所在位置局部平均孔隙压力的大小。从红色到蓝色，孔隙流体压力减小

将 λ 表示为归一化参考时间的面积比，即 $\lambda=\lambda_t(t_0)$，为试验 Ⅰ5 选择一个参考时间 t_0=2.4ms（Q_0=0.08m²/s）。对于所有其他情况，模拟时间计算的面积比 λ 由 $t=t_0$（$Q_0\eta_0Ek/Q\eta E_0k_0$）计算。如果时间 t 处于两个输出时间之间，则使用内插值。图 11.10 表示了面积比 λ 作为无量纲时间的函数 $\tau_1=Q\eta/\pi Ek$ 的变化规律。具有相同 τ_1 的试验结果是显著相同的。此外，尽管数值模型与试验设置有很大的不同（如晶粒尺寸、入口配置和材料性能），数值模型获得的阈值 τ_d（从渗透性主导向位移主导的过度的临界值）与试验是相同的。

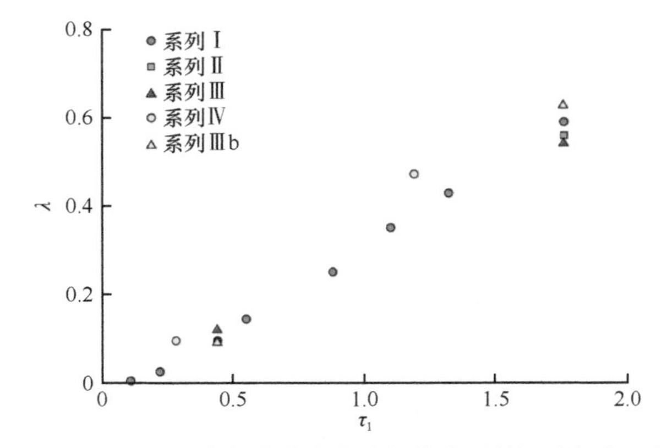

图 11.10　面积比 λ 在标准化参考时间作为无量纲时间的函数 τ_1

11.2.4　能量分析

在数值模型中，粒子集合中的能量分量包括以下内容：①体力做的功 E_b，在这种情况下，它来自于施加在粒子上的合力所做的功；②边界所做的功 E_w；③粒间滑移引起的摩擦功 E_f；④粒子的动能 E_k，包括平移运动和旋转运动；⑤应变能 E_c，它可以从所有接触储存的能量来确定。最后对于流体沿接触点流道流动，黏性耗散能 E_v 可表示为

$$\Delta E_v = \sum_i q_p^{(i)} \Delta t_f \left[p_2^{(i)} - p_1^{(i)} \right] \tag{11.4}$$

由于与井筒相连的流体通道假定为压力恒定，因此流体沿通道流动不存在黏性耗散。图 11.11 ～图 11.13 展示了测试 I1、 I5 和 I8 中能量成分的演变过程。在所有这些试验中，由于数值模型在流体注入之前受到恒定的远场围压应力，所以总应变能一开始不为零，在模拟过程中保持大体恒定。

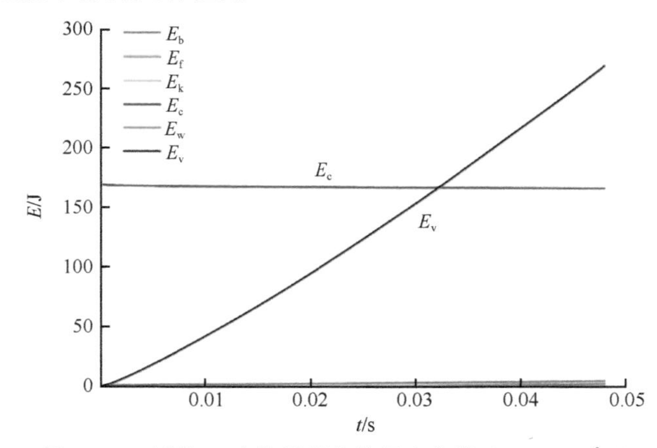

图 11.11　试验 I1 中能量组分的历史曲线（Q=0.01m^2/s）

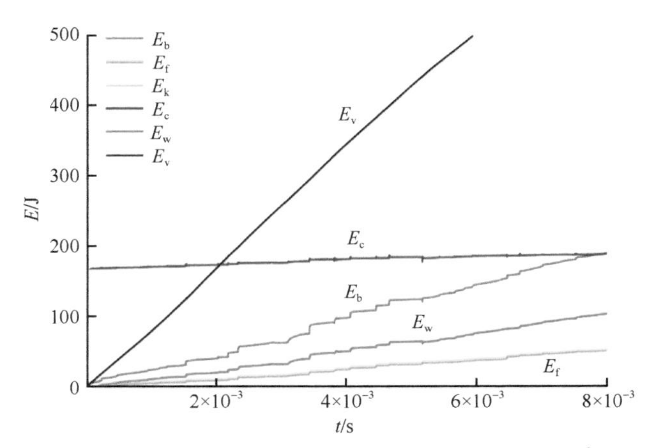

图 11.12 试验 I5 中能量成分的历史曲线（Q=0.08m^2/s）

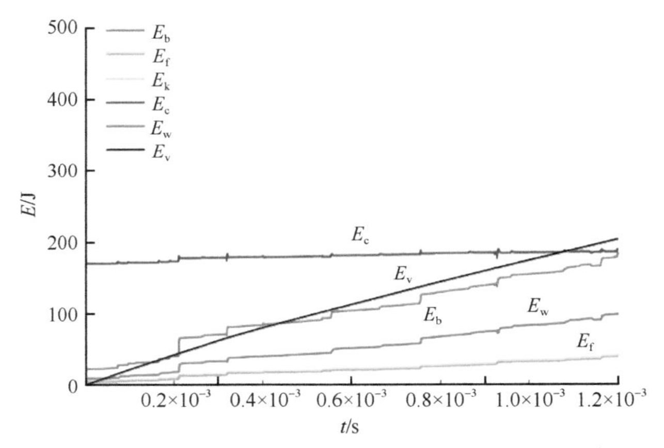

图 11.13 试验 I8 中能量成分的历史曲线（Q=0.16m^2/s）

当 Q=0.01m^2/s 时，流体通过接触点的通道时，主要耗散输入能量。由于流体流动导致的颗粒位移可以忽略不计，所以其他形式的能量中增量几乎为零。当注入速率增加到 Q=0.08m^2/s 时，虽然黏性耗散 E_v 仍然是最大项，但阻力 E_b 和边界所做的功 E_w 及摩擦功 E_f 随时间逐渐增大。E_b 和 E_f 是与晶粒位移相关的能量耗散的两个分量。摩擦功相对较小，表明颗粒间的滑移可能是局部的（最符合逻辑的是开口尖端附近）。在 Q=0.16m^2/s 时，拖曳力所做的功 E_b 与黏滞耗散 E_v，E_b+E_f 是比 E_v 略高的，这表明与颗粒相关的能量耗散是主要机制。流体注入过程中流体通道的间歇渐进也反映在图 11.13 中能量分量的阶梯式增加上。

本节的能量分析支持了我们的论点，即注入过程中的流体驱替机制本质上是各种能量耗散机制竞争的结果。当输入能量主要通过孔隙空间的流动耗散时，流体-颗粒的驱替状态受渗透控制。在颗粒位移为主的情况下，颗粒在黏性流体和粒间滑移中的能量耗散与在孔隙空间中流动的黏性能量耗散相当。虽然这里没有计算沿通道流动的流体的黏性耗散，但可以预期这部分的百分比会随着注入速率的增加而增加。

11.3 本章小结

本章采用试验结合数值分析，系统地研究了初始干燥致密颗粒介质的流体注入过程。试验很好地复现了流体注入干燥致密颗粒介质的过程，并总结不同驱替机制。数值分析表明，该方法能够再现与室内注入实验、工程应用和地质系统中观察到的一致的现象，即增加注入速率导致流体流动行为由渗透-改变受渗透限制和颗粒介质的响应由刚性多孔介质演化为局部破坏导致优先路径的发展。分析说明了流体黏度和材料特性如模量、渗透率等的影响。也显示了置换机制与能量耗散机制的联系。数值计算得到的由渗透主导状态向颗粒位移主导状态转变的阈值无量纲时间与 Hele-Shaw 腔注入实验的结果基本一致。该阈值可作为工程设计的指导。数值分析还揭示了流体通道发育的尖端力学场，这可能对砂岩和岩浆侵入体中尖端倒锥特征的发生提供了参考。

第 12 章

水力压裂与诱发地震

近年来，越来越多的研究表明在水力压裂过程中，水力裂缝有可能会扩展到附近断层，引起断层发生滑移变形，甚至导致诱发地震。即使水力裂缝没有与断层贯通，裂缝扩展引起的地应力场扰动也可能使临近于临界状态的断层触发滑动。流体注入深部断层导致诱发地震的例子逐年增加，引发了各国对水力压裂技术的担忧。研究显示，美国俄克拉何马州自2005年起，每年发生大于3.0级的地震次数在之前稳定的21.2次/年的基础上成倍地增长，这些异常的地震活动被认为与该地区非常规油气资源开采强度的增加直接相关。近年来，我国四川页岩气开发中引起的诱发地震也开始有公开的研究和报道，据中国地震台网统计数据显示，在四川长宁-威远页岩气开发区（东经102.25°～105.43°，北纬27.83°～30.03°），里氏震级大于或等于0级的地震数量在2009～2018年增加了近9倍。最近针对该区域页岩气井压裂时产生诱发地震的研究指出，当检波器监测到地震波后，震源附近部分井的套管出现了不同程度的剪切变形，经调查发现是套管经过的天然断层发生了剪切滑动，证实了诱发地震是断层产生滑动的结果，显示出页岩气开采与断层激活产生诱发地震的高度相关性。水力裂缝扩展到天然断层，使得断层因流体注入产生滑动，不仅会导致套管变形，缩短井的生命周期，而且可能产生较大震级的诱发地震，威胁人民生命财产安全，因此水力裂缝扩展引起的断层激活机理和如何对其进行工程控制成为当前迫切需要解决的关键科学问题。

12.1 水力压裂引起诱发地震综述

近年来，流体注入诱发的大量深部断层激活以及诱发地震现象引起了各国学者的关注（Ellsworth，2013；Bao and Eaton，2016；Elsworth et al.，2016；Rubinstein et al.，2018；Yin et al.，2020；Zhang et al.，2020）。一方面，进入深部高温高压断层的流体能够提高断层面上的孔压，降低其有效正应力；另一方面，注入流体引起的应力场变化对附近处于临界状态的天然断层有扰动，从而影响断层的稳定性（McClure，2015；Foulger et al.，2018）。流体注入引起断层激活的机制是近年来国内外迫切关注的一个关键问题，其中还有很多机理问题有待解决。

首先，注入流体与诱发地震能量的关系尚不明确。研究表明，地震能量的释放与注入点压力、注入速率和注入体积量等因素密切相关。Shapiro等（2010）提出，在高渗透性的基质中，天然断层的张开体积是诱发地震释放能量的主要影响因素。为此，Dinske和Shapiro（2013）随后提出了一种能够预测给定流体体积下的诱发地震活动，并可以量化比较不同注入工况下地震构造状态的参数，由此可以区分发生在油气储层和地热储层中的诱发地震事件。然而，上述参数只能用来预测给定注入流体体积下，震级大于某个值的地震数量，无法直接得到地震能量与注入流体体积间的具体关系。针对这个问题，近年来出现了许多经验性的预测公式。van der Elst等（2016）利用上述Dinske和Shapiro提出的参数，将其与地震 b 值、最大震级及流体注入体积联系起来，提出了预测诱发地震最大震级的方法。不足的是，该方法仅仅基于统计规律进行预测，没有考虑地质力学性质的影响因素，对促进诱发地震力学机理的理解帮助甚微。Galis等（2017）将应力降、摩擦系数及体积模量等力学参数结合成一个固有常量，并结合注入的流体体积提出了另一个预测最大震级的经验公式，然而该公式需要的某些力学参数例如断层的特征长度等难以在现场准确预估，阻碍了该公式的广泛应用。为此，McGarr（2014）结合剪切模量与注入流体的体积，提出了一个简单的经验公式，用以预测流体注入诱发地震的总能量。然而据2017年底在韩国浦项地热厂发生的诱发地震来看，如果将相同体积的流体直接注入处于临界应力状态的断层中，其释放的地震能量将会远远大于上述McGarr公式计算结果的上限。此外，近年来的诱发地震试验研究表明，注入流体将优先诱发断层产生慢速的无震滑动，且无震滑动在整个滑动过程中占据了很大的比例，意味着之前依靠注入流体体积预测的理论方法都将高估诱发地震释放的能量（McGarr and Barbour，2018）。由此看来，诱发地震的预测仍然没有得到完美的解决。目前工程上提出了一些关于流体注入诱发断层活化的风险评估方法，如三维评估法、临界孔隙压力预测法等（张建勇等，2018），但这些方法仍不够深入和具体。如何解释深部断层激活的机制，建立一套完善的断层稳定性预测理论，是当前国内外学者应该关注的重点。

其次，断层的摩擦特性尚未确定，断层的摩擦特性是影响断层激活机理的重要因素，而断层摩擦最基础的理论来源于熟知的库仑滑移模型，即当剪切应力超过断层的抗剪强度时，断层产生滑动。然而，库仑模型仅仅能够解释断层是否滑动，对于断层滑动是稳定滑动还是不稳定滑动，是否产生地震，库仑理论不能给出判断。为此，Dieterich（1979）、Rice 和 Ruina（1983）提出描述断层力学行为的速度状态摩擦本构模型。速度状态摩擦本构模型中的速度依赖性和状态演化参数可以用于描述复杂摩擦记忆效应和历史依赖性，其得到的断层摩擦行为与实验室测量的数据有非常好的相似性。因此，速度状态摩擦本构模型一经提出后即被广泛应用于断层滑动的稳定性研究当中，并逐渐成为研究地震和断层力学最有用的工具之一（何昌荣等，1998；王威等，2007；张龙等，2013），该本构模型已经被广泛地应用于全世界著名地震带的研究当中。Verberne 等（2010）对汶川地震震源附近龙门山断裂带获取的三叠系须家河组泥岩、砂岩和灰岩断层泥进行了速度步进摩擦试验，结果表明富含黏土成分的泥岩和砂岩表现为速度强化，从而对地震滑动起到一个阻尼作用，相反，灰岩表现为速度弱化，对地震滑动起到一个促进的作用。Carpenter 等（2011）对美国圣安地列斯断层（San Andreas Fault）2.7km 深度处的断层岩样进行了速度步进摩擦试验，结果表明这些岩石中含有蒙脱石成分，因此其摩擦强度虽弱但是摩擦稳定性表现为速度强化，这可以用于解释为什么在加州段的圣安地列斯断层不易出现大的地震。Boulton 等（2014）从新西兰 Alpine 断层获取了两者不同的断层泥，在 10km 深度的温度和应力条件下进行了摩擦试验，结果表明当温度达到 140℃以上时，深部孕震区断层泥表现为摩擦不稳定。此外，试验表明矿物成分、温度、正应力、剪切速度等因素都可以影响到断层的稳定性。

近年来流体注入引起的诱发地震成为国际地震研究的一个热点，速度状态摩擦本构定律也被广泛应用于流体注入引起的断层稳定性研究中。研究表明美国俄克拉何马州因为废水回灌产生了大量的诱发地震（Keranen et al.，2014），Kolawole 等（2019）对这个问题对该地区基底岩石的摩擦性质进行了试验研究，测试了 1.5 ～ 9km 深度范围内基底岩石的摩擦稳定性，结果显示在浅层 1.5 ～ 3.0km 以内岩石表现为摩擦强化状态，但是随着深度的增加，逐渐转变为速度弱化，这个试验结果与现场测得的地震响应一致，表明俄克拉何马州的深部基底岩石的不稳定性是导致其近年来该地区诱发地震大增的主要原因。同时一些研究表明流体压力在断层滑动稳定性中的作用仍然不够清楚。Scuderi 等（2017，2018）的研究表明，即使是处于速度强化状态下的断层，仍能够在流体压力的扩散下发生地震滑动。现场调查数据也证明，确实存在诱发地震发生在浅层（5 ～ 6km）速度强化断层上的情况。Cappa 等通过对石灰岩断层的速度步进试验得出了流体压力对速度状态摩擦本构试验变量的影响，并指出在剪切速率大于 10μm/s 后，随着流体压力的增加，断层呈现出由速度弱化向速度强化转变的特性。Cappa 等（2018，2019）还指出，流体的扩散会增加断层渗透率，后者与断层的无震滑动有关。渗透率的增加反过来会增加流体扩散的区域，造成该区域内的慢速无震滑动，并会诱导压力区外的抗剪强度下降，使得压力区之外的断层也发生滑动。流体压力的扩散与持续加速的蠕动共同作用，可能使断层进入滑动弱化状态，失稳并产生地震滑动。上述结论说明，由于流体压力的影响，断层的滑动可能发生在距离注射点很远的位置，且流体注入优先发生无震滑动，这对当前地震成核和释能的预测理论提出了挑战。然而 Cappa 等仅仅基于岩石弹性参数与断层摩擦系数推导的临界滑动速度来判断无震滑动，对无震滑动的定义较为粗略。如何界定无震滑动，也是目前学界的难题之一。因此，虽然速度状态摩擦本构被广泛用于断层的稳定性分析，但是流体注入对断层摩擦的影响机理还不够清楚，流体与摩擦的耦合作用机理还不够明确，仍需要大量的研究对该理论进行验证与修订。

最后，场地尺度的断层激活数值模拟方法还有待完善，多参数耦合作用的考虑过于简单。Rutqvist 等（2013，2015）提出了一种耦合 TOUGH-FLAC 方法，用以模拟水力压裂过程中的断层激活与诱发地震，并指出水力压裂只能引起许多微地震，而不是较大的有感地震；Maxwell 等（2015）利用三维块体离散元法进行地质力学模拟并指出，位于高孔压的断层面积越大，诱发地震的平均震级就越大。Grob 等（2016）通过三维块体离散元法进一步研究发现，影响诱发地震震级大小的主要因素是水力压裂裂缝与断层面的距离，以及与断层相互作用的流体体积，这个结论与 Shapiro 等的理论相一致。目前对于四川地区页岩气压裂中的套管变形研究较多（高利军等，2017；刘伟等，2017；Liu et al.，2019），但是大多是对套管受剪后的局部变形情况进行分析，并没有把现场压裂操作、断层激活和套管变形结合起来，因而无法对工程进行有效地指导。为此，Zhang 等（2020）针对四川龙马溪组页岩压裂中的断层激活与套管变形，使用三维块体离散元法进行多段压裂的模拟，得出与现场特征相似的微地震分布，并试验了多个施工参数对断层滑移的影响，其研究结果对指导现场工作具有一定意义。但为了计算效率，该模型的地质力学参数较为简化，没有考虑岩体的塑性力学性质与多孔弹性效应，也没有对断层引起的套管变形进行分析。如何建立复杂的多参数、多尺度的耦合模型，是当前数值模拟研究工作急需解决的问题。

12.2 压裂诱发地震与断层滑移及套管变形的关系

长宁 201-H1 井位于四川省西南部的长宁县，处于四川盆地的西南边，四川盆地是一个低地区域，其西北部与青藏高原相邻，西南侧与云贵高原相望。因为其特殊的地理位置，四川盆地经历了非常复杂的地质变化历史，地质运动活跃。本盆地具有丰富的含气页岩资源，其位于地表面以下约 2500m 处黑色、富含黏土的志留系龙马溪组页岩层是施工探测和开采页岩气的主要目标。工程目的是利用水平井的多级水力压裂方式，释放和开采龙马溪组页岩层中的页岩气。施工地点的大致方位以及井段纵剖面示意图如图 12.1 和图 12.2 所示。

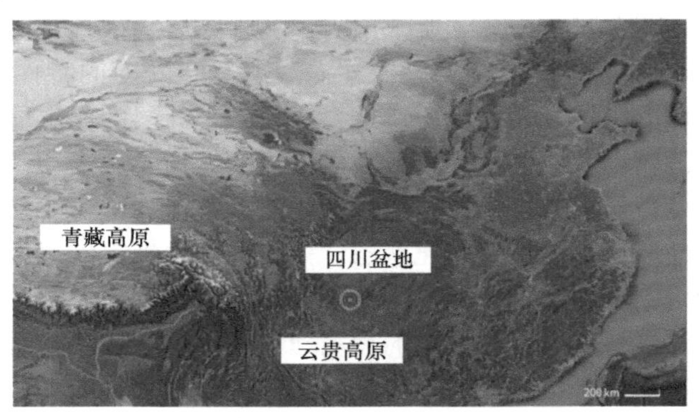

图 12.1　工程地质方位

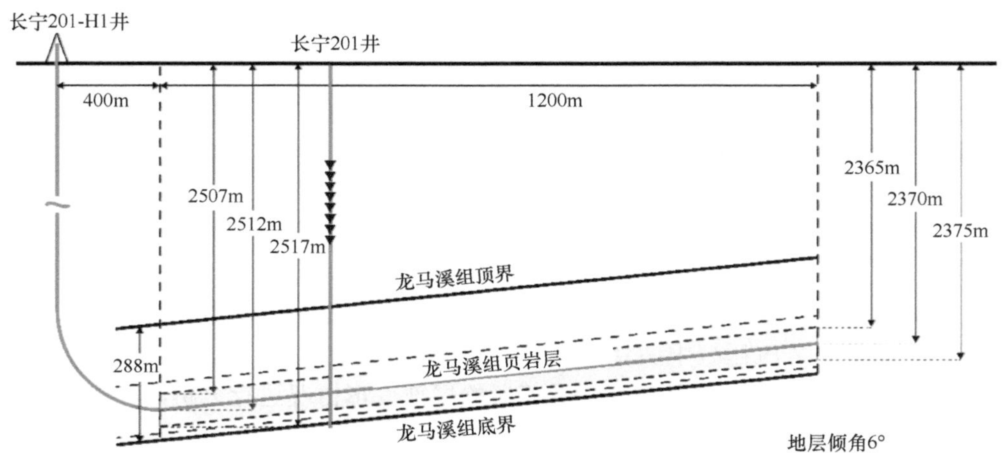

图 12.2　井段纵剖面示意图

12.2.1　套管变形由断层滑移引起的证据

图 12.2 展示了长宁 201-H1 水平井的几何情况，红色加粗的曲线就是水平压裂井，而右侧的红粗竖直实线是废弃的原 201-H1 垂直井，该废弃井内设置了 8 个地震检波器（黑色三角），用以监测微地震的时间和震源坐标等信息。水平井的总长度为 3790m，真正的垂直深度约 2500m（井尾），由于地层倾角约 6°，水平井在井端位置有所上升，深度大约为 2370m。整个龙马溪组页岩层的厚度大约为 288m，水平井刺激的目标是龙马溪组页岩中段富含烃类资源的高 γ 射线页岩层（大约 10m 厚）。初始的压裂设计有 12 个压裂段，但是由于套管变形和其他操作的问题，后来调整为 10 个压裂段。每个压裂

段长 75 ～ 100m，且有三条水力压裂缝。

地震监测数据显示，长宁 201-H1 井的第一级压裂段附近存在一条走向 N57°E 的断层，断层倾角约为 70°。根据 8 个地震检波器提供的数据，断层附近从第一级压裂开始就发生了较大的微地震响应。由于套管变形点距离断层很近，且变形性质均为剪切变形，所以有理由认为套管变形是由断层的剪切滑移引起的。从空间位置上来看，长宁 201-H1 水平井的套管在第一级压裂的第 1、2 两条压裂缝之间与断层相交，断层的滑移能够对其产生直接的影响，所以断层滑移很可能是套管变形的原因。为了更清楚地观察到断层的重复性激活现象，现整理了 10 级压裂所有地震数据的震级大小随时间的变化曲线，如图 12.3 所示。

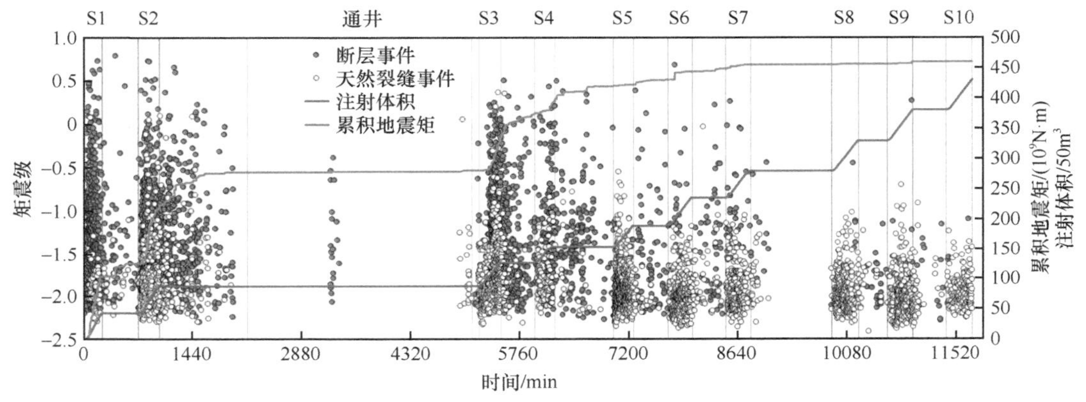

图 12.3 地震震级-时间关系曲线

图 12.3 表示地震震级（红圈和灰圈）、注射流体总体积（蓝线）与累积地震矩（灰线）随时间（分钟）变化的情况。地震震级中，红圈表示发生在断层上的地震事件，灰圈表示发生在天然裂缝上的地震事件，S1 到 S10 表示不同的 10 级压裂的注射阶段，没有标记的区域就是前一个注射阶段的关停阶段，如 S3 与 S4 之间的区段表示第 3 级压裂的关停时间。其中 S2 与 S3 之间暂停了压裂施工，因为发生了套管变形，桥塞无法通过，必须停止压裂并采用连续油管通井。可以发现，红圈在 S1 到 S10 之间均有出现，说明 10 个注射阶段中均发生了断层激活。

经过测量，长宁 201-H1 井段龙马溪组页岩层的基本岩石力学特性为：静态弹性模量 E=40GPa，泊松比 v=0.23。该断层的倾角和倾向分别为 70° 和 147°，处于走滑断层的应力状态，三个主应力梯度为：σ_v=26kPa/m，$\sigma_{H\max}$=34.6kPa/m，$\sigma_{h\min}$=23kPa/m，孔压梯度 P_0=14kPa/m，假定断层的摩擦角为30°，黏聚力为0，根据弹性力学的坐标转换公式，可求出全局坐标系 XYZ 下的断层应力张量表达式：

$$\Delta P = K_{\mathrm{w}}\varepsilon_v = K_{\mathrm{w}}\frac{\Delta V_0}{V} = \frac{K_{\mathrm{w}}}{V}\left(\sum Q\Delta t - \Delta V\right) \tag{12.1}$$

$$S = \begin{pmatrix} 33.37 & 3.57 & 0 \\ 3.57 & 24.23 & 0 \\ 0 & 0 & 26.00 \end{pmatrix} \tag{12.2}$$

根据断层的倾角与倾向，可求出断层的一个单位法向量：

$$\vec{n}=(0.5118,-0.7881,0.3420)' \tag{12.3}$$

所以可以得到断层面上的面力矢量：

$$\vec{T}=S\cdot\vec{n}=\begin{pmatrix}33.37 & 3.57 & 0\\ 3.57 & 24.23 & 0\\ 0 & 0 & 26.00\end{pmatrix}\begin{pmatrix}0.5118\\ -0.7881\\ 0.3420\end{pmatrix}=\begin{pmatrix}14.26\\ -17.27\\ 8.89\end{pmatrix} \tag{12.4}$$

由此可得断层上的正应力梯度与切应力梯度：

$$\sigma_{n0}=\vec{T}\cdot\vec{n}=23.95(\mathrm{kPa/m}) \tag{12.5}$$

$$\tau=\sqrt{\left|\vec{T}\right|^2-\sigma_{n0}^2}=2.66(\mathrm{kPa/m}) \tag{12.6}$$

孔隙水压 P_0=14kPa/m，所以有效正应力梯度 σ'_{n0}=23.95–14=9.95(kPa/m)，由此可以得到断层面的三维受力莫尔圆，如图 12.4 所示。

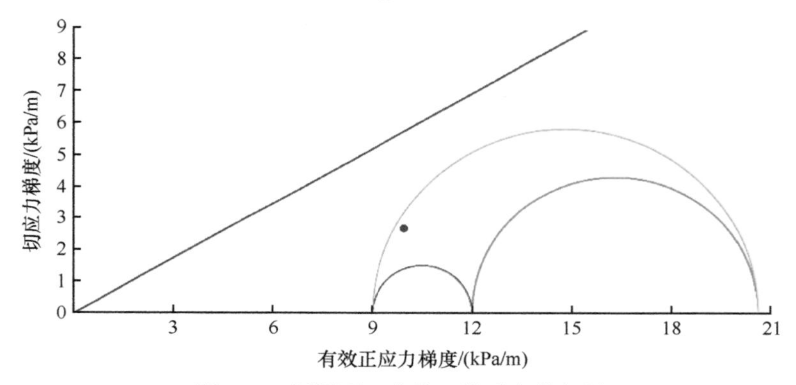

图 12.4 断层面一点的三维受力莫尔圆

图 12.4 表示三向受力状态下岩体内某点（以下称 A 点）的莫尔圆，蓝色的斜线代表断层强度线。由弹性力学可知，弹性体内某一点在一个面上的正应力与切应力和该面的方向向量有关，在莫尔应力圆图中可以用一个点来表示，称为某点在该面方向上的应力状态点。对于平行于某一坐标轴的平面，其莫尔圆图上某点的应力状态点会在与其他两轴对应主应力的圆周上，对于其他任意平面，莫尔圆图上某点的应力状态点会处于大圆周内、两个小圆周外的空间。图中蓝点表示断层上 A 点在断层面方向上的正应力与切应力，如果 A 点的孔压升高，会导致莫尔圆以及应力状态点朝着断层强度线方向平移，最终会使强度线与应力状态点相交，A 点就会发生剪切破坏。

摩擦角取 30°，黏聚力取 0，则断层的强度线方程为

$$\tau_{\mathrm{c}}=\sigma'_n\tan 30° \tag{12.7}$$

所以当 τ_{c}=2.66kPa/m 时，断层上的临界有效正应力梯度为

$$\sigma'_{nc}=\frac{\tau_{\mathrm{c}}}{\tan 30°}=4.61(\mathrm{kPa/m}) \tag{12.8}$$

由此看来，能够引起断层激活的增量孔压临界梯度为

$$P_c = \sigma'_{n0} - \sigma'_{nc} = 9.95 - 4.61 = 5.34(\text{kPa/m}) \tag{12.9}$$

取注入点高度进行分析，考虑到注射点处断层的深度大约为–2380m（断层处在 1、2 号压裂缝的注射点之间），故引起断层激活的临界孔压增量为

$$\Delta P = 5.34 \times \frac{2380}{1000} \approx 12.71(\text{MPa}) \tag{12.10}$$

对应的临界总孔压为

$$P_c = 14 \times 2380 / 1000 + 12.71 = 46.03(\text{MPa}) \tag{12.11}$$

12.2.2 由微地震数据确定滑移断层的位置

将现场微地震数据按照空间坐标排列，可以发现某一方向上的地震事件分布非常集中，故判断该处存在一个未知断层。将该方向一定范围内的事件区分出来，可将地震事件分为断层相关（fault-related）的地震事件和天然裂缝相关（frac-related）的地震事件，如图 12.5 和图 12.6 所示。

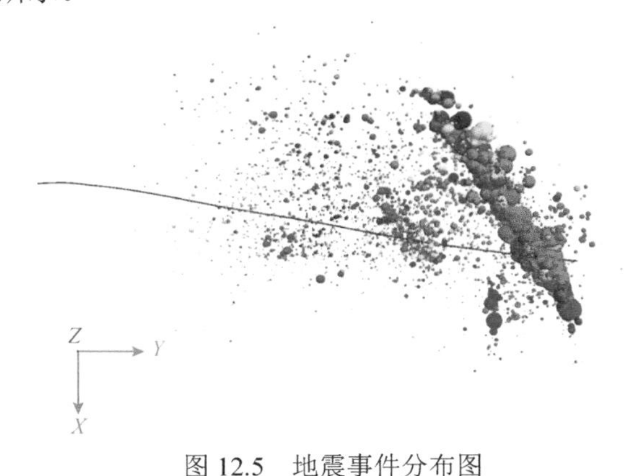

图 12.5 地震事件分布图

球的大小表示矩震级，球的颜色表示事件发生时间

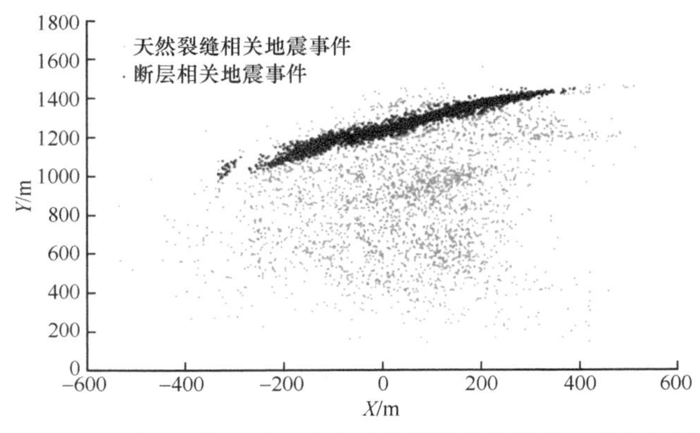

图 12.6 断层相关地震事件和天然裂缝相关地震事件分布图

12.3 流体注入引起断层滑移及诱发地震的三维渗流-应力场全耦合模型

12.3.1 3DEC 微地震震级算法

数值方法对模拟结果具有定量评价的优点。在本书中，可以根据滑动节点的剪切位移和节理材料的属性计算微震事件。为了离散运动方程，将每个接触面细分为多个三角形区域，其中节点表示三角形顶点。每个节点都有一个负责的区域，该区域被定义为所有周围三角形区域总和的三分之一。因此，地震矩可以表示为

$$M_0 = \sum\left(GAu_{\text{saver}}^{p}\right) \tag{12.12}$$

式中，G 为岩体的剪切模量；A 为一次地震中滑动节点的总面积；u_{saver}^{p} 为该事件中所有滑动节点的平均塑性滑移，并按节点面积加权。注意，式（12.12）只考虑了剪切破坏，即忽略了由拉伸破坏触发的地震事件，这样可能会高估模型中大型地震事件的比例。某些滑动行为不会引起地震活动，因此，只有地震滑动节点才能算作地震事件。将地震滑动节点与较大地震事件结合起来，采用了一种特定的准则。在空间尺度上，每个滑动节点作为单个事件具有一个识别半径 R。在此范围内的后续滑动节点可以在同一事件中计数，否则它们属于不同的事件（图 12.7）。在时间尺度上，大事件的滑动时间取决于第一个滑动节点的开始和最后一个滑动节点的结束，只要这些节点在滑动持续时间上有重叠。组合后，用式（12.12）估算微震矩。一个事件的滑动区域由其中滑动节点的总面积表示。相应的力矩大小可通过下式计算得出：

$$M_{\text{w}} = \frac{2\lg M_0}{3} - 6 \tag{12.13}$$

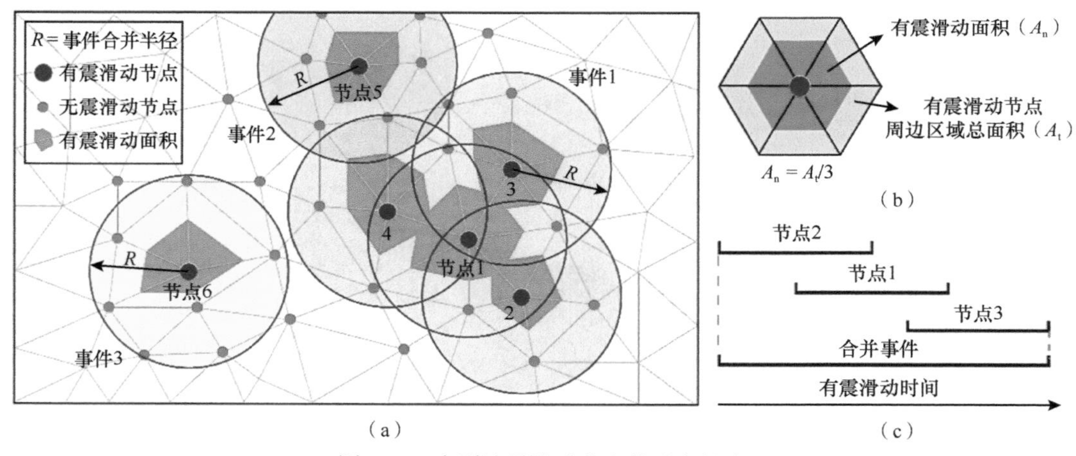

（a）　　　　（b）　　　　（c）

图 12.7　大型地震滑动节点的时空组合

（a）空间尺度组合，识别半径（R）被设置为建模区域边缘平均长度（边缘尺寸）的两倍；（b）节点区域的示意图（A_n），每个节点的面积是周围三角形区域总面积的三分之一（A_t）；（c）时间尺度组合，识别半径范围内滑动时间重叠的节点将被视为一个大事件

在本书中，只有当满足两个准则时，滑动节点才被视为地震滑动。一个条件是法向应力大于 5MPa，另一个条件是滑移速度大于 0.5mm/s，正的法向应力保证了压缩条件下的滑移事件，临界速度消除了低速蠕变。任何不符合这两个要求之一的事件都被视为耐震滑移。

12.3.2 3DEC 几何模型的建立

为了探究套管变形与断层剪切位移的关系，并对断层的重复性激活现象进行数值模拟，本书对长宁 201-H1 井的前两级压裂段进行了模拟。水力压裂模型的外部是一个尺寸为 2160m×1800m×900m 的长方体，其中心点位置为（0m, 0m, –2330m），其中地表的深度定为 0。为了兼顾计算效率与模拟的精确性，长方体内部以中心点为中心，层层嵌套 5 个小长方体，最小的一个长方体是模拟主要关心的区域，包括注入点、断层、天然裂缝及水力压裂裂缝，尺寸为 216m×270m×90m，坐标范围为：*X* 为–72 ～ 144m，*Y* 为–90 ～ 180m，*Z* 为–2375 ～ –2285m。由图 12.8 可知，该区域包含了水平井前两个压裂段的深度范围。中心长方体内的单元尺寸为 11m，由内向外的外套长方体单元尺寸以 1.35 的倍率依次增加。模型的示意图如图 12.8 所示。

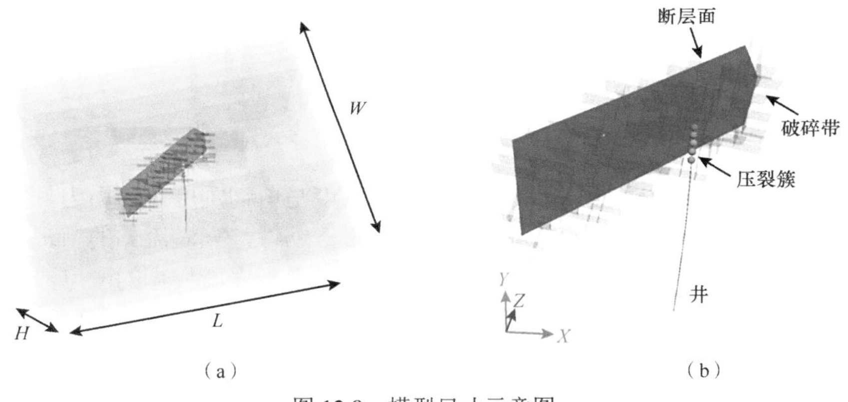

（a）　（b）

图 12.8 模型尺寸示意图

图 12.8 显示了模拟的核心区域，蓝色部分是断层面，周围有一些随机生成的不连续面来反映断层面周围的天然裂缝。黑色的线表示水平井套管，压裂液会从这里注入，并在粉色点处分级形成水力压裂裂缝。整个大模型的区域是一个如图 12.8 上虚化部分所示的长方体，*X* 方向尺寸 *L*=2160m，*Y* 方向尺寸 *W*=1800m，*Z* 方向尺寸 *H*=900m。

12.3.3 模型参数的选取

12.3.3.1 岩石块体的属性

节理的刚度远大于岩石块体，水力压裂导致节理内孔压增加时，岩石所受到的力很小，故为了简化计算，提高计算效率，岩石块体采用均匀各向同性的弹性模型。根据现场岩心测量的数据可知，核心区域岩石的密度为 2600kg/m^3，泊松比为 0.23，弹性模量为 40GPa，因为岩石的体积模量可以更好地反映岩石的宏观受力特性，所以根据式

（12.14）和式（12.15）得出岩石块体的体积模量和剪切模量如下：

$$K=\frac{E}{3(1-2\nu)}=24.69(\mathrm{GPa}) \tag{12.14}$$

$$G=\frac{E}{2(1+\nu)}=16.26(\mathrm{GPa}) \tag{12.15}$$

式中，E 为弹性模量；K 为体积模量；G 为剪切模量；ν 为泊松比。

综上，岩石块体的材料属性总结如表 12.1 所示。

表 12.1 岩石块体材料属性

参数	属性
计算模型	均匀各向同性弹性体
密度/(kg/m³)	2600
泊松比	0.23
弹性模量/GPa	40
体积模量/GPa	24.69
剪切模量/GPa	16.26

12.3.3.2 节理的属性

1）节理的刚度

节理是岩体中的结构软弱面，其自身的法向刚度与剪切刚度主要由内部的填充物决定，但在充满流体的深部岩体中，因为流体的不可压缩性，充满流体的节理刚度主要取决于流体，实际上这使得充满流体的节理法向刚度远大于岩石块体的刚度，而流体计算的时间步长与流体体积模量成反比，若采用真实的流体模量，将会大大降低计算的效率。所以本模型采用将流体模量减小，把节理刚度提高的方法来等效真实情况。

节理中物质的压缩可以近似看作是无侧限半无限空间的单向压缩问题，因此用 P 波模量代替弹性模量是更好的选择，根据岩石块体的弹性模量和泊松比，由下式可以求出块体的 P 波模量：

$$M=\frac{E(1-\nu)}{(1+\nu)(1-2\nu)}=46.37\times10^{9}(\mathrm{Pa}) \tag{12.16}$$

式中，M 为 P 波模量，Pa。

流体的不可压缩性导致充满流体的节理刚度会远大于岩石块体的刚度，所以岩石块体的等效弹簧刚度 k 可用 P 波模量与单元尺寸长度的商表示，简称为块体单元的有效刚度：

$$k=\frac{M}{L} \tag{12.17}$$

式中，L 为单元尺寸长度，m，这里取 11m；k 为块体单元的有效刚度，Pa/m。

计算出块体单元的有效刚度之后，考虑到节理的刚度远大于块体，故将节理刚度设置为块体刚度的 c 倍，c 往往是一个大于 10 的值，本模型中取 12.5。所以节理的刚度由下式确定：

$$k_n = ck = c\frac{M}{L} = 5.27\times10^{10}\left(\mathrm{Pa/m}\right) \tag{12.18}$$

式中，k_n 为节理的法向刚度，Pa/m。

节理的剪切刚度一般设为法向刚度的 1/2，故

$$k_s = \frac{1}{2}k_n = c\frac{M}{2L} = 2.63\times10^{10}\left(\mathrm{Pa/m}\right) \tag{12.19}$$

式中，k_s 为节理的剪切刚度，Pa/m。

上述节理刚度应用在天然裂缝与水力压裂裂缝上，对于断层，因为其初始张开度比较大，流体的刚度没有在小开度节理中大，所以应该降低断层节理的等效刚度，这里取经验系数 1/5，即

$$k_{n_{\mathrm{fault}}} = \frac{1}{5}k_n = c\frac{M}{5L} = 1.05\times10^{10}\left(\mathrm{Pa/m}\right) \tag{12.20}$$

$$k_{s_{\mathrm{fault}}} = \frac{1}{5}k_s = c\frac{M}{10L} = 5.25\times10^{9}\left(\mathrm{Pa/m}\right) \tag{12.21}$$

式中，$k_{n_{\mathrm{fault}}}$ 与 $k_{s_{\mathrm{fault}}}$ 分别为断层面的法向刚度和剪切刚度，Pa/m。

2）节理的摩擦角和黏聚力

对于断层和天然裂缝，由工程经验可知，在高地应力下的节理，其摩擦因数与节理面的粗糙程度关系不大，可近似取 0.6 作为节理的摩擦因数，所以本模型将断层和天然裂缝的摩擦角设为 30°，其摩擦因数 $\mu=\tan30° \approx 0.577$。黏聚力取决于天然裂缝和断层的矿化程度，由于天然裂缝和断层抗摩擦特性太过软弱，故将其黏聚力设为 $c=0$。水力压裂裂缝应该是产生受拉破坏，而不会产生剪切破坏，所以适当将水力压裂裂缝的摩擦角及黏聚力设得大一点，以免其发生剪切破坏，故对于水力压裂裂缝，其摩擦角 $\varphi=40°$，黏聚力 $c=5\mathrm{MPa}$。

3）节理的剪胀角

根据经验，断层和天然裂缝的剪胀角可取为 7.5°，水力压裂裂缝由于不考虑剪切破坏，故将其剪胀角设为 0。

4）节理的本构模型

水力压裂裂缝可以使用经典莫尔-库仑强度模型，即

$$\tau = c + \sigma\tan\varphi \tag{12.22}$$

式中，τ 为节理面的极限剪应力，MPa；c 为节理面的黏聚力，MPa；σ 为节理面上的正应力，MPa。取节理面上的某一点来看，若该点在节理面方向上的应力状态点与节理强度线相交，则该点会沿着节理面发生剪切破坏。但是实际情况的水力压裂裂缝是受拉破坏，所以本模型特意将其摩擦角和黏聚力提高了，以保证节理强度线不会经过节理面上

任何一点在莫尔圆上的应力状态点。

断层与天然裂缝的力学模型可以采用具有软化-自愈合效应的莫尔-库仑强度模型，该模型的破坏准则与经典莫尔-库仑强度模型相同，但是额外加入了以下两点：

（1）当节理面开始滑动时，剪切强度（摩擦角）将会随着滑动距离的增加从峰值开始下降，直到一个特定距离 D_c 下降到残余剪切强度（摩擦角）的值。

（2）当滑动停止后，剪切强度（摩擦角）将会从残余值马上恢复。

具有软化-自愈合效应的莫尔-库仑强度本构模型示意图如图 12.9 所示。

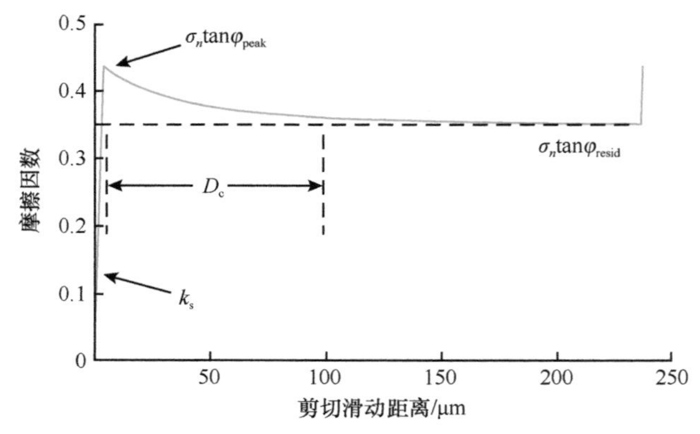

图 12.9　具有软化-自愈合效应的莫尔-库仑强度本构模型

断层面破坏前满足弹性变形的特征，即

$$\tau = k_s u \tag{12.23}$$

式中，τ 为节理面上的切应力，Pa；u 为节理面上的剪切位移，m。当切应力达到莫尔-库仑破坏准则时，节理发生破坏，破坏后剪切位移曲线的本构方程为

$$\tau_m = \tau_m^{peak} = c_{peak} + \sigma_n \tan\varphi_{peak} u_s^p = 0 \tag{12.24}$$

$$\tau_m = \tau_m^{resid} + \left(\tau_m^{peak} - \tau_m^{resid}\right)\frac{D_c^\alpha}{\left(D_c + u_s^p\right)^\alpha} \quad 0 < u_s^p < D_c \tag{12.25}$$

式中，u_s^p 为自从开始滑动起计算的节理滑移量（剪切位移量）；D_c 为规定的抗剪强度（摩擦角）从峰值变化到残余值所需的剪切位移值；α 为指数参数，用来控制变化时的曲线曲率；τ_m^{peak} 和 τ_m^{resid} 分别为节理面上切应力的峰值与残余值。本模型中，取峰值摩擦角为 30°，残余值为 22°，相应的峰值切应力为：$\tau_m^{peak}=\sigma_n\tan30°$，$\tau_m^{resid}=\sigma_n\tan22°$，临界滑动距离 D_c 取节理面上两个结点间的最小值，与单元尺寸有关。并且根据经验，取 $\alpha=3$。

在断层停止滑动后，如图 12.9 所示，断层的摩擦角会从残余值 22° 跃升至 30°，断层的剪切属性恢复为初始状态，这种剪切行为体现了实际情况中断层自愈合的现象。

综上，节理的属性设置总结如表 12.2 所示。

表 12.2　节理材料属性总结

参数	属性		
节理类型	压裂缝	断层	天然裂缝
本构模型	莫尔-库仑	莫尔-库仑-软化自愈合	莫尔-库仑-软化自愈合
法向刚度/(GPa/m)	52.70	10.50	52.70
剪切刚度/(GPa/m)	26.30	5.25	26.30
剪胀角/(°)	0	7.5	7.5
摩擦角/(°)	40	30	30
残余摩擦角/(°)	0	22	22
黏聚力/MPa	5	0	0
初始张开度/m	5.00×10^{-5}	2.00×10^{-4}	2.00×10^{-4}（内），5.00×10^{-5}（外）
抗拉强度/MPa	0	0	0

12.3.3.3　流体的属性

模型采用和现场相同的压裂液属性参数，液体黏度为0.002Pa · s，密度为1250kg/m^3，体积模量为2×10^7Pa。值得注意的是，在20℃、一个大气压下，水的体积模量为2.18×10^9Pa，本模型将流体的体积模量缩小了100倍，原因在于：流体计算的时间步长与流体体积模量成反比，采用实际流体体积模量将会使计算变得极其缓慢。当体积模量缩小后，流体的压缩性增大，会导致在统计体系中流体体积时，模型中出现流体的体积压缩损失，即留在模型中的流体体积会因为压缩性而少于注入的流体体积，为了避免这一现象带来的麻烦，应该采取加大流量的方式弥补体积压缩损失。

12.3.3.4　边界条件

严格来说，对于一个处于地层中具有六个面的长方体模型，由于模型尺寸相对地层厚度和水平尺寸很小，模型边界变形引起模型底面和四个侧面的地层位移可以忽略不计，所以模型底部和四个侧面都可以看作位移边界。然而模型的顶面受到的约束不够强，则应看作应力边界。但是本模型为了简化起见，认为模拟区域的埋深已经足够大了，模型顶面变形无法对地层产生明显的影响，于是全部采用了位移边界，即令边界长方体六个边界面上各个方向的位移始终等于 0。

综上，模型的初始条件总结如表 12.3 所示。

表 12.3　模型初始条件

参数	数值
深度/m	–2330
最大主应力方位角/(°)	109
最大水平主应力/MPa	80.62
最小水平主应力/MPa	53.59

续表

参数	数值
垂直主应力/MPa	60.58
S_{xx}/MPa	77.76
S_{yy}/MPa	56.46
S_{xy}/MPa	8.32
孔压梯度/(Pa/m)	14000
套管内初始孔压/MPa	32.9
边界条件	六面位移边界
重力加速度/(m/s^2)	9.81

12.4 模拟结果与讨论

12.4.1 断层滑移及诱发地震模拟结果

图 12.10 描述了断层张开度、孔压及剪切位移随着压裂时间的变化。结果显示几乎没有水力压裂裂缝的扩展，几乎全部的流体都流入了断层及其断裂带。所有的裂缝张开度及孔压都经历了一个在关停阶段下滑，在第二段压裂时恢复的过程。断层最大的张开度大约为 1.4mm，断层的最大孔隙压力约为 46MPa，与理论预测一致。第一阶段后最

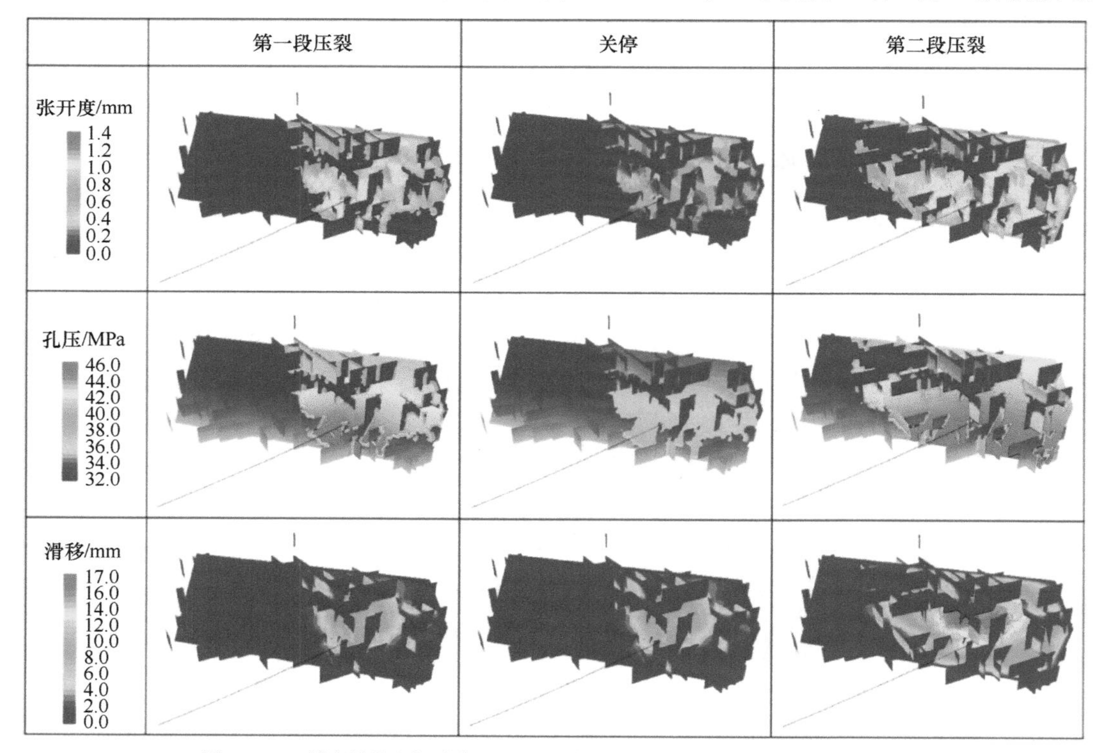

图 12.10 模拟断层张开度、孔压与剪切位移在不同压裂阶段的变化

大剪切位移约为 10.0mm，第二阶段压裂后最大剪切位移约为 17.0mm。结果表明，各阶段断层的最大张开度和孔隙压力基本相同，但剪切位移会累积起来。累积剪切位移量约为几厘米，与现场测得的套管变形数据一致。

模拟的地震事件在图 12.11 中给出。一般来说，微地震会随着断层内孔压的增加传播。可以看到模拟结果中阶段 1 和阶段 2 的微地震都有随孔压扩散而增加的趋势。地震事件的震级大小、累积地震矩以及注射流体体积随时间的变化关系由图 12.12 表述。和现场数据相比较，模拟结果与现场地震事件分布具有相似的特征，除了在关停阶段事件

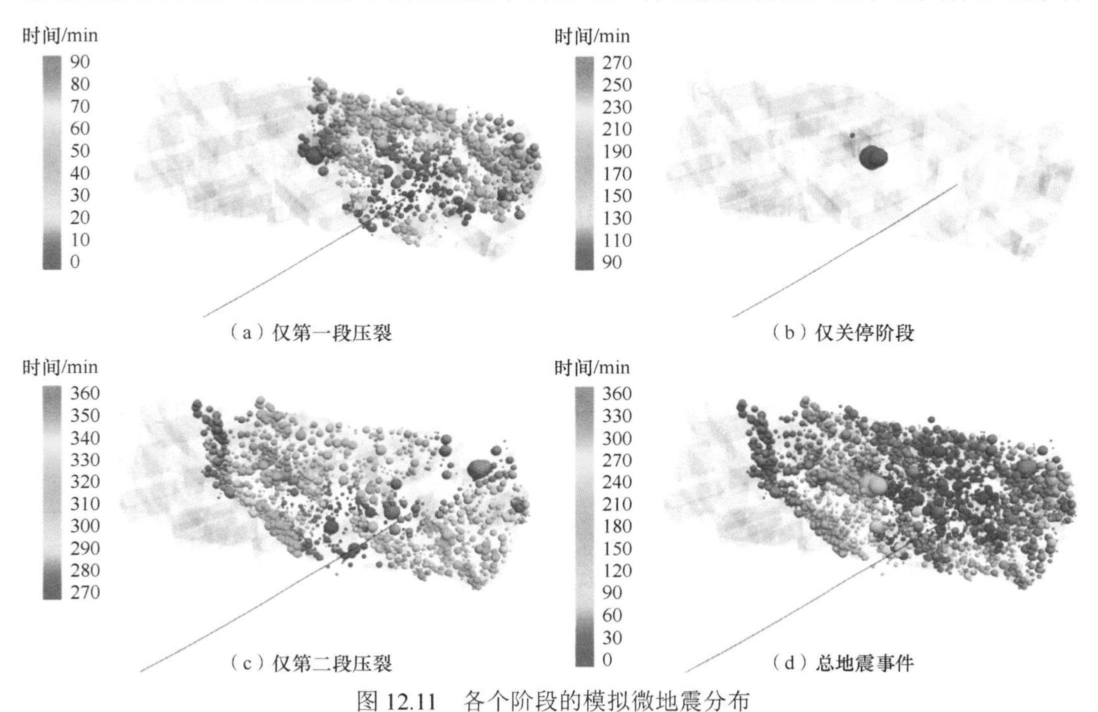

（a）仅第一段压裂　（b）仅关停阶段

（c）仅第二段压裂　（d）总地震事件

图 12.11　各个阶段的模拟微地震分布

图 12.12　模拟微地震、累积地震矩及注射流体体积随不同压裂阶段的变化

数量较少。这有可能是因为几何模型太简单，无法模拟真实的情况。除此之外，剪切本构模型的设置也可能有影响，当断层停止滑动后，断层的剪切强度会马上恢复，抑制了地震的发生。增加离散裂缝网络的复杂度可能会使模拟结果更符合实际情况，但计算时间将大大增加。与现场在前两个阶段的观测结果一致，累积地震矩几乎与注射体积成正比。

12.4.2 施工参数分析

12.4.2.1 注入速率与流体体积的影响

我们在一半注入速率（$0.06m^3/s$）下进行了模拟，以研究通过改变注入方案来减轻地震危害的可能性。注射时间保持不变，因此总注入量减半。半速率和全速率情况下断层面上的剪切位移如图 12.13 所示。随着注入速率减半，剪切位移云图面积大大减小，最大剪切位移也从 17.0mm 减小到 9.0mm，几乎与注入速率的减小成正比。

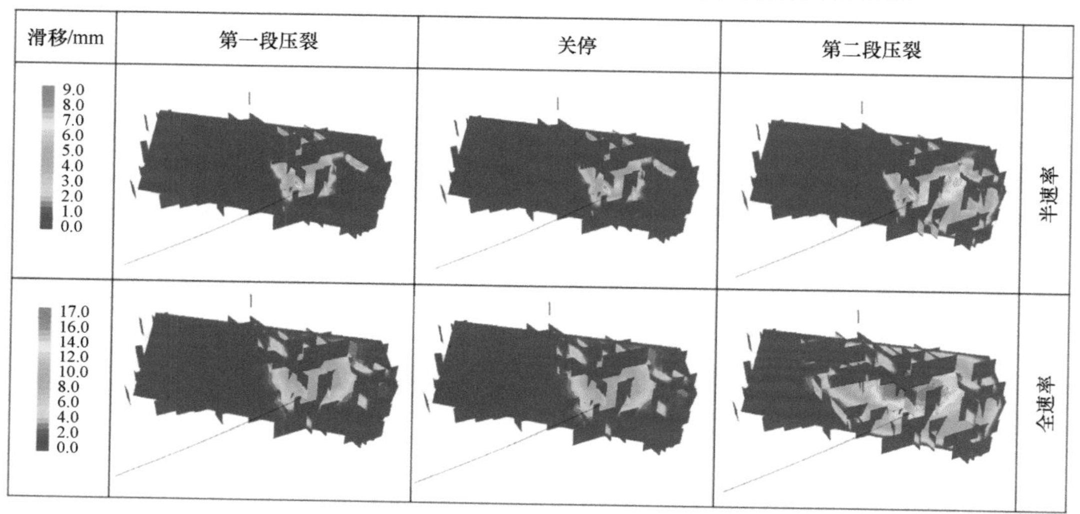

图 12.13 断层剪切位移在不同注入速率下的比较

两种不同注入速率下的累积地震矩的比较如图 12.14 所示。在第二阶段结束时，注入速率减半（$0.06m^3/s$）的情况下的累积地震矩约为全速率（$0.12m^3/s$）的 42%，与注入速率的下降也几乎成正比。结果表明，当井与被探测到的断层相交时，通过降低现场注入速率来降低地震危险性是可行的。

为了进一步区分注入速率和注入量的影响，我们使用一半注入速率，但延长注射时间至 180min，重新模拟第 1 阶段（图 12.15）。因此，在基本案例的参数下，这么做的总注入量与第 1 阶段相同。对于注入速率减半但注射时间加倍的案例，注射结束时的累积地震矩约为 $47.49\times10^{10}N\cdot m$，仅比基准案例 $49.92\times10^{10}N\cdot m$ 少 5% 左右。结果表明，地震活动性不是由注入流体的速率决定的，而是由注入流体的体积决定的。然而可以看出，尽管总注入量决定了累积地震矩，但使用较低的速率仍然可以降低最大剪切位移。

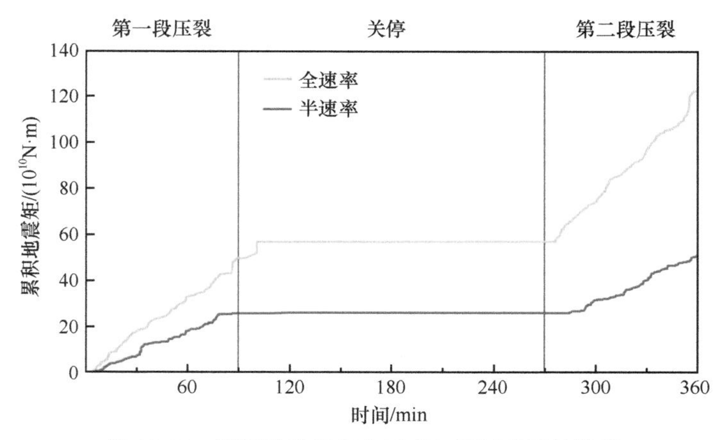

图 12.14 累积地震矩在全速率与半速率下的比较

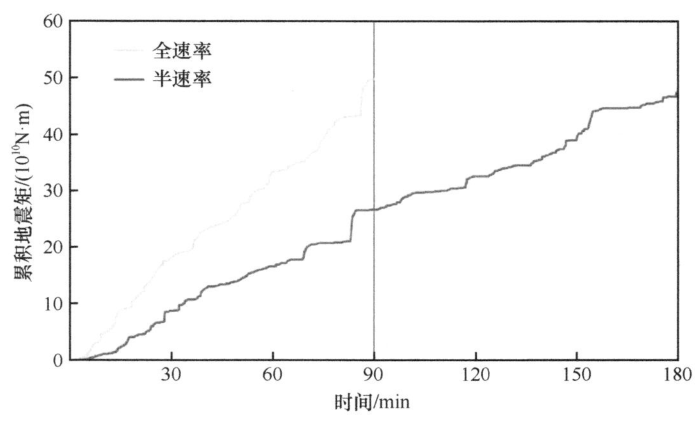

图 12.15 累积地震矩在全速率与半速率下的比较

12.4.2.2 注射液黏度的影响

为了研究流体黏度的影响，我们进行了高黏度（20cP）的注射模拟。两种不同流体黏度值的剪切位移比较如图 12.16 所示。由于高黏度流体的流动性降低了 10 倍，所以孔隙压力的扩散面积更小。然而断层的最大剪切位移增加到 41mm，是基准案例的 2 倍。高黏度流体使裂缝中的流体渗透具有更大的黏性耗散，从而形成更高的流体压力。

滑移/mm	第一段压裂	关停	第二段压裂	
41.0 40.0 35.0 30.0 25.0 20.0 15.0 10.0 5.0 0.0				黏度为20cP

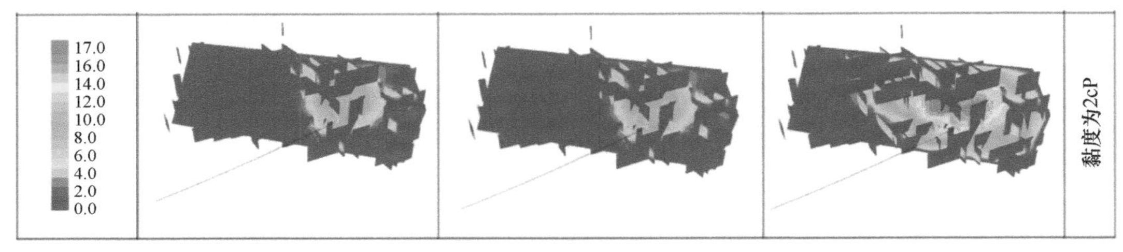

图 12.16 断层剪切滑移关于流体黏性的比较

在第一阶段结束时，2cP 和 20cP 注入流体在断层与井的交叉点处的孔隙压力分别为 45.06MPa 和 49.51MPa。孔隙压力的增大不仅使裂缝进一步张开，而且有效正应力减小，有利于裂缝的滑移。因此，注入流体黏度是判断断层滑脱程度的一个重要控制参数。

两种不同流体黏度值的累积地震矩比较如图 12.17 所示。可以看出，2cP 流体黏度情况下的累积地震矩与 20cP 流体黏度相同。

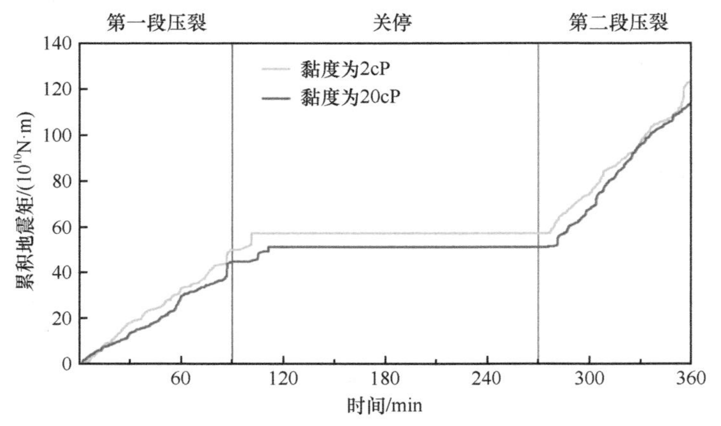

图 12.17 累积地震矩关于流体黏性的比较

虽然较高的流体黏度降低了孔隙压力渗透面积，但大大增加了断层的剪切位移。结果表明，累积地震矩对流体黏度不敏感，但受总注入量的控制，这与 MaGarr 的理论一致。

12.4.2.3 网格尺寸的影响

为了研究网格大小对模拟地震活动性的影响，在基准案例（9m 网格大小）的基础上，又进行了两例 7m 和 11m 网格大小的压裂模拟。图 12.18 为不同网格大小下的累积地震矩对比图。网格大小为 7m、9m 和 11m 时，第一阶段结束时的累积地震矩分别为 61.19×10^{10}N · m、49.92×10^{10}N · m 和 43.28×10^{10}N · m，可见随着网格尺寸的增大，地震活动性明显降低。

地震震级大小比例的对比（图 12.19）表明，事件的平均大小随着网格尺寸的减小而减小。

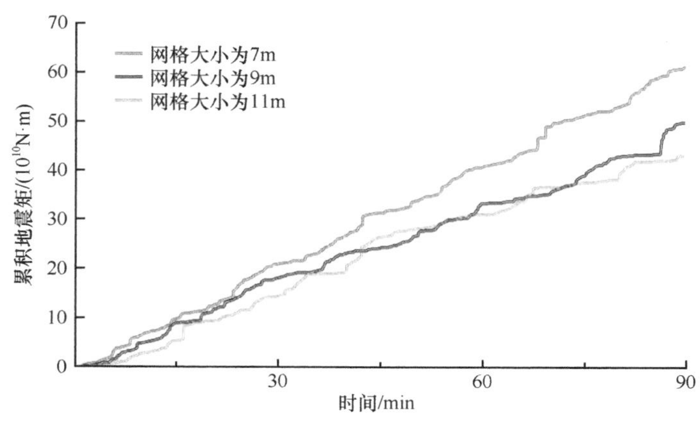

图 12.18 累积地震矩关于网格大小的比较

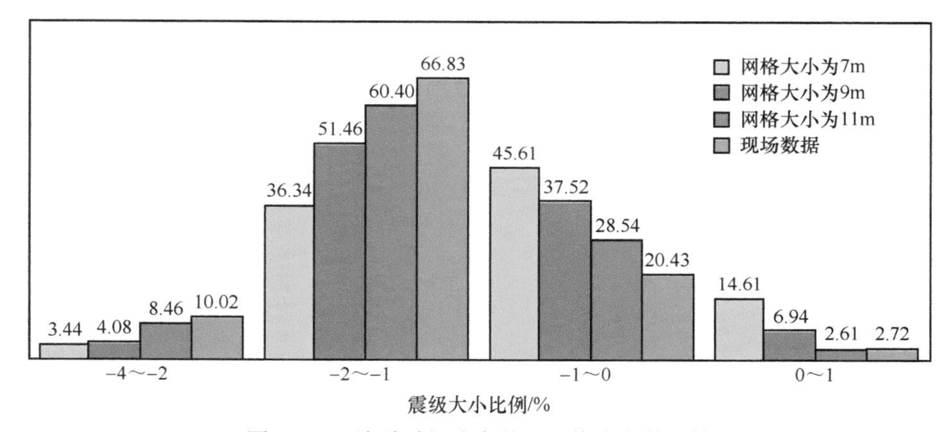

图 12.19 地震震级分布关于网格大小的比较

虽然模拟地震活动受网格大小的影响较大，但微震机制阈值的选择以及断层和断裂带的几何形状等其他因素也可能起关键作用。同时，地下断层和破碎带区域的特征受到现有数据的限制。本书仅仅假设所研究的断层系统是由一个断层面和两个天然裂缝集组成。然而，现场实际的断层系统可能要复杂得多。由于断层面和破碎带的不确定性，本书的模拟结果只能定性分析，将模拟地震活动的总震级与现场数据完全匹配是不现实的。然而这项研究表明，地质力学模型可以结合现场观测，为能更好地理解诱发地震活动提供重要的参考依据。

12.5 本 章 小 结

水力压裂过程中因流体注入引起的断层激活和诱发地震不但可能造成人员生命和财产的损失，还可能因断层滑移产生套管变形，严重影响页岩油气生产的经济效益。本章针对长宁-威远地区水力压裂引起的断层滑移和套管变形机理展开研究。首先对长宁-威远区块的套管变形的几何特征进行了统计分析，同时结合微地震信号的时空特征分析，综合得到了该地区套管变形与水力压裂诱发的断层滑动存在相关性的结论。然后对长宁-威远地区地应力进行了描述，通过对现场滑动断层的受力分析，得到了断层滑动可能优先于水力压裂发生的可能性。最后根据现场数据进行了数值模拟，提出了数值模拟断层滑动微地震事件的方法，并重点分析了施工参数对断层滑移以及诱发地震的影响，为现场多段压裂的安全经济施工提供理论指导。通过本章的研究工作，可以得到如下结论：

（1）模拟能够得到与现场相符合的微地震分布特征，且断层的滑移量在数量级上与现场套管变形的大小一致，显示出水力压裂诱发的断层激活与套管变形的相关性。参数分析的模拟结果也表明，注入量、注入速率、流体黏度等施工参数能够显著地影响断层滑移量以及诱发地震的地震矩。

（2）受制于有限的现场数据，模型模拟的破碎带比较简单，断层面的设置也较为粗糙，难以精确地模拟出现场真实的诱发地震情况，但是模型从定性的角度分析了水力压裂诱发断层激活以及诱发地震的关系，验证了断层会产生耐震滑动的客观事实。模型结果对复杂地质条件的现场水力压裂施工具有理论指导意义，并对理解诱发地震的机理提供了帮助。

参 考 文 献

彪仿俊, 刘合, 张劲, 等. 2011. 螺旋射孔条件下地层破裂压力的数值模拟研究 [J]. 中国科学技术大学学报, 41(3): 219-226.
陈勉, 陈治喜, 黄荣樽. 1995. 大斜度井水压裂缝起裂研究 [J]. 中国石油大学学报 (自然科学版), 19: 30-35.
陈小凡, 唐潮, 杜志敏, 等. 2018. 基于有限体积方法的页岩气多段压裂水平井数值模拟 [J]. 天然气工业, 38(12): 77-86.
程万, 金衍, 陈勉, 等. 2014. 三维空间中水力裂缝穿透天然裂缝的判别准则 [J]. 石油勘探与开发, 41: 336-340.
邓燕. 2005. 重复压裂压新缝力学机理研究 [D]. 成都: 西南石油大学.
丁乙, 刘向君, 罗平亚. 2018. 裂缝性储层射孔井起裂压力影响因素分析 [J]. 应用数学和力学, 39(7): 79-88.
董大忠, 邹才能, 杨桦, 等. 2012. 中国页岩气勘探开发进展与发展前景 [J]. 石油学报, 33(z1): 107-114.
高利军, 柳占立, 乔磊, 等. 2017. 页岩气水力压裂中套损机理及其数值模拟研究 [J]. 石油机械, 45(1): 75-80.
郭建春, 尹建, 赵志红. 2014. 裂缝干扰下页岩储层压裂形成复杂裂缝可行性 [J]. 岩石力学与工程学报, 33: 1589-1596.
郭建春, 周鑫浩, 邓燕. 2015. 页岩气水平井组拉链压裂过程中地应力的分布规律 [J]. 天然气工业, 35(7): 44-48.
郭艳东, 王卫红, 刘华, 等. 2018. 页岩气多段压裂水平井产能影响因素研究 [J]. 科技通报, 34(4): 72-78.
何昌荣, 马胜利, 黄建国. 1998. 断层滑动速率变化对滑动稳定性的影响 [J]. 地震地质, 20(1): 55-63.
衡帅, 杨春和, 郭印同, 等. 2015. 层理对页岩水力裂缝扩展的影响研究 [J]. 岩石力学与工程学报, 34: 228-237.
侯冰, 陈勉, 李志猛, 等. 2014. 页岩储集层水力裂缝网络扩展规模评价方法 [J]. 石油勘探与开发, 41(6): 763-768.
胡文瑞, 翟光明, 李景明. 2010. 中国非常规油气的潜力和发展 [J]. 中国工程科学, 12: 25-29.
胡阳明, 毕曼, 陈宝春, 等. 2019. 水力压裂近井裂缝转向延伸轨迹模拟 [J]. 大庆石油地质与开发, 38(2): 53-57.
胡永全, 赵金洲, 蒲万芬, 等. 2000. 堵老裂缝压新裂缝重复压裂技术 [J]. 西南石油学院学报, 22(3): 61-64.
胡永全, 林辉, 赵金洲, 等. 2004. 重复压裂技术研究 [J]. 天然气工业, 24(3): 72-75.
黄荣樽. 1981. 水力压裂裂缝的起裂和扩展 [J]. 石油勘探与开发, 5: 62-74.
贾承造, 郑民, 张永峰. 2012. 中国非常规油气资源与勘探开发前景 [J]. 石油勘探与开发, 39(2): 129-136.
姜浒, 刘书杰, 何保生, 等. 2014. 定向射孔对水力压裂多裂缝形态的影响实验 [J]. 天然气工业, 34(2): 66-70.
考佳玮, 金衍, 付卫能, 等. 2018. 深层页岩在高水平应力差作用下压裂裂缝形态实验研究 [J]. 岩石力学与工程学报, 37(6): 1332-1339.
孔祥言. 1999. 高等渗流力学 [M]. 合肥: 中国科学技术大学出版社.
李玮, 纪照生. 2016. 暂堵转向压裂机理有限元分析 [J]. 断块油气田, 23(4): 514-517.
李玮, 孙文峰, 龚小卫, 等. 2017. 页岩气藏水平井多级压裂裂缝扩展模型研究 [J]. 中国科学 (物理学 力学 天文学), 47(11): 125-133.
李阳, 姚飞, 翁定为, 等. 2005. 重复压裂技术的发展与展望 [J]. 石油天然气学报, 27(5): 789-791.
李勇明, 赵金洲, 郭建春. 2001. 考虑缝高压降的裂缝三维延伸数值模拟 [J]. 钻采工艺, 24: 34-37.
李芷, 贾长贵, 杨春和, 等. 2015. 页岩水力压裂水力裂缝与层理面扩展规律研究 [J]. 岩石力学与工程学报, 34(1): 12-20.
连志龙. 2007. 水力压裂扩展的流固耦合数值模拟研究 [D]. 合肥: 中国科学技术大学.
连志龙, 张劲, 王秀喜, 等. 2009. 水力压裂扩展特性的数值模拟研究 [J]. 岩土力学, 30(1): 169-174.
刘建军, 裴桂红. 2004. 裂缝性低渗透油藏流固耦合渗流分析 [J]. 应用力学学报, 21(1): 36-39.
刘建军, 冯夏庭, 裴桂红. 2003. 水力压裂三维数学模型研究 [J]. 岩石力学与工程学报, 22: 2042-2046.
刘京. 2019. 基于扩展有限元的页岩水平井压裂裂缝扩展规律研究 [D]. 西安: 西安石油大学.
刘乃震, 张兆鹏, 邹雨时, 等. 2018. 致密砂岩水平井多段压裂裂缝扩展规律 [J]. 石油勘探与开发, 45: 1059-1068.
刘伟, 陶长洲, 万有余, 等. 2017. 致密油储层水平井体积压裂套管变形失效机理数值模拟研究 [J]. 石油科学通报, 2(4): 466-477.
刘雨. 2014. 多级压裂诱导应力对天然裂缝开启影响研究 [D]. 大庆: 东北石油大学.
陆仁桓, 王继成, 1987. 大庆油田限流法完井压裂技术的应用 [J]. 石油钻采工艺, 5: 57-62.
马耕, 张帆, 刘晓等. 2016. 地应力对破裂压力和水力裂缝影响的试验研究 [J]. 岩土力学, 37: 216-222.
马汉伟. 2016. 页岩气水平井多级压裂产能预测 [D]. 成都: 西南石油大学.

潘林华, 程礼军, 陆朝晖, 等. 2014a. 页岩储层水力压裂裂缝扩展模拟进展 [J]. 特种油气藏, 21(4): 1-6.
潘林华, 张士诚, 程礼军, 等. 2014b. 水平井“多段分簇”压裂簇间干扰的数值模拟 [J]. 天然气工业, 34(1): 74-79.
秦亮. 2016. 多段压裂页岩气水平井产能数值模拟研究 [D]. 重庆: 重庆大学.
任文明. 2007. 转向剂对水力裂缝垂向扩展的影响研究 [D]. 青岛: 中国石油大学.
孙可明, 张树翠. 2016. 含层理页岩气藏水力压裂裂纹扩展规律解析分析 [J]. 力学学报, 48: 1229-1237.
孙楠, 吴小平, 解朝娣, 等. 2014. 基于速率-状态依赖摩擦本构关系研究不同因素对断层黏滑运动的影响 [J]. 云南大学学报(自然科学版), 36(3): 378-383.
唐书恒, 朱宝存, 颜志丰. 2011. 地应力对煤层气井水力压裂裂缝发育的影响 [J]. 煤炭学报, 36: 65-69.
汪道兵, 周福建, 葛洪魁, 等. 2016. 纤维强制裂缝转向规律实验及现场试验 [J]. 东北石油大学学报, 40(3): 80-88.
王威, 任青文, 杜小凯, 等. 2007. 滑动速率及系统刚度对断层滑动性质影响研究 [J]. 南京理工大学学报 (自然科学版), 31(6): 784-788.
王永辉, 卢拥军, 李永平, 等. 2012. 非常规储层压裂改造技术进展及应用 [J]. 石油学报, 33(z1): 149-158.
王玉满, 董大忠, 李建忠, 等. 2012. 川南下志留统龙马溪组页岩气储层特征 [J]. 石油学报, 33(4): 551-561.
吴越, 侯冰, 韩慧芳, 等. 2019. 高水平应力差下水平井螺旋射孔参数优化研究 [J]. 地下空间与工程学报, 15(1): 229-234.
解经宇, 蒋国盛, 王荣璟, 等. 2018. 射孔对页岩水力裂缝形态影响的物理模拟实验 [J]. 煤炭学报, 43: 776-783.
谢亚雄, 刘启国, 王卫红, 等. 2016. 页岩气藏多段压裂水平井产能预测模型 [J]. 大庆石油地质与开发, 35(5): 163-169.
闫治涛. 2012. 重复压裂高效暂堵剂研制与评价 [J]. 中国工程科学, 14(4): 20-25.
杨宝泉. 2003. ZD-1 暂堵剂的研究及应用 [J]. 大庆石油地质与开发, 22(2): 51-52.
杨桂通. 1980. 弹塑性力学 [M]. 北京: 人民教育出版社.
杨亚东, 陈锐, 管彬, 等. 2014. 可降解纤维暂堵剂在转向加砂压裂井中的应用 [J]. 天然气工业, 34(S1): 49-53.
杨野, 彪仿俊, 王瀚. 2012. 螺旋射孔对水平缝水力压裂过程影响的数值模拟 [J]. 石油学报, 33(6): 1076-1079.
俞然刚, 闫相祯. 2007. 转向剂形成人工应力遮挡的实验研究及有限元分析 [J]. 实验力学, 22(2): 166-170.
曾义金, 周俊, 王海涛, 等. 2019. 深层页岩真三轴变排量水力压裂物理模拟研究 [J]. 岩石力学与工程学报, 38(9): 1758-1766.
张丰收, 吴建发, 黄浩勇, 等. 2021. 提高深层页岩裂缝扩展复杂程度的工艺参数优化 [J]. 天然气工业, 41(1): 125-135.
张广清, 陈勉. 2006. 水平井水压致裂裂缝非平面扩展模型研究 [J]. 工程力学, 23(4): 160-165.
张广清, 陈勉. 2009. 定向射孔水力压裂复杂裂缝形态 [J]. 石油勘探与开发, 36(1): 103-107.
张广清, 陈勉, 殷有泉, 等. 2003. 射孔对地层破裂压力的影响研究 [J]. 岩石力学与工程学报, 22: 40-44.
张海龙, 王宪峰, 逯艳华, 等. 2003. 新木油田重复压裂的选井选层方法 [J]. 油气地质与采收率, 10(z1): 86-87.
张建勇, 崔振东, 周健, 等. 2018. 流体注入工程诱发断层活化的风险评估方法 [J]. 天然气工业, 38(8): 33-40.
张龙, 江在森, 武艳强. 2013. 速度-状态摩擦本构定律及其在地震断层中的应用研究进展 [J]. 地球物理学进展, 28(5): 2352-2362.
张儒鑫, 侯冰, 单清林, 等. 2017. 致密砂岩储层水平井螺旋射孔参数优化研究 [J]. 岩土工程学报, 40: 2143-2147.
张胜利. 2016. 暂堵转向压裂技术在川东北致密砂岩储层中的应用 [J]. 石化技术, 23(3): 59.
张士诚, 郭天魁, 周彤. 2014. 天然页岩压裂裂缝扩展机理试验 [J]. 石油学报, 35(3): 496-503.
张扬. 2017. 水平井多级压裂扰动应力分析软件开发及应用 [D]. 北京: 中国石油大学 (北京).
张钰彬, 黄丹. 2019. 页岩水力压裂过程的态型近场动力学模拟研究 [J]. 岩土力学, 40: 2873-2881.
赵金洲, 任岚, 胡永全, 等. 2012. 裂缝性地层水力裂缝非平面延伸模拟 [J]. 西南石油大学学报 (自然科学版), 34(4): 174-180.
赵磊. 2008. 重复压裂技术 [M]. 东营: 中国石油大学出版社.
赵立强, 刘飞, 王佩珊, 等. 2014. 复杂水力裂缝网络延伸规律研究进展 [J]. 石油与天然气地质, 35(4): 562-569.
郑力会, 翁定为. 2015. 绒囊暂堵液原缝无损重复压裂技术 [J]. 钻井液与完井液, 32(3): 76-78.
周福建, 伊向艺, 杨贤友, 等. 2014. 提高采收率纤维暂堵人工裂缝动滤失实验研究 [J]. 钻采工艺, 37(4): 83-86.
周彤, 张士诚, 陈铭, 等. 2019. 水平井多簇压裂裂缝的竞争扩展与控制 [J]. 中国科学 (技术科学), 49: 469-478.
朱君, 叶鹏, 王素玲, 等. 2010. 低渗透储层水力压裂三维裂缝动态扩展数值模拟 [J]. 石油学报, 31(1): 119-123.
朱如凯, 邹才能, 吴松涛, 等. 2019. 中国陆相致密油形成机理与富集规律 [J]. 石油与天然气地质, 38: 1-13.
邹才能, 董大忠, 王玉满, 等. 2016. 中国页岩气特征、挑战及前景 (二)[J]. 石油勘探与开发, 43: 166-178.

Abou-Sayed A S, Clifton R J, Dougherty R L, et al. 1984. Evaluation of the influence of in-situ reservoir conditions on the geometry of hydraulic fractures using a 3-D simulator: Part 2-case studies[C]. Pittsburgh: SPE Unconventional Gas Recovery Symposium.

Adachi J, Siebrits E, Peirce A, et al. 2007. Computer simulation of hydraulic fractures[J]. International Journal of Rock Mechanics and Mining Sciences, 44: 739-757.

Aghighi M A, Rahman S S, Rahman M M. 2012. Effect of formation stress distribution on hydraulic fracture reorientation in tight gas sands[J]. Society of Petroleum Engineers Production and Operations, 27(4): 346-355.

Aimene Y E, Ouenes A. 2015. Geomechanical modeling of hydraulic fractures interacting with natural fractures—Validation with microseismic and tracer data from the Marcellus and Eagle Ford[J]. Interpretation, 3:SU71-SU88.

Allison D B, Curry S S, Todd B L. 2011. Restimulation of wells using biodegradable particulates as temporary diverting agents[C]. Calgary: Canadian Unconventional Resources Conference.

Allison S, Löhken J, Nelis L M, et al. 2015. Understanding perforation geometry influence on flow performance using CFD[C]. Budapest : Budapest SPE European Formation Damage Conference and Exhibition.

Annevelink M P J A, Meesters J A J, Hendriks A J. 2016. Environmental contamination due to shale gas development[J]. Science of the Total Environment, 550: 431-438.

Bao X, Eaton D W. 2016. Fault activation by hydraulic fracturing in western Canada[J]. Science, 354(6318): 1406-1409.

Barba R, Villareal M. 2019. Maximizing refrac treatment recovery factors in organic shales using expandable liners and the extreme limited entry process[C]. Calgary: SPE Annual Technical Conference and Exhibition.

Bažant Z P, Salviato M, Chau V T, et al. 2014. Why fracking works[J]. Journal of Applied Mechanics, 81(10): 1-10.

Bear J. 1972. Dynamics of Fluids in Porous Media[M]. Amsterdam: Elsevier.

Bennour Z, Watanabe S, Chen Y, et al. 2018. Evaluation of stimulated reservoir volume in laboratory hydraulic fracturing with oil, water and liquid carbon dioxide under microscopy using the fluorescence method[J]. Geomechanics and Geophysics for Geo-Energy and Geo-Resources, 4(1): 39-50.

Berchenko I, Detournay E. 1997. Deviation of hydraulic fractures through poroelastic stress changes induced by fluid injection and pumping[J]. International Journal of Rock Mechanics and Mining Sciences, 34(6): 1009-1019.

Biot M A. 1941. General theory of three-dimensional consolidation[J]. Journal of Applied Physics, 12(2): 155-164.

Biot M A. 1955. Theory of elasticity and consolidation for a porous anisotropic solid[J]. Journal of Applied Physics, 26(2): 182-185.

Boulton C, Moore D, Lockner D, et al. 2014. Frictional properties of exhumed fault gouges in DFDP-1 cores, Alpine Fault, New Zealand[J]. Geophysical Research Letters, 41: 356-362.

Bruno G D S, Einstein H. 2018. Physical processes involved in the laboratory hydraulic fracturing of granite: Visual observations and interpretation[J]. Engineering Fracture Mechanics, 191: 125-142.

Bruno M S, Nakagawa F M. 1991. Bore pressure influence on tensile fracture propagation in sedimentary rock[J]. International Journal of Rock Mechanics and Mining Sciences, 28(4): 261-273.

Bunger A P, Detournay E, Garagash D I. 2005. Toughness-dominated hydraulic fracture with leak-off[J]. International Journal of Fracture, 134(2): 175-190.

Cappa F, Guglielmi Y, Nussbaum C, et al. 2018. On the relationship between fault permeability increases, induced stress perturbation, and the growth of aseismic slip during fluid injection[J]. Geophysical Research Letters, 45(20): 11-12.

Cappa F, Scuderi M M, Collettini C, et al. 2019. Stabilization of fault slip by fluid injection in the laboratory and in situ[J]. Science Advances, 5(3): 4065.

Carpenter B, Marone C, Saffer D. 2011. Weakness of the San Andreas Fault revealed by samples from the active fault zone[J]. Nature Geoscience, 4: 251-254.

Carpenter C. 2018. Extreme limited-entry perforating enhances Bakken completions[J]. Journal of Petroleum Technology, 70: 94-95.

Carrier B, Granet S. 2012. Numerical modeling of hydraulic fracture problem in permeable medium using cohesive zone model[J]. Engineering Fracture Mechanics, 79: 312-328.

Chen Y Q, Nagaya Y, Ishida T. 2015. Observations of fractures induced by hydraulic fracturing in anisotropic granite[J]. Rock Mechanics and Rock Engineering, 48(4): 1455-1461.

Chen Z, Economides M J. 1995. Fracturing pressures and near-well fracture geometry of arbitrarily oriented and horizontal wells[C]. Texas: SPE Annual Technical Conference and Exhibition.

Chen Z, Bunger A P, Jeffrey R G. 2009. Cohesive zone finite element-based modeling of hydraulic fractures[J]. Acta Mechanica Solida Sinica, 22: 443-452.

Cramer D, Friehauf K, Roberts G, et al. 2020. Integrating distributed acoustic sensing, treatment-pressure analysis and video-based perforation imaging to evaluate limited entry treatment effectiveness[J]. SPE Prod and Oper, 35(4): 730-755.

Crump J B, Conway M W. 1988. Effects of perforation-entry friction on bottomhole treating analysis[J]. Journal of Petroleum Technology, 40: 1041-1048.

Cundall P A. 1971. A computer model for simulating progressive large scale movements in blocky rock system[C]. Nancy: International Society of Rock Mechanics.

Cundall P A, Strack O D. 1979. A discrete numerical model for granular assemblies[J]. Geotechnique, 29(1): 47-65.

Cundall P A, Hart R D. 1992. Numerical modeling of discontinua[J]. Engineering Computations, 9: 101-113.

Damjanac B, Cundall P. 2016. Application of distinct element methods to simulation of hydraulic fracturing in naturally fractured reservoirs[J]. Computers and Geotechnics, 71: 283-294.

Damjanac B, Detournay C, Cundall P A. 2016. Application of particle and lattice codes to simulation of hydraulic fracturing[J]. Computational Particle Mechanics, 3(2): 249-261.

De Barros L, Cappa F, Guglielmi Y, et al. 2019. Energy of injection-induced seismicity predicted from in-situ experiments[J]. Scientific Reports, 9(4999): 1-11.

Dean R H, Schmidt J H. 2009. Hydraulic-fracture predictions with a fully coupled geomechanical reservoir simulator[J]. SPE Journal, 14: 707-714.

Detournay E. 2016. Mechanics of hydraulic fractures[J]. Annual Review of Fluid Mechanics, 48: 311-339.

Dieterich J H. 1979. Modeling of rock friction 1. Experimental results and constitutive equations[J]. Journal of Geophysical Research: Solid Earth, 84: 2161-2168.

Dinske C, Shapiro S A. 2013. Seismotectonic state of reservoirs inferred from magnitude distributions of fluid-induced seismicity[J]. Journal of Seismology, 17(1): 13-25.

Dontsov E V. 2017. An approximate solution for a plane strain hydraulic fracture that accounts for fracture toughness, fluid viscosity, and leak-off[J]. International Journal of Fracture, 205(2): 221-237.

Dontsov E, Peirce A. 2015. A non-singular integral equation formulation to analyse multiscale behaviour in semi-infinite hydraulic fractures[J]. Journal of Fluid Mechanics, 781: R1.

Elbel J L, Mack M G. 1993. Refracturing: Observations and theories[C]. Oklahoma City: SPE Production Operations Symposium.

Elizaveta G, Anthony P. 2013. Coupling schemes for modeling hydraulic fracture propagation using the XFEM[J]. Computer Methods in Applied Mechanics and Engineering, 253: 305-322.

Ellsworth W L. 2013. Injection-induced earthquakes[J]. Science, 341(6142): 1225942.

Elsworth D, Spiers C J, Niemeijer A R. 2016. Understanding induced seismicity[J]. Science, 354(6318): 1380-1381.

Fallahzadeh S H, Cornwell A J, Rasouli V, et al. 2015. The impacts of fracturing fluid viscosity and injection rate on the near wellbore hydraulic fracture propagation in cased perforated wellbores[C]. San Francisco: 49th US Rock Mechanics / Geomechanics Symposium.

Ferguson W, Richards G, Bere A, et al. 2018. Modelling near-wellbore hydraulic fracture branching, complexity and tortuosity: a case study based on a fully coupled geomechanical modelling approach[C]. Texas: SPE Hydraulic Fracturing Technology Conference and Exhibition.

Foulger G R, Wilson M P, Gluyas J G, et al. 2018. Global review of human-induced earthquakes[J]. Earth-Science Reviews, 178: 438-514.

Fung R L, Vilayakumar S, Cormack D E. 1987. Calculation of vertical fracture containment in layered formations[J]. SPE Formation Evaluation, 2: 518-522.

Galis M, Ampuero J P, Mai P M, et al. 2017. Induced seismicity provides insight into why earthquake ruptures stop[J]. Science Advances, 3(12): 7528.

Garagash D, Detournay E. 2000. The tip region of a fluid-driven fracture in an elastic medium[J]. Journal of Applied Mechanics, 67: 183-192.

Garagash D I, Detournay E, Adachi J I. 2011. Multiscale tip asymptotics in hydraulic fracture with leak-off[J]. Journal of Fluid Mechanics, 669: 260-297.

Grob M, Maxwell S. 2016. Geomechanics of fault activation and induced seismicity during multi-stage hydraulic fracturing[C]. Texas: Unconventional Resources Technology Conference.

Gu H, Weng X, Lund J B, et al. 2012. Hydraulic fracture crossing natural fracture at nonorthogonal angles: A criterion and its validation[J]. SPE Production and Operations, 27(1): 20-26.

Haimson B, Fairhurst C. 1967. Initiation and extension of hydraulic fractures in rocks[J]. SPE Journal, 7: 310-318.

Haimson B, Fairhurst C. 1969. Hydraulic fracturing in porous-permeable materials[J]. Journal of Petroleum Technology, 21: 811-817.

Hou B, Chang Z, Fu W, et al. 2019. Fracture initiation and propagation in a deep shale gas reservoir subject to an alternating-fluid-injection hydraulic-fracturing treatment[J]. SPE Journal, 24: 1839-1855.

Hu J, Garagash D. 2010. Plane-strain propagation of a fluid-driven crack in a permeable rock with fracture toughness[J]. Journal of Engineering Mechanics, 136(9): 1152-1166.

Huang H. 1999. Discrete element modeling of tool-rock interaction[D]. Minnesota: University of Minnesota.

Huang H, Zhang F, Callahan P, et al. 2012. Granular fingering in fluid injection into dense granular media in a hele-shaw cell[J]. Physical Review Letters, 108(25): 258001.

Huang L, Liu J, Zhang F, et al. 2019. Exploring the influence of rock inherent heterogeneity and grain size on hydraulic fracturing using discrete element modeling[J]. International Journal of Solids and Structures, 176-177: 207-220.

Hubbert M K, Willis D G. 1957. Mechanics of hydraulic fracturing[J]. Journal of Petroleum Technology, 9: 153-168.

Ishida T, Aoyagi K, Niwa T, et al. 2012. Acoustic emission monitoring of hydraulic fracturing laboratory experiment with supercritical and liquid CO_2[J]. Geophysical Research Letters, 39:L16309.

Ishida T, Chen Y, Bennour Z, et al. 2016. Features of CO_2 fracturing deduced from acoustic emission and microscopy in laboratory experiments[J]. Journal of Geophysical Research: Solid Earth, 121: 8080-8098.

Ivars D M, Pierce M E, Darcel C, et al. 2011. The synthetic rock mass approach for jointed rock mass modelling[J]. International Journal of Rock Mechanics and Mining Sciences, 48: 219-244.

Jay S, Soliman M Y, Morse S M. 2015. Application of extended finite element method (XFEM) to simulate hydraulic fracture propagation from oriented perforations[C]. Texas: SPE Hydraulic Fracturing Technology Conference.

Jeffrey R G, Bunger A, Lecampion B, et al. 2009. Measuring hydraulic fracture growth in naturally fractured rock[C]. New Orleans: SPE Annual Technical Conference and Exhibition.

Jennings A R, Stowe L R. 1990. Hydraulic fracturing utilizing a refractory proppant: US Patent 4892147[P].

Jeranen K M, Weingarten M, Abers G A, et al. 2014. Sharp increase in central Oklahoma seismicity since 2008 induced by massive wastewater injection[J]. Science, 345(6195): 448-451.

Khristianovic S A, Zheltov Y P. 1955. Formation of vertical fractures by means of highly viscous liquid[A]. Proceedings of the Fourth World Petroleum Congress.

King G E. 2010. Thirty years of gas shale fracturing: What have we learned[C]. Florence: SPE Annual Technical Conference and Exhibition.

Kolawole K, Johnston C S, Morgan C B, et al. 2019. The susceptibility of Oklahoma's basement to seismic reactivation[J]. Nature Geoscience, 12: 839-844.

Kresse O, Weng X W, Gu H R, et al. 2013. Numerical modeling of hydraulic fractures interaction in complex naturally fractured formations[J]. Rock Mechanics and Rock Engineering, 46(3): 555-568.

Latief F D E, Fauzi U. 2012. Kozeny-Carman and empirical formula for the permeability of computer rock models[J]. International Journal of Rock Machanics and Mining Sciences, 50(2): 117-123.

Lecampion B. 2010. An extended finite element method for hydraulic fracture problems[J]. International Journal for Numerical Methods in Biomedical Engineering, 25: 121-133.

Lecampion B, Desroches J. 2015. Simultaneous initiation and growth of multiple radial hydraulic fractures from a horizontal wellbore[J]. Journal of the Mechanics and Physics of Solids, 82: 235-258.

Lecampion B, Bunger A, Zhang X. 2018. Numerical methods for hydraulic fracture propagation: A review of recent trends[J]. Journal of Natural Gas Science and Engineering, 49: 66-83.

Li M L, Zhang F S, Zhuang L, et al. 2020. Micromechanical analysis of hydraulic fracturing in the toughness-dominated regime: Implications to supercritical carbon dioxide fracturing[J]. Computational Geosciences, 24(5): 1815-1831.

Li P, Song Z, Wu Z. 2006. Study on reorientation mechanism of refracturing in Ordos Basin——A case study: Chang 6 formation, Yanchang group, Triassic system in Wangyao section of Ansai oil field[J]. Society of Petroleum Engineers Journal, 2: 902-909.

Li Q, Xing H, Liu J, et al. 2015. A review on hydraulic fracturing of unconventional reservoir[J]. Petroleum, 1: 8-15.

Lisjak A, Kaifosh P, He L, et al. 2017. A 2D, fully-coupled, hydro-mechanical, FDEM formulation for modelling fracturing processes in discontinuous, porous rock masses[J]. Computers and Geotechnics, 81: 1-18.

Liu K, Taleghani A D, Gao D. 2019. Calculation of hydraulic fracture induced stress and corresponding fault slippage in shale formation[J]. Fuel, 254: 115525.

Liu N, Zhang Z, Zou Y, et al. 2018. Propagation law of hydraulic fractures during multi-staged horizontal well fracturing in a tight

reservoir[J]. Petroleum Exploration and Development, 45: 149-158.
Lu Y, Ao X, Tang J, et al. 2016. Swelling of shale in supercritical carbon dioxide[J]. Journal of Natural Gas Science and Engineering, 30: 268-275.
Ma X, Zoback M D. 2017. Lithology-controlled stress variations and pad-scale faults: A case study of hydraulic fracturing in the Woodford Shale, Oklahoma Woodford Shale case study[J]. Geophysics, 82: ID35-ID44.
Marone C. 1998. Laboratory-derived friction laws and their application to seismic faulting[J]. Annual Review of Earth and Planetary Sciences, 26: 643-696.
Masanobu O. 1986. Anequivalent continuum model for coupled stress and fluid flow analysis in jointed rock masses[J]. Water Resources Research, 22(13): 1845-1856.
Maxwell S C, Zhang F, Damjanac B. 2015. Geomechanical modeling of induced seismicity resulting from hydraulic fracturing[J]. The Leading Edge, 34: 678-683.
McClure M W. 2015. Generation of large postinjection-induced seismic events by backflow from dead-end faults and fractures[J]. Geophysical Research Letters, 42: 6647-6654.
McGarr A. 2014. Maximum magnitude earthquakes induced by fluid injection[J]. Journal of Geophysical Research: Solid Earth, 119(2): 1008-1019.
McGarr A, Barbour A J. 2018. Injection-induced moment release can also be aseismic[J]. Geophysical Research Letters, 45: 5344-5351.
Meyer B R, Bazan L W. 2011. A discrete fracture network model for hydraulically induced fractures——Theory, parametric and case studies[C]. Texas: SPE Hydraulic Fracturing Technology Conference.
Middleton R S, Carey J W, Currier R P, et al. 2015. Shale gas and non-aqueous fracturing fluids: Opportunities and challenges for supercritical CO_2[J]. Applied Energy, 147: 500-509.
Miehe C, Mauthe S. 2016. Phase field modeling of fracture in multi-physics problems. Part Ⅲ. Crack driving forces in hydro-poro-elasticity and hydraulic fracturing of fluid-saturated porous media[J]. Computer Methods in Applied Mechanics and Engineering, 304: 619-655.
Mikelić A, Wheeler M F, Wick T. 2015. Phase-field modeling of a fluid-driven fracture in a poroelastic medium[J]. Computational Geosciences, 19(6): 1171-1195.
Miller C K, Waters G A, Rylander E I. 2011. Evaluation of production log data from horizontal wells drilled in organic shales[C]. Texas: North American Unconventional Gas Conference and Exhibition.
Morales R H, Brady B H, Ingraffea A R. 1993. Three-dimensional analysis and visualization of the wellbore and the fracturing process in inclined wells[C]. Denver: SPE Rocky Mountain Regional/Low Permeability Reservoirs Symposium.
Nagel N B, Sanchez-Nagel M A, Zhang F, et al. 2013. Coupled numerical evaluations of the geomechanical interactions between a hydraulic fracture stimulation and a natural fracture system in shale formations[J]. Rock Mechanics and Rock Engineering, 46(3): 581-609.
Nolte K G, Economides M J. 2000. Reservoir Stimulation[M]. New York: John Wiley & Sons.
Ouchi H, Katiyar A, Foster J, et al. 2015. A peridynamics model for the propagation of hydraulic fractures in heterogeneous, naturally fractured reservoirs[C]. Texas: SPE Hydraulic Fracturing Technology Conference.
Perkins T, Kern L. 1961. Widths of hydraulic fractures[J]. Journal of Petroleum Technology, 13(9): 937-949.
Pollard D. 1995. An experimentally verified criterion for propagation across unbounded frictional interfaces in brittle, linear elastic-materials[J]. International Journal of Rock Mechanics and Mining Science and Geomechanics Abstracts, 32: 237-249.
Potapenk D I, Tinkham S K, Lecerf B, et al. 2009. Barnett shale refracture stimulations using a novel diversion technique[C]. Texas: SPE Hydraulic Fracturing Technology Conference.
Potyondy D O. 2015. The bonded-particle model as a tool for rock mechanics research and application: Current trends and future directions[J]. Geosystem Engineering, 18(1): 1-28.
Potyondy D O. 2018. A flat-jointed bonded-particle model for rock[C]. Washington: 52nd U.S. Rock Mechanics/Geomechanics Symposium.
Potyondy D O, Cundall P A. 2004. A bonded-particle model for rock[J]. International Journal of Rock Mechanics and Mining Sciences, 41(8): 1329-1364.
Profit M, Dutko M, Yu J G, et al. 2016. Complementary hydro-mechanical coupled finite/discrete element and microseismic modelling to predict hydraulic fracture propagation in tight shale reservoirs[J]. Computational Particle Mechanics, 3(2): 229-248.
Qi G, Yuanfang C, Songcai H, et al. 2019. Numerical modeling of hydraulic fracture propagation behaviors influenced by pre-existing injection and production wells[J]. Journal of Petroleum Science and Engineering, 172: 976-987.

Rassenfoss S. 2018. Rethinking fracturing at the point of attack[J]. Journal of Petroleum Technolog, 70: 42-48.

Renshaw C E, Pollard D D. 1995. An experimentally verified criterion for propagation across unbounded frictional interfaces in brittle, linear elastic materials[J]. International Journal of Rock Mechanics and Mining Sciences and Geomechanics Abstracts, 32(3): 237-249.

Rezaei A, Dindoruk B, Soliman M Y. 2019. On parameters affecting the propagation of hydraulic fractures from infill wells[J]. Journal of Petroleum Science and Engineering, 182: 106255.

Rice J R, Ruina A. 1983. Stability of steady frictional slipping[J]. Journal of Applied Mechanics, 50: 343-349.

Roussel N P, Florez H, Rodriguez A A. 2011. Hydraulic fracture propagation from infill horizontal wells[J]. Society of Petroleum Engineers Production and Operations, 26(3): 311-317.

Rubinstein J L, Ellsworth W L, Dougherty S L. 2018. The 2013—2016 induced earthquakes in Harper and Sumner Counties, Southern Kansas[J]. Bulletin of the Seismological Society of America, 108: 674-689.

Rutqvist J, Rinaldi A P, Cappa F, et al. 2013. Modeling of fault reactivation and induced seismicity during hydraulic fracturing of shale-gas reservoirs[J]. Journal of Petroleum Science and Engineering, 107: 31-44.

Rutqvist J, Rinaldi A P, Cappa F, et al. 2015. Modeling of fault activation and seismicity by injection directly into a fault zone associated with hydraulic fracturing of shale-gas reservoirs[J]. Journal of Petroleum Science and Engineering, 127: 377-386.

Scholz C H. 2002. The Mechanics of Earthquakes and Faulting[M]. Cambridge: Cambridge University Press.

Scuderi M M, Collettini C, Marone C. 2017. Frictional stability and earthquake triggering during fluid pressure stimulation of an experimental fault[J]. Earth and Planetary Science Letters, 477: 84-96.

Scuderi M M, Collettini C. 2018. Fluid injection and the mechanics of frictional stability of shale-bearing faults[J]. Journal of Geophysical Research: Solid Earth, 123: 8364-8384.

Shan M, Shah S, Sircar A A. 2017. Comprehensive overview on recent developments in refracturing technique for shale gas reservoirs[J]. Journal of Natural Gas Science and Engineering, 46: 350-364.

Shapiro S A, Dinske C. 2010. Fluid-induced seismicity: Pressure diffusion and hydraulic fracturing[J]. Geophysical Prospecting, 57: 301-310.

Siebrits E, Elbel J L, Detournay E, et al. 1998. Parameters affecting azimuth and length of a secondary fracture during a refracture treatment[J]. Society of Petroleum Engineers Journal, 23(3): 17-27.

Siebrits E, Elbel J L, Hoover R S, et al. 2000. Field candidate selection and evaluation[J]. Society of Petroleum Engineers Journal, 46(3): 37-45.

Simonson E R, Abou-Sayed A S, Clifton R J. 1978. Containment of massive hydraulic fractures[J]. SPE Journal, 18: 27-32.

Singh V, Roussel N, Sharma M. 2008. Stress reorientation around horizontal wells[J]. Society of Petroleum Engineers Journal, 20: 21-24.

Smith C L, Anderson J L, Roberts P G. 1969. New diverting techniques for acidizing and fracturing[C]. San Francisco: SPE California Regional Meeting.

Somanchi K, Brewer J, Reynolds A. 2018. Extreme limited-entry design improves distribution efficiency in plug-and-perforate completions: Insights from fiber-optic diagnostics[J]. SPE Drilling Completion, 33(4): 298-306.

Taleghani A D, Gonzalez M, Shojaei A. 2016. Overview of numerical models for interactions between hydraulic fractures and natural fractures: Challenges and limitations[J]. Computers and Geotechnics, 71: 361-368.

van der Elst N J, Page M T, Weiser D A, et al. 2016. Induced earthquake magnitudes are as large as (statistically) expected[J]. Journal of Geophysical Research: Solid Earth, 121 (6): 4575-4590.

Verberne C, He C, Spiers J. 2010. Frictional properties of sedimentary rocks and natural fault gouge from the Longmen shan fault zone, Sichuan, China[J]. Bulletin of the Seismological Society of America, 100: 2767-2790.

Wang D, Zhou F, Ge H, et al. 2015a. An experimental study on the mechanism of degradable fiber-assisted diverting fracturing and its influencing factors[J]. Journal of Natural Gas Science and Engineering, 27: 260-273.

Wang D, Zhou F, Ding W, et al. 2015b. A numerical simulation study of fracture reorientation with a degradable fiber-diverting agent[J]. Journal of Natural Gas Science and Engineering, 25: 215-225.

Wang T, Zhou W, Chen J, et al. 2014. Simulation of hydraulic fracturing using particle flow method and application in a coal mine[J]. International Journal of Coal Geology, 121: 1-13.

Wang W, Liu H, Liu Z, et al. 2009. Successful refracturing enhances oil production in horizontal wells: A case study from Daqing Oilfield, China[C]. Jakarta: Asia Pacific Oil and Gas Conference and Exhibition.

Warpinski N R, Branagan P T. 1989. Altered-stress fracturing[J]. Journal of Petroleum Technology, 41(9): 990-997.

Weddle P, Griffin L, Pearson C M. 2018. Mining the bakken Ⅱ—Pushing the envelope with extreme limited entry perforating[C]. Texas: SPE Hydraulic Fracturing Technology Conference and Exhibition.

Weng X. 2015. Modeling of complex hydraulic fractures in naturally fractured formation[J]. Journal of Unconventional Oil and Gas Resources, 9: 114-135.

Weng X, Siebrits E. 2007. Effect of production-induced stress field on refracture propagation and pressure response[J]. Society of Petroleum Engineers Journal, 31(1): 1-9.

Wileveau Y, Cornet F H, Desroches J, et al. 2007. Complete in situ stress determination in an argillite sedimentary formation[J]. Physics and Chemistry of the Earth, 32: 866-878.

Witherspoon P A, Wang J S Y, Iwai K, et al. 1980. Validity of Cubic Law for fluid flow in a deformable rock fracture[J]. Water Resources Research, 16: 1016-1024.

Xu W J, Zhao J Z, Rahman S S, et al. 2019. A comprehensive model of a hydraulic fracture interacting with a natural fracture: Analytical and numerical solution[J]. Rock Mechanics and Rock Engineering, 52(4): 1095-1113.

Yin Z, Huang H, Zhang F, et al. 2020. Three-dimensional distinct element modeling of fault reactivation and induced seismicity due to hydraulic fracturing injection and backflow[J]. Journal of Rock Mechanics and Geotechnical Engineering, 12: 752-767.

Zhang F S, Mack M. 2016. Modeling of hydraulic fracture initiation from perforation tunnels using the 3D lattice method[C]. Houston: 50th US Rock Mechanics / Geomechanics Symposium.

Zhang F S, Mack M. 2017. Integrating fully coupled geomechanical modeling with microsesmicity for the analysis of refracturing treatment[J]. Journal of Natural Gas Science and Engineering, 46: 16-25.

Zhang F S, Dontsov E. 2018. Modeling hydraulic fracture propagation and proppant transport in a two-layer formation with stress drop[J]. Engineering Fracture Mechanics, 199: 705-720.

Zhang F S, Damjanac B, Huang H Y. 2013. Coupled discrete element modeling of fluid injection into dense granular media[J]. Journal of Geophysical Research: Solid Earth, 118: 2703-2722.

Zhang F S, Damjanac B, Maxwell S. 2019. Investigating hydraulic fracturing complexity in naturally fractured rock masses using fully coupled multiscale numerical modeling[J]. Rock Mechanics and Rock Engineering, 52(12): 5137-5160.

Zhang F S, Yin Z, Chen Z, et al. 2020. Fault reactivation and induced seismicity during multistage hydraulic fracturing: Microseismic analysis and geomechanical modeling[J]. SPE Journal, 25: 692-711.

Zhang F S, Wang X, Tang M, et al. 2021. Numerical investigation on hydraulic fracturing of extreme limited entry perforating in plug-and-perforation completion of shale oil reservoir in Changqing oilfield, China[J]. Rock Mechanics and Rock Engineering, 54: 2925-2941.

Zhang G, Chen M. 2009. Complex fracture shapes in hydraulic fracturing with orientated perforations[J]. Petroleum Exploration and Development, 36: 103-107.

Zhang R, Hou B, Shan Q, et al. 2018. Hydraulic fracturing initiation and near-wellbore nonplanar propagation from horizontal perforated boreholes in tight formation[J]. Journal of Natural Gas Science and Engineering, 55: 337-349.

Zhang X, Jeffrey R G, Thiercelin M. 2007. Deflection and propagation of fluid-driven fractures at frictional bedding interfaces: A numerical investigation[J]. Journal of Structural Geology, 29: 396-410.

Zhang X, Lu Y, Tang J, et al. 2017. Experimental study on fracture initiation and propagation in shale using supercritical carbon dioxide fracturing[J]. Fuel, 190: 370-378.

Zheng Y, Liu J, Zhang B. 2019. An investigation into the effects of weak interfaces on fracture height containment in hydraulic fracturing[J]. Energies, 12: 32-45.

Zhou F, Liu Y, Yang X, et al. 2009. Case study: YM204 obtained high petroleum production by acid fracture treatment combining fluid diversion and fracture reorientation[C]. Scheveningen: 8th European Formation Damage Conference.

Zhou J, Chen M, Jin Y, et al. 2008. Analysis of fracture propagation behavior and fracture geometry using a tri-axial fracturing system in naturally fractured reservoirs[J]. International Journal of Rock Mechanics and Mining Sciences, 45: 1143-1152.

Zhu H Y, Deng J G, Jin X C, et al. 2015. Hydraulic fracture initiation and propagation from wellbore with oriented perforation[J]. Rock Mechanics and Rock Engineering, 48(2): 585-601.

Zou Y, Zhang S, Ma X, et al. 2016. Numerical investigation of hydraulic fracture network propagation in naturally fractured shale formations[J]. Journal of Structural Geology, 84: 1-13.

Zou Y, Li N, Ma X, et al. 2018. Experimental study on the growth behavior of supercritical CO_2-induced fractures in a layered tight sandstone formation[J]. Journal of Natural Gas Science and Engineering, 49: 145-156.